世纪数学教育信息化精品教材

大 学 数 学 立 体 化 教 材

线性代数

（理工类·简明版·第五版）

⊙ 吴赣昌 主编

中国人民大学出版社
·北京·

内容简介

本书根据高等院校普通本科理工类专业线性代数课程的最新教学大纲及考研大纲编写而成，并在本书第四版的基础上进行了重大修订和完善（详见本书前言）。本书包含行列式、矩阵、线性方程组、相似矩阵与二次型等内容模块，并特别加强了数学建模与数学实验教学环节。

本“书”远非传统意义上的书，作为立体化教材，它包含线下的“书”和线上的“服务”两部分。其中线上的“服务”用以下两种形式提供：一是书中各处的二维码，用户通过手机或平板电脑等移动端扫码即可使用；二是在本书的封面上提供的网络账号，用户通过它即可登录与本书配套建设的网络学习空间。

网络学习空间中包含与本书配套的在线学习系统，该系统在内容结构上包含教材中每节的教学内容及相关知识扩展、教学例题及综合进阶典型题详解、数学实验及其详解、习题及其详解等，并为每章增加了综合训练，其中包含每章的总结、题型分析及其详解、历届考研真题及其详解等。该系统采用交互式多媒体化建设，并支持用户间在线求助与答疑，为用户自主式高效率地学习奠定基础。

本书可作为高等院校（少课时）普通本科理工类专业的线性代数教材，并可作为上述各专业领域读者的教学参考书。

前　言

大学数学是自然科学的基本语言，是应用模式探索现实世界物质运动机理的主要手段. 对于大学非数学专业的学生而言，大学数学的教育，其意义则远不仅仅是学习一种专业的工具而已. 中外大量的教育实践事实充分显示了: 优秀的数学教育，乃是一种人的理性的思维品格和思辨能力的培育，是聪明智慧的启迪，是潜在的能动性与创造力的开发，其价值是远非一般的专业技术教育所能相提并论的.

随着我国高等教育自1999年开始迅速扩大招生规模，至2009年的短短十年间，我国高等教育实现了从精英教育到大众化教育的过渡，走完了其他国家需要三五十年甚至更长时间才能走完的道路. 教育规模的迅速扩张，给我国的高等教育带来了一系列的变化、问题与挑战. 大学数学的教育问题首当其冲受到影响. 大学数学教育过去是面向少数精英的教育，由于学科的特点，数学教育呈现几十年甚至上百年一贯制，仍处于经典状态. 当前大学数学课程的教学效果不尽如人意，概括起来主要表现在以下两方面：一是教材建设仍然停留在传统模式上，未能适应新的社会需求. 传统的大学数学教材过分追求逻辑的严密性和理论体系的完整性，重理论而轻实践，剥离了概念、原理和范例的几何背景与现实意义，导致教学内容过于抽象，也不利于与后续课程教学的衔接，进而造成了学生"学不会，用不了"的尴尬局面. 二是在信息技术及其终端产品迅猛发展的今天，在大学数学教育领域，信息技术的应用远没有在其他领域活跃，其主要原因是:在教材和教学建设中没能把信息技术及其终端产品与大学数学教学的内容特点有效地整合起来.

作者主编的"大学数学立体化教材"，最初脱胎于作者在2000—2004年研发的"大学数学多媒体教学系统". 2006年，作者与中国人民大学出版社达成合作，出版了该系列教材的第一版，合作期间，该系列教材经历多次改版，并于2011年出版了第四版，具体包括: 面向普通本科理工类、经管类与纯文科类的完整版系列教材；面向普通本科部分专业和三本院校理工类与经管类的简明版系列教材；面向高职高专院校理工类与经管类的高职高专版系列教材. 在上述第四版及相关系列教材中，作者加强了对大学数学相关教学内容中重要概念的引入、重要数学方法的应用、典型数学模型的建立、著名数学家及其贡献等方面的介绍，丰富了教材内涵，初步形成了该系列教材的特色. 令人感到欣慰的是，自2006年以来，"大学数学立体化教材"已先后被国内数百所高等院校广泛采用，并对大学数学的教育改革起到了积极的推动作用.

2017年，距2011年的改版又过去了6年. 而在这6年时间里，随着移动无线通信技术 (如3G、4G等)、宽带无线接入技术(如Wi-Fi等)和移动终端设备(如智能手机、平板电脑等)的飞速发展，那些以往必须在电脑上安装运行的计算软件，如今在普通的智能手机和平板电脑上通过移动互联网接入即可流畅运行，这为各类教育信息化产品的服务向前延伸奠定了基础.

作者本次启动的“大学数学立体化教材”(第五版)的改版工作，旨在充分利用移动互联网、移动终端设备与相关信息技术软件为教材用户提供更优质的学习内容、实验案例与交互环境. 顺利实现这一宗旨，还得益于作者主持的数苑团队的另一项工作成果：公式图形可视化在线编辑计算软件. 该软件于 2010 年研发成功时，仅支持在 Win 系统电脑中通过 IE 类浏览器运行. 2014 年 10 月底，万维网联盟 (W3C) 组织正式发布并推荐了跨系统与跨浏览器的 HTML5.0 标准. 为此，数苑团队通过最近几年的努力，也实现了相关技术突破. 如今，数苑团队研发的公式图形可视化在线编辑计算软件已支持在各类操作系统的电脑和移动终端 (包括智能手机、平板电脑等) 上运行于不同的浏览器中，这为我们接下来的教材改版工作奠定了基础.

作者本次“大学数学立体化教材”(第五版) 的改版具体包括：面向普通本科院校的“理工类 • 第五版”“经管类 • 第五版”与“纯文科类 • 第四版”；面向普通本科少学时或三本院校的“理工类 • 简明版 • 第五版”“经管类 • 简明版 • 第五版”与“综合类 • 应用型本科版”合订本；面向高职高专院校的“理工类 • 高职高专版 • 第四版”“经管类 • 高职高专版 • 第四版”与“综合类 • 高职高专版 • 第三版”.

本次改版的指导思想是：为帮助教材用户更好地理解教材中的重要概念、定理、方法及其应用，设计了大量相应的数学实验. 实验内容包括：数值计算实验、函数计算实验、符号计算实验、2D 函数图形实验、3D 函数图形实验、矩阵运算实验、随机数生成实验、统计分布实验、线性回归实验、数学建模实验等. 相比教材正文所举示例，这些实验设计的复杂程度更高、数据规模更大、实用意义也更大. 本系列教材于 2017 年改版修订的各个版本均包含了针对相应课程内容的数学实验，其中的大部分都在教材内容页面上提供了对应的二维码，用户通过微信扫码功能扫描指定的二维码，即可进行相应的数学实验，而完整的数学实验内容则呈现在教材配套的网络学习空间中.

大学数学按课程模块分为高等数学(微积分)、线性代数、概率论与数理统计三大模块，各课程的改版情况简介如下：

高等数学课程：函数是高等数学的主要研究对象，函数的表示法包括解析法、图像法与表格法. 以往受计算分析工具的限制，人们对函数的解析表示、图像表示与数表表示之间的关系往往难以把握，大大影响了学习者对函数概念的理解. 为了弥补这方面的缺失，欧美发达国家的大学数学教材一般都补充了大量流程分析式的图像说明，因而其教材的厚度与内涵也远较国内的厚重. 有鉴于此，在高等数学课程的数学实验中，我们首先就函数计算与函数图形计算方面设计了一系列的数学实验，包括函数值计算实验、不同坐标系下 2D 函数的图形计算实验和 3D 函数的图形计算实验等，实验中的函数模型较教材正文中的示例更复杂，但借助微信扫码功能可即时实现重复实验与修改实验. 其次，针对定积分、重积分与级数的教学内容设计了一系列求和、多重求和、级数展开与逼近的数学实验. 此外，还根据相应教学内容的需求，设计了一系列数值计算实验、符号计算实验与数学建模实验. 这些数学实验有助于用户加深对高等数学中基本概念、定理与思想方法的理解，让他们通过对量变到质变过程的观察，更深刻地理解数学中近似与精确、量变与质变之间的辩证关系.

线性代数课程: 矩阵实质上就是一张长方形数表，它是研究线性变换、向量组线性相关性、线性方程组的解、二次型以及线性空间的不可替代的工具. 因此，在线性代数课程的数学实验设计中，首先就矩阵基于行 (列) 向量组的初等变换运算设计了一系列数学实验，其中矩阵的规模大多为 6~10 阶的，有助于帮助用户更好地理解矩阵与其行阶梯形、行最简形和标准形矩阵间的关系. 进而为矩阵的秩、向量组线性相关性、线性方程组及其应用、矩阵的特征值及其应用、二次型等教学内容分别设计了一系列相应的数学实验. 此外，还根据教学的需要设计了部分数值计算实验和符号计算实验，加强用户对线性代数核心内容的理解，拓展用户解决相关实际应用问题的能力.

概率论与数理统计课程：本课程是从数量化的角度来研究现实世界中的随机现象及其统计规律性的一门学科. 因此，在概率论与数理统计课程的数学实验中，我们首先设计了一系列服从均匀分布、正态分布、0–1 分布与二项分布的随机试验，让用户通过软件的仿真模拟试验更好地理解随机现象及其统计规律性. 其次，基于计算软件设计了常用统计分布表查表实验，包括泊松分布查表、标准正态分布函数查表、标准正态分布查表、t 分布查表、F 分布查表与卡方分布查表等. 再次，还设计了针对数组的排序、分组、直方图与经验分布图的一系列数学实验. 最后，针对经验数据的散点图与线性回归设计了一系列数学实验. 这些数学实验将会在帮助用户加深对概率论与数理统计课程核心内容的理解、拓展解决相关实际应用问题的能力上起到积极作用.

致用户

作者主编的“大学数学立体化教材”(第五版) 及 2017 年改版的每本教材，均包含了与相应教材配套的网络学习空间服务. 用户通过教材封面下方提供的网络学习空间的网址、账号和密码，即可登录相应的网络学习空间. 网络学习空间提供了远较纸质教材更为丰富的教学内容、教学动画以及教学内容间的交互链接，提供了教材中所有习题的解答过程. 在所有内容与习题页面的下方，均提供了用户间的在线交互讨论功能，作者主持的数苑团队也将在该网络学习空间中为你服务. 使用微信扫码功能扫描教材封面提供的二维码，绑定微信号，你即可通过扫描教材内容页面提供的二维码进行相关的数学实验.

在你进入高校后即将学习的所有大学课程中，就提高你的学习基础、提升你的学习能力、培养你的科学素质和创新能力而言，大学数学是最有用且最值得你努力的课程. 事实上，像微积分、线性代数、概率论与数理统计这些大学数学基础课程，你无论怎样评价其重要性都不为过，而学好这些大学数学基础课程，你将终生受益.

主动把握好从"学数学"到"做数学"的转变，这一点在大学数学的学习中尤为重要，不要以为你在课堂教学过程中听懂了就等于学到了，事实上，你需要在课后花更多的时间去主动学习、训练与实验，才能真正掌握所学知识.

致教师

使用本系列教材的教师，请登录数苑网"大学数学立体化教材"栏目：

http://www.sciyard.com/dxsx

作者主持的数苑团队在那里为你免费提供与本系列教材配套的教学课件系统及相关的备课资源，它们是作者团队十余年积累与提升的成果. 与本系列教材配套建设的信息化系统平台包括在线学习平台、试题库系统、在线考试及其预约管理系统等，感兴趣和有需要的用户可进一步通过数苑网的在线客服联系咨询.

正如美国《托马斯微积分》的作者 G.B.Thomas 教授指出的，"一套教材不能构成一门课；教师和学生在一起才能构成一门课"，教材只是支持这门课程的信息资源. 教材是死的，课程是活的. 课程是教师和学生共同组成的一个相互作用的整体，只有真正做到以学生为中心，处处为学生着想，并充分发挥教师的核心指导作用，才能使之成为富有成效的课程 . 而本系列教材及其配套的信息化建设将为教学双方在教、学、考各方面提供充分的支持，帮助教师在教学过程中发挥其才华，帮助学生富有成效地学习.

作　者

2017 年 3 月 28 日

目　　录

习题答案

第1章　行列式

行列式实质上是由一些数值排列成的数表按一定的法则计算得到的一个数. 早在1683年与1693年,日本数学家关孝和与德国数学家莱布尼茨就分别独立地提出了行列式的概念. 以后很长一段时间内, 行列式主要应用于对线性方程组的研究. 大约一个半世纪后, 行列式逐步发展成为线性代数的一个独立的理论分支.1750年, 瑞士数学家克莱姆在他的论文中提出了利用行列式求解线性方程组的著名法则——克莱姆法则. 随后, 1812年, 法国数学家柯西发现了行列式在解析几何中的应用, 这一发现激起了人们对行列式的应用进行探索的浓厚兴趣, 前后持续了近100年.

在柯西所处的时代,人们讨论的行列式的阶数通常很小,行列式在解析几何以及数学的其他分支中都扮演着很重要的角色. 如今, 由于计算机和计算软件的发展, 在常见的高阶行列式计算中,行列式的数值意义已经不大. 但是, 行列式公式依然可以给出构成行列式的数表的重要信息. 在线性代数的某些应用中, 行列式的知识依然很有用. 特别是在本课程中, 它是研究后面的线性方程组、矩阵及向量组的线性相关性的一种重要工具.

§1.1　二阶与三阶行列式

二阶行列式与三阶行列式的内容在中学课程中已经涉及，本节主要对这些知识进行复习与总结，它们是我们学习和讨论更高阶行列式计算的基础.

一、二阶行列式

定义1　记号 $\begin{vmatrix} a_{11} & a_{12} \\ a_{21} & a_{22} \end{vmatrix}$ 表示代数和 $a_{11}a_{22}-a_{12}a_{21}$，称为**二阶行列式**，即

$$\begin{vmatrix} a_{11} & a_{12} \\ a_{21} & a_{22} \end{vmatrix} = a_{11}a_{22}-a_{12}a_{21}.$$

其中数 $a_{11}, a_{12}, a_{21}, a_{22}$ 称为行列式的**元素**, 横排称为**行**, 竖排称为**列**. 元素 a_{ij} 的第一个下标 i 称为**行标**, 表明该元素位于第 i 行, 第二个下标 j 称为**列标**, 表明该元素位于第 j 列. 由上述定义可知，二阶行列式是由 4 个数按一定的规律运算所得的

代数和．这个规律性表现在行列式的记号中就是“**对角线法则**”．如图1–1–1所示，把 a_{11} 到 a_{22} 的实连线称为**主对角线**，把 a_{12} 到 a_{21} 的虚连线称为**副对角线**，于是，二阶行列式便等于主对角线上两元素之积减去副对角线上两元素之积．

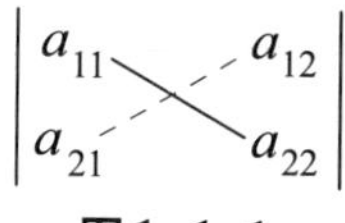

图1–1–1

二、二元线性方程组

用消元法解二元线性方程组

$$\begin{cases} a_{11}x_1 + a_{12}x_2 = b_1 & (1.1) \\ a_{21}x_1 + a_{22}x_2 = b_2 & (1.2) \end{cases}.$$

式(1.1)×a_{22} − 式(1.2)×a_{12}，得

$$(a_{11}a_{22} - a_{12}a_{21})x_1 = b_1a_{22} - b_2a_{12}. \tag{1.3}$$

式(1.2)×a_{11} − 式(1.1)×a_{21}，得

$$(a_{11}a_{22} - a_{12}a_{21})x_2 = b_2a_{11} - b_1a_{21}. \tag{1.4}$$

利用二阶行列式的定义，记

$$D = a_{11}a_{22} - a_{12}a_{21} = \begin{vmatrix} a_{11} & a_{12} \\ a_{21} & a_{22} \end{vmatrix},$$

$$D_1 = b_1a_{22} - b_2a_{12} = \begin{vmatrix} b_1 & a_{12} \\ b_2 & a_{22} \end{vmatrix}, \quad D_2 = b_2a_{11} - b_1a_{21} = \begin{vmatrix} a_{11} & b_1 \\ a_{21} & b_2 \end{vmatrix},$$

则式(1.3)、式(1.4)可改写为

$$\begin{cases} Dx_1 = D_1 \\ Dx_2 = D_2 \end{cases}.$$

于是，在行列式 $D \neq 0$ 的条件下，式(1.1)、式(1.2)有唯一解：

$$x_1 = \frac{D_1}{D}, \quad x_2 = \frac{D_2}{D}.$$

注：从形式上看，这里分母 D 是由式(1.1)、式(1.2)构成的方程组的系数所确定的二阶行列式(称为**系数行列式**)，x_1 的分子 D_1 是用常数项 b_1, b_2 替换 D 中 x_1 的系数 a_{11}, a_{21} 所得的二阶行列式，x_2 的分子 D_2 是用常数项 b_1, b_2 替换 D 中 x_2 的系数 a_{12}, a_{22} 所得的二阶行列式．本节后面讨论的三元线性方程组亦有类似的规律性．请读者学习时注意比较．

例1 解方程组 $\begin{cases} 2x_1 + 3x_2 = 8 \\ x_1 - 2x_2 = -3 \end{cases}$.

解

$$D = \begin{vmatrix} 2 & 3 \\ 1 & -2 \end{vmatrix} = 2\times(-2) - 3\times1 = -7,$$

$$D_1=\begin{vmatrix} 8 & 3 \\ -3 & -2 \end{vmatrix}=8\times(-2)-3\times(-3)=-7,\quad D_2=\begin{vmatrix} 2 & 8 \\ 1 & -3 \end{vmatrix}=2\times(-3)-8\times 1=-14,$$

因 $D\neq 0$，故题设方程组有唯一解：

$$x_1=\frac{D_1}{D}=\frac{-7}{-7}=1,\qquad x_2=\frac{D_2}{D}=\frac{-14}{-7}=2.$$ ■

三、三阶行列式

定义 2　记号 $\begin{vmatrix} a_{11} & a_{12} & a_{13} \\ a_{21} & a_{22} & a_{23} \\ a_{31} & a_{32} & a_{33} \end{vmatrix}$ 表示代数和

$$a_{11}a_{22}a_{33}+a_{12}a_{23}a_{31}+a_{13}a_{21}a_{32}-a_{13}a_{22}a_{31}-a_{11}a_{23}a_{32}-a_{12}a_{21}a_{33},$$

称为**三阶行列式**，即

$$\begin{vmatrix} a_{11} & a_{12} & a_{13} \\ a_{21} & a_{22} & a_{23} \\ a_{31} & a_{32} & a_{33} \end{vmatrix}=a_{11}a_{22}a_{33}+a_{12}a_{23}a_{31}+a_{13}a_{21}a_{32}-a_{13}a_{22}a_{31}-a_{11}a_{23}a_{32}-a_{12}a_{21}a_{33}.$$

由上述定义可见，三阶行列式有 6 项，每一项均为不同行不同列的三个元素之积再冠以正负号，其运算的规律性可用“对角线法则”(见图1–1–2) 或“沙路法则”(见图1–1–3) 来表述.

(1) 对角线法则.

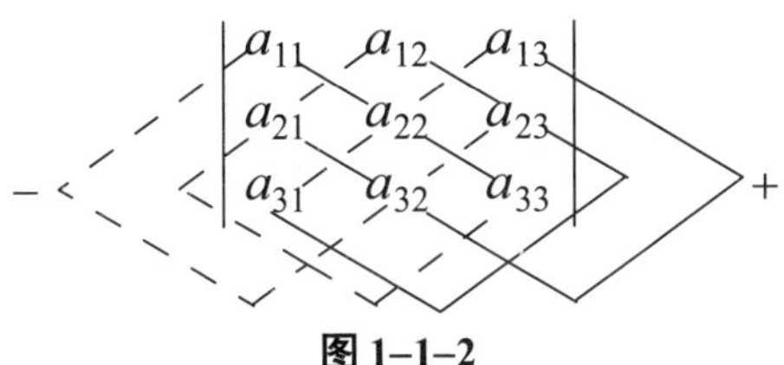

图 1–1–2

(2) 沙路法则.

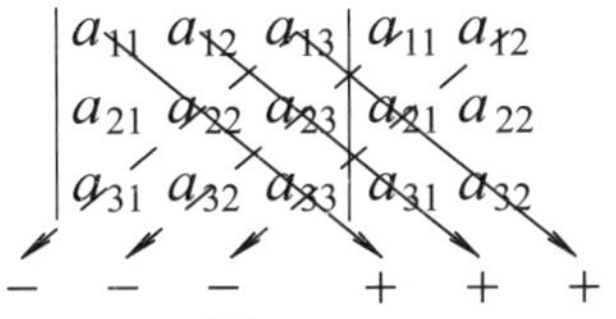

图 1–1–3

例 2　计算三阶行列式 $\begin{vmatrix} 1 & 2 & 3 \\ 4 & 0 & 5 \\ -1 & 0 & 6 \end{vmatrix}$.

解

$$\begin{vmatrix} 1 & 2 & 3 \\ 4 & 0 & 5 \\ -1 & 0 & 6 \end{vmatrix}=1\times 0\times 6+2\times 5\times(-1)+3\times 4\times 0-3\times 0\times(-1)-1\times 5\times 0-2\times 4\times 6$$

$$=-10-48=-58.$$ ■

例 3　求解方程 $D=\begin{vmatrix}1 & 1 & 1\\ 2 & 3 & x\\ 4 & 9 & x^2\end{vmatrix}=0$.

解　方程左端

$$D=3x^2+4x+18-12-9x-2x^2=x^2-5x+6,$$

由 $x^2-5x+6=0$，解得 $x=2$ 或 $x=3$. ■

四、三元线性方程组

类似于二元线性方程组的讨论，对三元线性方程组

$$\begin{cases}a_{11}x_1+a_{12}x_2+a_{13}x_3=b_1\\ a_{21}x_1+a_{22}x_2+a_{23}x_3=b_2\\ a_{31}x_1+a_{32}x_2+a_{33}x_3=b_3\end{cases},$$

记

$$D=\begin{vmatrix}a_{11} & a_{12} & a_{13}\\ a_{21} & a_{22} & a_{23}\\ a_{31} & a_{32} & a_{33}\end{vmatrix},\qquad D_1=\begin{vmatrix}b_1 & a_{12} & a_{13}\\ b_2 & a_{22} & a_{23}\\ b_3 & a_{32} & a_{33}\end{vmatrix},$$

$$D_2=\begin{vmatrix}a_{11} & b_1 & a_{13}\\ a_{21} & b_2 & a_{23}\\ a_{31} & b_3 & a_{33}\end{vmatrix},\qquad D_3=\begin{vmatrix}a_{11} & a_{12} & b_1\\ a_{21} & a_{22} & b_2\\ a_{31} & a_{32} & b_3\end{vmatrix},$$

若系数行列式 $D\neq 0$，则该方程组有唯一解：

$$x_1=\frac{D_1}{D},\quad x_2=\frac{D_2}{D},\quad x_3=\frac{D_3}{D}.$$

例 4　解三元线性方程组 $\begin{cases}x_1-2x_2+x_3=-2\\ 2x_1+x_2-3x_3=1\\ -x_1+x_2-x_3=0\end{cases}$.

解　系数行列式

$$\begin{aligned}D&=\begin{vmatrix}1 & -2 & 1\\ 2 & 1 & -3\\ -1 & 1 & -1\end{vmatrix}\\ &=1\times1\times(-1)+(-2)\times(-3)\times(-1)+1\times2\times1\\ &\qquad -1\times1\times(-1)-1\times(-3)\times1-(-2)\times2\times(-1)\\ &=-5\neq 0,\end{aligned}$$

$$D_1=\begin{vmatrix}-2 & -2 & 1\\ 1 & 1 & -3\\ 0 & 1 & -1\end{vmatrix}=-5,\ D_2=\begin{vmatrix}1 & -2 & 1\\ 2 & 1 & -3\\ -1 & 0 & -1\end{vmatrix}=-10,\ D_3=\begin{vmatrix}1 & -2 & -2\\ 2 & 1 & 1\\ -1 & 1 & 0\end{vmatrix}=-5,$$

故所求方程组的解为

$$x_1=\frac{D_1}{D}=1,\qquad x_2=\frac{D_2}{D}=2,\qquad x_3=\frac{D_3}{D}=1. \qquad ■$$

习题 1-1

1. 计算下列二阶行列式：

(1) $\begin{vmatrix} 1 & 3 \\ 1 & 4 \end{vmatrix}$;　(2) $\begin{vmatrix} 2 & 1 \\ -1 & 2 \end{vmatrix}$;　(3) $\begin{vmatrix} a & b \\ a^2 & b^2 \end{vmatrix}$;

(4) $\begin{vmatrix} x-1 & 1 \\ x^2 & x^2+x+1 \end{vmatrix}$;　(5) $\begin{vmatrix} 1 & \log_b a \\ \log_a b & 1 \end{vmatrix}$.

2. 计算下列三阶行列式：

(1) $\begin{vmatrix} 1 & 2 & 3 \\ 3 & 1 & 2 \\ 2 & 3 & 1 \end{vmatrix}$;　(2) $\begin{vmatrix} 1 & 1 & 1 \\ 3 & 1 & 4 \\ 8 & 9 & 5 \end{vmatrix}$;　(3) $\begin{vmatrix} 1 & 0 & -1 \\ 3 & 5 & 0 \\ 0 & 4 & 1 \end{vmatrix}$;

(4) $\begin{vmatrix} a & b & c \\ b & c & a \\ c & a & b \end{vmatrix}$;　(5) $\begin{vmatrix} 1 & 1 & 1 \\ a & b & c \\ a^2 & b^2 & c^2 \end{vmatrix}$;　(6) $\begin{vmatrix} x & y & x+y \\ y & x+y & x \\ x+y & x & y \end{vmatrix}$.

3. 当 x 取何值时，$\begin{vmatrix} 3 & 1 & x \\ 4 & x & 0 \\ 1 & 0 & x \end{vmatrix}\neq 0$.

§1.2　*n* 阶行列式

从三阶行列式的定义，我们看到：(1) 三阶行列式共有 $3!=6$ 项；(2) 行列式中的每一项都是取自不同行不同列的三个元素的乘积；(3) 行列式中的每一项的符号均与该项元素下标的排列顺序有关．受此启示，我们可以引入 n 阶行列式的定义．此外，在本节中，我们还要了解几个今后常用的特殊的 n 阶行列式（对角行列式与三角形行列式等）的计算方法．

一、排列与逆序

定义 1　由自然数 1，2，…，n 组成的不重复的每一种有确定次序的排列，称为一个 ***n* 级排列**（简称为**排列**）.

例如，1234 和 4312 都是 4 级排列，而 24315 是一个 5 级排列．

定义 2　在一个 n 级排列 $(i_1 i_2 \cdots i_t \cdots i_s \cdots i_n)$ 中，若数 $i_t > i_s$，则称数 i_t 与 i_s 构成一个**逆序**．一个 n 级排列中逆序的总数称为该排列的**逆序数**，记为 $N(i_1 i_2 \cdots i_n)$.

根据上述定义，可按如下方法计算排列的逆序数：

设在一个 n 级排列 $i_1 i_2 \cdots i_n$ 中，比 $i_k(k=1,2,\cdots,n)$ 大且排在 i_k 前面的数共有 t_k 个，则 i_k 的逆序的个数为 t_k，而该排列中所有自然数的逆序的个数之和就是这个排列的逆序数．即

$$N(i_1 i_2 \cdots i_n)=t_1+t_2+\cdots+t_n=\sum_{k=1}^{n} t_k .$$

例 1 计算排列 32514 的逆序数．

解 因为 3 排在首位，故其逆序数为 0；

在 2 前面且比 2 大的数有 1 个，故其逆序的个数为 1；

在 5 前面且比 5 大的数有 0 个，故其逆序的个数为 0；

在 1 前面且比 1 大的数有 3 个，故其逆序的个数为 3；

在 4 前面且比 4 大的数有 1 个，故其逆序的个数为 1．

将上述结果排成如下形式：

$$\begin{array}{cccccc} \text{排列} & 3 & 2 & 5 & 1 & 4 \\ & \downarrow & \downarrow & \downarrow & \downarrow & \downarrow \\ t_k & 0 & 1 & 0 & 3 & 1 \end{array}$$

易见所求排列的逆序数为

$$N(32514)=0+1+0+3+1=5.$$

■

定义 3 逆序数为奇数的排列称为**奇排列**；逆序数为偶数的排列称为**偶排列**．

例 2 求排列 $n(n-1)\cdots 321$ 的逆序数，并讨论其奇偶性．

解 类似例 1 的讨论，可排出如下形式：

$$\begin{array}{cccccccc} \text{排列} & n & (n-1) & (n-2) & \cdots & 3 & 2 & 1 \\ & \downarrow & \downarrow & \downarrow & \downarrow & \downarrow & \downarrow & \downarrow \\ t_k & 0 & 1 & 2 & \cdots & n-3 & n-2 & n-1 \end{array}$$

则所求逆序数为

$$N(n(n-1)\cdots 321)=0+1+2+\cdots+(n-1)=\frac{n(n-1)}{2}.$$

易见：当 $n=4k,4k+1$ 时，该排列是偶排列；当 $n=4k+2,4k+3$ 时，该排列是奇排列．

■

二、n 阶行列式的定义

观察三阶行列式：

$$\begin{vmatrix} a_{11} & a_{12} & a_{13} \\ a_{21} & a_{22} & a_{23} \\ a_{31} & a_{32} & a_{33} \end{vmatrix}=a_{11}a_{22}a_{33}+a_{12}a_{23}a_{31}+a_{13}a_{21}a_{32}-a_{11}a_{23}a_{32}-a_{12}a_{21}a_{33}-a_{13}a_{22}a_{31}.$$

易见：

(1) 三阶行列式共有 $6(=3!)$ 项；

(2) 每项都是取自不同行不同列的三个元素的乘积；

(3) 每项的符号是：当该项元素的行标按自然数顺序排列后，若对应的列标构成的排列是偶排列则取正号，是奇排列则取负号.

故三阶行列式可定义为

$$\begin{vmatrix} a_{11} & a_{12} & a_{13} \\ a_{21} & a_{22} & a_{23} \\ a_{31} & a_{32} & a_{33} \end{vmatrix} = \sum_{j_1j_2j_3}(-1)^{N(j_1j_2j_3)}a_{1j_1}a_{2j_2}a_{3j_3},$$

其中 $\sum\limits_{j_1j_2j_3}$ 为对所有三级排列 $j_1j_2j_3$ 求和.

定义 4　由 n^2 个元素 $a_{ij}\,(i,j=1,2,\cdots,n)$ 组成的记号

$$\begin{vmatrix} a_{11} & a_{12} & \cdots & a_{1n} \\ a_{21} & a_{22} & \cdots & a_{2n} \\ \vdots & \vdots & & \vdots \\ a_{n1} & a_{n2} & \cdots & a_{nn} \end{vmatrix}$$

称为***n* 阶行列式**，其中横排称为**行**，竖排称为**列**，它表示所有取自不同行、不同列的 n 个元素乘积 $a_{1j_1}a_{2j_2}\cdots a_{nj_n}$ 的代数和，各项的符号是：当该项各元素的行标按自然数顺序排列后，若对应的列标构成的排列是偶排列则取正号，是奇排列则取负号. 即

$$\begin{vmatrix} a_{11} & a_{12} & \cdots & a_{1n} \\ a_{21} & a_{22} & \cdots & a_{2n} \\ \vdots & \vdots & & \vdots \\ a_{n1} & a_{n2} & \cdots & a_{nn} \end{vmatrix} = \sum_{j_1j_2\cdots j_n}(-1)^{N(j_1j_2\cdots j_n)}a_{1j_1}a_{2j_2}\cdots a_{nj_n},$$

其中 $\sum\limits_{j_1j_2\cdots j_n}$ 表示对所有 n 级排列 $j_1j_2\cdots j_n$ 求和. 行列式有时也简记为 $\det(a_{ij})$ 或 $|a_{ij}|$，这里数 a_{ij} 称为行列式的**元素**，称

$$(-1)^{N(j_1j_2\cdots j_n)}a_{1j_1}a_{2j_2}\cdots a_{nj_n}$$

为行列式的**一般项**.

注：(1) n 阶行列式是 $n!$ 项的代数和，且冠以正号的项和冠以负号的项（不包括元素本身所带的符号）各占一半，因此，行列式实质上是一种特殊定义的数；

(2) $a_{1j_1}a_{2j_2}\cdots a_{nj_n}$ 的符号为 $(-1)^{N(j_1j_2\cdots j_n)}$（不包括元素本身所带的符号）；

(3) 一阶行列式 $|a|=a$，不要与绝对值记号相混淆.

例 3　计算行列式 $D=\begin{vmatrix} 0 & 0 & 0 & 1 \\ 0 & 0 & 2 & 0 \\ 0 & 3 & 0 & 0 \\ 4 & 0 & 0 & 0 \end{vmatrix}$.

解　一般项为 $(-1)^{N(j_1j_2j_3j_4)}a_{1j_1}a_{2j_2}a_{3j_3}a_{4j_4}$，现考察不为零的项. a_{1j_1} 取自第 1

行, 但只有 $a_{14}\neq 0$, 故只可能 $j_1=4$; 同理可得 $j_2=3$, $j_3=2$, $j_4=1$. 即行列式中不为零的项只有 $(-1)^{N(4321)}1\cdot 2\cdot 3\cdot 4=24$, 所以

$$D=24.$$ ■

注: 一般地, 可得到下列结果:

$$\begin{vmatrix} 0 & \cdots & 0 & a_{1n} \\ 0 & \cdots & a_{2\,n-1} & 0 \\ \vdots & & \vdots & \vdots \\ a_{n1} & \cdots & 0 & 0 \end{vmatrix} = (-1)^{N(n(n-1)\cdots 1)}a_{1n}a_{2\,n-1}\cdots a_{n1}$$

$$=(-1)^{\frac{n(n-1)}{2}}a_{1n}\,a_{2\,n-1}\cdots a_{n1}.$$

例3的行列式中, 其非副对角线上的元素全为0, 此类行列式可以直接求出结果. 特别地, 非主对角线上元素全为0的行列式称为**对角行列式**, 而对角线以下(上)的元素全为0的行列式称为**上(下)三角(形)行列式**.

例4　计算上三角形行列式 $\begin{vmatrix} a_{11} & a_{12} & \cdots & a_{1n} \\ 0 & a_{22} & \cdots & a_{2n} \\ \vdots & \vdots & & \vdots \\ 0 & 0 & \cdots & a_{nn} \end{vmatrix}$ $(a_{11}a_{22}\cdots a_{nn}\neq 0)$.

解　一般项为 $(-1)^{N(j_1j_2\cdots j_n)}a_{1j_1}a_{2j_2}\cdots a_{nj_n}$, 现考察不为零的项. a_{nj_n} 取自第 n 行, 但只有 $a_{nn}\neq 0$, 故只可能取 $j_n=n$; $a_{n-1\,j_{n-1}}$ 取自第 $n-1$ 行, 只有 $a_{n-1\,n-1}$ 及 $a_{n-1\,n}$ 不为零, 因 a_{nn} 取自第 n 列, 故 $a_{n-1\,j_{n-1}}$ 不能取自第 n 列, 从而 $j_{n-1}=n-1$; 同理可得, $j_{n-2}=n-2$, $\cdots$, $j_1=1$. 所以不为零的项只有

$$(-1)^{N(1\ 2\ \cdots\ n)}a_{11}a_{22}\cdots a_{nn}=a_{11}a_{22}\cdots a_{nn},$$

故

$$\begin{vmatrix} a_{11} & a_{12} & \cdots & a_{1n} \\ 0 & a_{22} & \cdots & a_{2n} \\ \vdots & \vdots & & \vdots \\ 0 & 0 & \cdots & a_{nn} \end{vmatrix} = a_{11}a_{22}\cdots a_{nn}.$$ ■

注: 类似可得下三角形行列式

$$D=\begin{vmatrix} a_{11} & 0 & \cdots & 0 \\ a_{21} & a_{22} & \cdots & 0 \\ \vdots & \vdots & & \vdots \\ a_{n1} & a_{n2} & \cdots & a_{nn} \end{vmatrix} = a_{11}a_{22}\cdots a_{nn}.$$

对角行列式

$$D=\begin{vmatrix} a_{11} & 0 & \cdots & 0 \\ 0 & a_{22} & \cdots & 0 \\ \vdots & \vdots & & \vdots \\ 0 & 0 & \cdots & a_{nn} \end{vmatrix} = a_{11}a_{22}\cdots a_{nn}.$$

三、对换

为进一步研究 n 阶行列式的性质，先要讨论对换的概念及其与排列奇偶性的关系.

定义 5　在排列中，将任意两个元素对调，其余的元素不动，这种作出新排列的方法称为**对换**. 将两个相邻元素对换，称为**相邻对换**.

例如，对换排列 21354 中元素 1 和 4 的位置后，得到排列 24351.

定理 1　任意一个排列经过一个对换后，其奇偶性改变.

证明　略. ■

推论 1　奇排列变成自然数顺序排列的对换次数为奇数，偶排列变成自然数顺序排列的对换次数为偶数.

证明　由定理 1 知，对换的次数就是排列奇偶性的变化次数，而自然数顺序排列是偶排列(逆序数为0)，因此结论成立. ■

定理 2　n 个自然数 $(n>1)$ 共有 $n!$ 个 n 级排列，其中奇偶排列各占一半.

证明　n 级排列的总数为 $n(n-1)(n-2)\cdots 2\cdot 1=n!$.

设其中奇排列为 p 个，偶排列为 q 个. 若对每个奇排列都做同一对换，则由定理 1，p 个奇排列均变为偶排列，故 $p\le q$；同理对每个偶排列都做同一对换，则 q 个偶排列均变为奇排列，故 $q\le p$. 所以 $p=q$，从而 $p=q=\dfrac{n!}{2}$. ■

定理 3　n 阶行列式也定义为

$$D=\sum(-1)^S a_{i_1j_1}a_{i_2j_2}\cdots a_{i_nj_n},$$

其中 S 为行标与列标排列的逆序数之和，即

$$S=N(i_1i_2\cdots i_n)+N(j_1j_2\cdots j_n).$$

证明　略. ■

推论 2　n 阶行列式也可定义为

$$D=\sum(-1)^{N(i_1i_2\cdots i_n)}a_{i_11}a_{i_22}\cdots a_{i_nn}.$$

例 5　在六阶行列式中，下列两项各应带什么符号？

(1) $a_{23}a_{31}a_{42}a_{56}a_{14}a_{65}$；　　(2) $a_{32}a_{43}a_{14}a_{51}a_{66}a_{25}$.

解　(1) 按定义 4 计算：

$$a_{23}a_{31}a_{42}a_{56}a_{14}a_{65}=a_{14}a_{23}a_{31}a_{42}a_{56}a_{65},$$

而 431265 的逆序数 $N=0+1+2+2+0+1=6$，所以 $a_{23}a_{31}a_{42}a_{56}a_{14}a_{65}$ 前边应带正号.

(2) 按定理 3 计算：

行标排列 341562 的逆序数为 $N=0+0+2+0+0+4=6$；

列标排列 234165 的逆序数为 $N=0+0+0+3+0+1=4$，

所以 $a_{32}a_{43}a_{14}a_{51}a_{66}a_{25}$ 前边应带正号. ■

例 6 用行列式的定义计算 $D_n=\begin{vmatrix} 0 & 0 & \cdots & 0 & 1 & 0 \\ 0 & 0 & \cdots & 2 & 0 & 0 \\ \vdots & \vdots & & \vdots & \vdots & \vdots \\ n-1 & 0 & \cdots & 0 & 0 & 0 \\ 0 & 0 & \cdots & 0 & 0 & n \end{vmatrix}$.

解
$$\begin{aligned} D_n &= (-1)^N a_{1\,n-1}a_{2\,n-2}\cdots a_{n-1\,1}a_{nn} \\ &= (-1)^N 1\cdot 2\cdots(n-1)\cdot n = (-1)^N n!, \end{aligned}$$

其中

$$N=N[(n-1)(n-2)\cdots 2\ \ 1\ \ n]=0+1+\cdots+(n-2)+0=\frac{(n-1)(n-2)}{2},$$

所以

$$D_n=(-1)^{\frac{(n-1)(n-2)}{2}}n!\,.$$ ■

习题 1-2

1. 求下列排列的逆序数：

(1) 4132； (2) 2413； (3) 36715284； (4) 3712456.

2. 写出四阶行列式中含有因子 $a_{11}a_{23}$ 的项.

3. 在六阶行列式 $|a_{ij}|$ 中, 下列各元素乘积应取什么符号？

(1) $a_{15}a_{23}a_{32}a_{44}a_{51}a_{66}$； (2) $a_{11}a_{26}a_{32}a_{44}a_{53}a_{65}$； (3) $a_{21}a_{53}a_{16}a_{42}a_{65}a_{34}$.

4. 用行列式的定义计算下列行列式：

(1) $\begin{vmatrix} 0 & 0 & 1 & 0 \\ 0 & 1 & 0 & 0 \\ 0 & 0 & 0 & 1 \\ 1 & 0 & 0 & 0 \end{vmatrix}$； (2) $\begin{vmatrix} 1 & 1 & 1 & 0 \\ 0 & 1 & 0 & 1 \\ 0 & 1 & 1 & 1 \\ 0 & 0 & 1 & 0 \end{vmatrix}$； (3) $\begin{vmatrix} 0 & 1 & 0 & \cdots & 0 \\ 0 & 0 & 2 & \cdots & 0 \\ \vdots & \vdots & \vdots & & \vdots \\ 0 & 0 & 0 & \cdots & n-1 \\ n & 0 & 0 & \cdots & 0 \end{vmatrix}$.

§1.3 行列式的性质

行列式的奥妙在于对行列式的行或列进行了某些变换（如行与列互换、交换两行 (列) 位置、某行 (列) 乘以某个数、某行 (列) 乘以某个数后加到另一行 (列) 等) 后，行列式虽然会发生相应的变化，但变换前后两个行列式的值却仍保持着线性关系，这意味着，我们可以利用这些关系大大简化高阶行列式的计算. 本节我们首先要讨论行列式在这方面的重要性质，然后进一步讨论如何利用这些性质计算高阶行列式的值.

一、行列式的性质

将行列式 D 的行与列互换后得到的行列式，称为 D 的**转置行列式**，记为 D^{T} 或 D', 即若

$$D=\begin{vmatrix} a_{11} & a_{12} & \cdots & a_{1n} \\ a_{21} & a_{22} & \cdots & a_{2n} \\ \vdots & \vdots & & \vdots \\ a_{n1} & a_{n2} & \cdots & a_{nn} \end{vmatrix},$$

则

$$D^{\mathrm{T}}=\begin{vmatrix} a_{11} & a_{21} & \cdots & a_{n1} \\ a_{12} & a_{22} & \cdots & a_{n2} \\ \vdots & \vdots & & \vdots \\ a_{1n} & a_{2n} & \cdots & a_{nn} \end{vmatrix}.$$

性质 1 行列式与它的转置行列式相等，即 $D=D^{\mathrm{T}}$.

证明 由定义，D 的一般项为 $(-1)^{N(j_1 j_2 \cdots j_n)} a_{1j_1} a_{2j_2} \cdots a_{nj_n}$, 它的元素在 D 中位于不同行不同列, 因而在 D^{T} 中位于不同列不同行，故这 n 个元素的乘积在 D^{T} 中应为 $a_{j_1 1} a_{j_2 2} \cdots a_{j_n n}$, 易知其符号也是 $(-1)^{N(j_1 j_2 \cdots j_n)}$. 因此, D 与 D^{T} 是具有相同项的行列式，即 $D=D^{\mathrm{T}}$. ■

注: 由性质 1 可知, 行列式中的行与列具有相同的地位, 行列式的行具有的性质, 它的列也同样具有.

性质 2 交换行列式的两行 (列)，行列式变号.

证明 略. ■

注: 交换 i, j 两行 (列) 记为 $r_i \leftrightarrow r_j \ (c_i \leftrightarrow c_j)$.

推论 1 若行列式中有两行 (列) 的对应元素相同，则此行列式为零.

证明 互换相同的两行 (列)，有 $D=-D$，故 $D=0$. ■

性质 3 用数 k 乘行列式的某一行 (列)，等于用数 k 乘此行列式，即

$$D_1=\begin{vmatrix} a_{11} & a_{12} & \cdots & a_{1n} \\ \vdots & \vdots & & \vdots \\ ka_{i1} & ka_{i2} & \cdots & ka_{in} \\ \vdots & \vdots & & \vdots \\ a_{n1} & a_{n2} & \cdots & a_{nn} \end{vmatrix}=k\begin{vmatrix} a_{11} & a_{12} & \cdots & a_{1n} \\ \vdots & \vdots & & \vdots \\ a_{i1} & a_{i2} & \cdots & a_{in} \\ \vdots & \vdots & & \vdots \\ a_{n1} & a_{n2} & \cdots & a_{nn} \end{vmatrix}=kD.$$

证明 第 i 行乘以数 k 后，行列式为

$$D_1=\sum (-1)^{N(j_1 \cdots j_i \cdots j_n)} a_{1j_1} \cdots (ka_{ij_i}) \cdots a_{nj_n}$$

$$= k\sum (-1)^{N(j_1\cdots j_i\cdots j_n)} a_{1j_1}\cdots a_{ij_i}\cdots a_{nj_n} = kD.$$ ■

注: 第 i 行(列)乘以 k, 记为 $r_i\times k$ (或 $c_i\times k$).

推论 2　行列式的某一行(列)中所有元素的公因子可以提到行列式符号的外面.

推论 3　行列式中若有两行(列)元素成比例, 则此行列式为零.

例如, 行列式 $D=\begin{vmatrix} 2 & -4 & 1 \\ 3 & -6 & 3 \\ -5 & 10 & 4 \end{vmatrix}$, 因为第 1 列与第 2 列对应元素成比例, 根据推论 3, 可直接得到

$$D=\begin{vmatrix} 2 & -4 & 1 \\ 3 & -6 & 3 \\ -5 & 10 & 4 \end{vmatrix}=0.$$

例 1　设 $\begin{vmatrix} a_{11} & a_{12} & a_{13} \\ a_{21} & a_{22} & a_{23} \\ a_{31} & a_{32} & a_{33} \end{vmatrix}=1$, 求 $\begin{vmatrix} 6a_{11} & -2a_{12} & -10a_{13} \\ -3a_{21} & a_{22} & 5a_{23} \\ -3a_{31} & a_{32} & 5a_{33} \end{vmatrix}$.

解

$$\begin{vmatrix} 6a_{11} & -2a_{12} & -10a_{13} \\ -3a_{21} & a_{22} & 5a_{23} \\ -3a_{31} & a_{32} & 5a_{33} \end{vmatrix} = -2\begin{vmatrix} -3a_{11} & a_{12} & 5a_{13} \\ -3a_{21} & a_{22} & 5a_{23} \\ -3a_{31} & a_{32} & 5a_{33} \end{vmatrix}$$

$$= -2\times(-3)\times 5\begin{vmatrix} a_{11} & a_{12} & a_{13} \\ a_{21} & a_{22} & a_{23} \\ a_{31} & a_{32} & a_{33} \end{vmatrix} = -2\times(-3)\times 5\times 1=30.$$ ■

性质 4　若行列式的某一行(列)的元素都是两数之和, 设

$$D=\begin{vmatrix} a_{11} & a_{12} & \cdots & a_{1n} \\ \vdots & \vdots & & \vdots \\ b_{i1}+c_{i1} & b_{i2}+c_{i2} & \cdots & b_{in}+c_{in} \\ \vdots & \vdots & & \vdots \\ a_{n1} & a_{n2} & \cdots & a_{nn} \end{vmatrix},$$

则

$$D=\begin{vmatrix} a_{11} & a_{12} & \cdots & a_{1n} \\ \vdots & \vdots & & \vdots \\ b_{i1} & b_{i2} & \cdots & b_{in} \\ \vdots & \vdots & & \vdots \\ a_{n1} & a_{n2} & \cdots & a_{nn} \end{vmatrix} + \begin{vmatrix} a_{11} & a_{12} & \cdots & a_{1n} \\ \vdots & \vdots & & \vdots \\ c_{i1} & c_{i2} & \cdots & c_{in} \\ \vdots & \vdots & & \vdots \\ a_{n1} & a_{n2} & \cdots & a_{nn} \end{vmatrix} = D_1 + D_2.$$

证明

$$D=\sum (-1)^{N(j_1\cdots j_i\cdots j_n)} a_{1j_1}\cdots (b_{ij_i}+c_{ij_i})\cdots a_{nj_n}$$

$$=\sum (-1)^{N(j_1\cdots j_i\cdots j_n)} a_{1j_1}\cdots b_{ij_i}\cdots a_{nj_n}+\sum (-1)^{N(j_1\cdots j_i\cdots j_n)} a_{1j_1}\cdots c_{ij_i}\cdots a_{nj_n}$$

$$=D_1+D_2.$$ ■

注: 上述结果可推广到有限个数和的情形.

性质 5 将行列式的某一行(列)的所有元素都乘以数k后加到另一行(列)对应位置的元素上，行列式的值不变.

例如，以数k乘第j列加到第i列上，则有

$$D=\begin{vmatrix} a_{11} & \cdots & a_{1i} & \cdots & a_{1j} & \cdots & a_{1n} \\ a_{21} & \cdots & a_{2i} & \cdots & a_{2j} & \cdots & a_{2n} \\ \vdots & & \vdots & & \vdots & & \vdots \\ a_{n1} & \cdots & a_{ni} & \cdots & a_{nj} & \cdots & a_{nn} \end{vmatrix}=\begin{vmatrix} a_{11} & \cdots & a_{1i}+ka_{1j} & \cdots & a_{1j} & \cdots & a_{1n} \\ a_{21} & \cdots & a_{2i}+ka_{2j} & \cdots & a_{2j} & \cdots & a_{2n} \\ \vdots & & \vdots & & \vdots & & \vdots \\ a_{n1} & \cdots & a_{ni}+ka_{nj} & \cdots & a_{nj} & \cdots & a_{nn} \end{vmatrix}$$

$$=D_1\,(i\neq j).$$

证明 $$D_1 \xlongequal{\text{性质4}} \begin{vmatrix} a_{11} & \cdots & a_{1i} & \cdots & a_{1j} & \cdots & a_{1n} \\ \vdots & & \vdots & & \vdots & & \vdots \\ a_{n1} & \cdots & a_{ni} & \cdots & a_{nj} & \cdots & a_{nn} \end{vmatrix}+\begin{vmatrix} a_{11} & \cdots & ka_{1j} & \cdots & a_{1j} & \cdots & a_{1n} \\ \vdots & & \vdots & & \vdots & & \vdots \\ a_{n1} & \cdots & ka_{nj} & \cdots & a_{nj} & \cdots & a_{nn} \end{vmatrix}$$

$$\xlongequal{\text{推论3}} D+0=D.$$ ■

注: 以数k乘第j行加到第i行上，记作r_i+kr_j；以数k乘第j列加到第i列上，记作c_i+kc_j.

二、利用“三角化”计算行列式

计算行列式时，常利用行列式的性质，把它化为三角形行列式来计算. 例如，化为上三角形行列式的步骤是:

如果第1列第一个元素为0，先将第1行与其他行交换，使得第1列第一个元素不为0，然后把第1行分别乘以适当的数加到其他各行，使得第1列除第一个元素外其余元素全为0；再用同样的方法处理除去第1行和第1列后余下的低一阶行列式；如此继续下去，直至使它成为上三角形行列式，这时主对角线上元素的乘积就是所求行列式的值.

注: 如今大部分用于计算一般行列式的计算机程序都是按上述方法进行设计的. 可以证明，利用行变换计算n阶行列式需要大约$2n^3/3$次算术运算. 任何一台现代的微型计算机都可以在几分之一秒内计算出50阶行列式的值，运算量大约为83 300次. 如果用行列式的定义来计算，其运算量大约为$49\times 50!$次，这显然是个非常巨大的数值.

例 2 计算 $D=\begin{vmatrix} 3 & 1 & -1 & 2 \\ -5 & 1 & 3 & -4 \\ 2 & 0 & 1 & -1 \\ 1 & -5 & 3 & -3 \end{vmatrix}$.

解 $D \xlongequal{c_1 \leftrightarrow c_2} -\begin{vmatrix} 1 & 3 & -1 & 2 \\ 1 & -5 & 3 & -4 \\ 0 & 2 & 1 & -1 \\ -5 & 1 & 3 & -3 \end{vmatrix} \xlongequal[r_4+5r_1]{r_2-r_1} -\begin{vmatrix} 1 & 3 & -1 & 2 \\ 0 & -8 & 4 & -6 \\ 0 & 2 & 1 & -1 \\ 0 & 16 & -2 & 7 \end{vmatrix}$

$$\xlongequal{r_2 \leftrightarrow r_3} \begin{vmatrix} 1 & 3 & -1 & 2 \\ 0 & 2 & 1 & -1 \\ 0 & -8 & 4 & -6 \\ 0 & 16 & -2 & 7 \end{vmatrix} \xlongequal[r_4-8r_2]{r_3+4r_2} \begin{vmatrix} 1 & 3 & -1 & 2 \\ 0 & 2 & 1 & -1 \\ 0 & 0 & 8 & -10 \\ 0 & 0 & -10 & 15 \end{vmatrix}$$

$$\xlongequal{r_4+\frac{5}{4}r_3} \begin{vmatrix} 1 & 3 & -1 & 2 \\ 0 & 2 & 1 & -1 \\ 0 & 0 & 8 & -10 \\ 0 & 0 & 0 & 5/2 \end{vmatrix} = 40.$$ ■

例 3 计算 $D=\begin{vmatrix} 3 & 1 & 1 & 1 \\ 1 & 3 & 1 & 1 \\ 1 & 1 & 3 & 1 \\ 1 & 1 & 1 & 3 \end{vmatrix}$.

解 注意到行列式中各行 (列) 4 个数之和都为 6. 故可把第 2, 3, 4 行同时加到第 1 行, 提出公因子 6, 然后各行减去第 1 行, 化为上三角形行列式来计算:

$$D \xlongequal{r_1+r_2+r_3+r_4} \begin{vmatrix} 6 & 6 & 6 & 6 \\ 1 & 3 & 1 & 1 \\ 1 & 1 & 3 & 1 \\ 1 & 1 & 1 & 3 \end{vmatrix} = 6\begin{vmatrix} 1 & 1 & 1 & 1 \\ 1 & 3 & 1 & 1 \\ 1 & 1 & 3 & 1 \\ 1 & 1 & 1 & 3 \end{vmatrix} \xlongequal[\substack{r_3-r_1 \\ r_4-r_1}]{r_2-r_1} 6\begin{vmatrix} 1 & 1 & 1 & 1 \\ 0 & 2 & 0 & 0 \\ 0 & 0 & 2 & 0 \\ 0 & 0 & 0 & 2 \end{vmatrix}$$

$$=48.$$ ■

注: 仿照上述方法可得到更一般的结果:

$$\begin{vmatrix} a & b & b & \cdots & b \\ b & a & b & \cdots & b \\ \vdots & \vdots & \vdots & & \vdots \\ b & b & b & \cdots & a \end{vmatrix} = [a+(n-1)b](a-b)^{n-1}.$$

例 4 计算 $D=\begin{vmatrix} a_1 & -a_1 & 0 & 0 \\ 0 & a_2 & -a_2 & 0 \\ 0 & 0 & a_3 & -a_3 \\ 1 & 1 & 1 & 1 \end{vmatrix}$.

解 根据行列式的特点, 可将第 1 列加至第 2 列, 然后将第 2 列加至第 3 列, 再将第 3 列加至第 4 列, 目的是使 D 中的零元素增多.

$$D \xlongequal{c_2+c_1} \begin{vmatrix} a_1 & 0 & 0 & 0 \\ 0 & a_2 & -a_2 & 0 \\ 0 & 0 & a_3 & -a_3 \\ 1 & 2 & 1 & 1 \end{vmatrix} \xlongequal{c_3+c_2} \begin{vmatrix} a_1 & 0 & 0 & 0 \\ 0 & a_2 & 0 & 0 \\ 0 & 0 & a_3 & -a_3 \\ 1 & 2 & 3 & 1 \end{vmatrix} \xlongequal{c_4+c_3} \begin{vmatrix} a_1 & 0 & 0 & 0 \\ 0 & a_2 & 0 & 0 \\ 0 & 0 & a_3 & 0 \\ 1 & 2 & 3 & 4 \end{vmatrix}$$

$$=4a_1a_2a_3.$$ ■

例 5 计算 $D=\begin{vmatrix} a & b & c & d \\ a & a+b & a+b+c & a+b+c+d \\ a & 2a+b & 3a+2b+c & 4a+3b+2c+d \\ a & 3a+b & 6a+3b+c & 10a+6b+3c+d \end{vmatrix}$.

解 从第 4 行开始，后一行减前一行.

$$D \xlongequal[r_2-r_1]{\substack{r_4-r_3\\ r_3-r_2}} \begin{vmatrix} a & b & c & d \\ 0 & a & a+b & a+b+c \\ 0 & a & 2a+b & 3a+2b+c \\ 0 & a & 3a+b & 6a+3b+c \end{vmatrix} \xlongequal[r_3-r_2]{r_4-r_3} \begin{vmatrix} a & b & c & d \\ 0 & a & a+b & a+b+c \\ 0 & 0 & a & 2a+b \\ 0 & 0 & a & 3a+b \end{vmatrix}$$

$$\xlongequal{r_4-r_3} \begin{vmatrix} a & b & c & d \\ 0 & a & a+b & a+b+c \\ 0 & 0 & a & 2a+b \\ 0 & 0 & 0 & a \end{vmatrix} = a^4.$$

■

例 6 解方程

$$\begin{vmatrix} a_1 & a_2 & a_3 & \cdots & a_{n-1} & a_n \\ a_1 & a_1+a_2-x & a_3 & \cdots & a_{n-1} & a_n \\ a_1 & a_2 & a_2+a_3-x & \cdots & a_{n-1} & a_n \\ \vdots & \vdots & \vdots & & \vdots & \vdots \\ a_1 & a_2 & a_3 & \cdots & a_{n-2}+a_{n-1}-x & a_n \\ a_1 & a_2 & a_3 & \cdots & a_{n-1} & a_{n-1}+a_n-x \end{vmatrix}=0, \text{其中} a_1\neq 0.$$

解 对左端行列式，从第 2 行开始每一行都减去第 1 行得

$$\begin{vmatrix} a_1 & a_2 & a_3 & \cdots & a_{n-1} & a_n \\ 0 & a_1-x & 0 & \cdots & 0 & 0 \\ 0 & 0 & a_2-x & \cdots & 0 & 0 \\ \vdots & \vdots & \vdots & & \vdots & \vdots \\ 0 & 0 & 0 & \cdots & a_{n-2}-x & 0 \\ 0 & 0 & 0 & \cdots & 0 & a_{n-1}-x \end{vmatrix} = a_1(a_1-x)(a_2-x)\cdots(a_{n-2}-x)(a_{n-1}-x).$$

即

$$a_1(a_1-x)(a_2-x)\cdots(a_{n-2}-x)(a_{n-1}-x)=0,$$

解得方程的 $n-1$ 个根

$$x_1=a_1,\ x_2=a_2,\ \cdots,\ x_{n-2}=a_{n-2},\ x_{n-1}=a_{n-1}.$$

■

习题 1-3

1. 用行列式的性质计算下列行列式:

(1) $\begin{vmatrix} 34\,215 & 35\,215 \\ 28\,092 & 29\,092 \end{vmatrix}$;　(2) $\begin{vmatrix} 1 & 2 & 3 \\ 0 & 1 & 2 \\ 1 & 1 & 1 \end{vmatrix}$;　(3) $\begin{vmatrix} -ab & ac & ae \\ bd & -cd & de \\ bf & cf & -ef \end{vmatrix}$;

(4) $\begin{vmatrix} 4 & 1 & 2 & 4 \\ 1 & 2 & 0 & 2 \\ 10 & 5 & 2 & 0 \\ 0 & 1 & 1 & 7 \end{vmatrix}$;　(5) $\begin{vmatrix} 1 & 1 & 1 & 1 \\ -1 & 1 & 1 & 1 \\ -1 & -1 & 1 & 1 \\ -1 & -1 & -1 & 1 \end{vmatrix}$.

2. 把下列行列式化为上三角形行列式，并计算其值：

(1) $\begin{vmatrix} -2 & 2 & -4 & 0 \\ 4 & -1 & 3 & 5 \\ 3 & 1 & -2 & -3 \\ 2 & 0 & 5 & 1 \end{vmatrix}$;　(2) $\begin{vmatrix} 1 & 2 & 3 & 4 \\ 2 & 3 & 4 & 1 \\ 3 & 4 & 1 & 2 \\ 4 & 1 & 2 & 3 \end{vmatrix}$.

3. 用行列式的性质证明下列等式：

(1) $\begin{vmatrix} a_1+kb_1 & b_1+c_1 & c_1 \\ a_2+kb_2 & b_2+c_2 & c_2 \\ a_3+kb_3 & b_3+c_3 & c_3 \end{vmatrix}=\begin{vmatrix} a_1 & b_1 & c_1 \\ a_2 & b_2 & c_2 \\ a_3 & b_3 & c_3 \end{vmatrix}$;　(2) $\begin{vmatrix} y+z & z+x & x+y \\ x+y & y+z & z+x \\ z+x & x+y & y+z \end{vmatrix}=2\begin{vmatrix} x & y & z \\ z & x & y \\ y & z & x \end{vmatrix}$.

4. 计算下列行列式：

(1) $\begin{vmatrix} 1 & 2 & 3 & \cdots & n-1 & n \\ -1 & 0 & 3 & \cdots & n-1 & n \\ -1 & -2 & 0 & \cdots & n-1 & n \\ \vdots & \vdots & \vdots & & \vdots & \vdots \\ -1 & -2 & -3 & \cdots & 0 & n \\ -1 & -2 & -3 & \cdots & -(n-1) & 0 \end{vmatrix}$;　(2) $\begin{vmatrix} 1 & a_1 & a_2 & \cdots & a_n \\ 1 & a_1+b_1 & a_2 & \cdots & a_n \\ 1 & a_1 & a_2+b_2 & \cdots & a_n \\ \vdots & \vdots & \vdots & & \vdots \\ 1 & a_1 & a_2 & \cdots & a_n+b_n \end{vmatrix}$.

5. 解方程：$\begin{vmatrix} 1 & 1 & 2 & 3 \\ 1 & 2-x^2 & 2 & 3 \\ 2 & 3 & 1 & 5 \\ 2 & 3 & 1 & 9-x^2 \end{vmatrix}=0$.

§1.4　行列式按行(列)展开

引例　观察三阶行列式定义

$$\begin{vmatrix} a_{11} & a_{12} & a_{13} \\ a_{21} & a_{22} & a_{23} \\ a_{31} & a_{32} & a_{33} \end{vmatrix}=a_{11}a_{22}a_{33}+a_{12}a_{23}a_{31}+a_{13}a_{21}a_{32} -a_{11}a_{23}a_{32}-a_{12}a_{21}a_{33}-a_{13}a_{22}a_{31} \tag{4.1}$$

$$=a_{11}(a_{22}a_{33}-a_{23}a_{32})+a_{12}(a_{23}a_{31}-a_{21}a_{33})+a_{13}(a_{21}a_{32}-a_{22}a_{31})$$

$$=a_{11}\begin{vmatrix} a_{22} & a_{23} \\ a_{32} & a_{33} \end{vmatrix}-a_{12}\begin{vmatrix} a_{21} & a_{23} \\ a_{31} & a_{33} \end{vmatrix}+a_{13}\begin{vmatrix} a_{21} & a_{22} \\ a_{31} & a_{32} \end{vmatrix}.$$

从中可得到这样的启示：三阶行列式可按第1行“展开”，对式(4.1)进行适当的重新组合，易见该三阶行列式也可按其他行或列“展开”，从而将三阶行列式的计算转化为低一阶行列式的计算.

一、行列式按一行(列)展开

为从更一般的角度来考虑用低阶行列式表示高阶行列式的问题，先引入余子式和代数余子式的概念.

定义 1 在 n 阶行列式 D 中，去掉元素 a_{ij} 所在的第 i 行和第 j 列后，余下的 $n-1$ 阶行列式，称为 D 中元素 a_{ij} 的**余子式**，记为 M_{ij}，再记 $A_{ij}=(-1)^{i+j}M_{ij}$，称 A_{ij} 为元素 a_{ij} 的**代数余子式**.

例如，在四阶行列式

$$D=\begin{vmatrix} a_{11} & a_{12} & a_{13} & a_{14} \\ a_{21} & a_{22} & a_{23} & a_{24} \\ a_{31} & a_{32} & a_{33} & a_{34} \\ a_{41} & a_{42} & a_{43} & a_{44} \end{vmatrix}$$

中，元素 a_{32} 的余子式和代数余子式为

$$M_{32}=\begin{vmatrix} a_{11} & a_{13} & a_{14} \\ a_{21} & a_{23} & a_{24} \\ a_{41} & a_{43} & a_{44} \end{vmatrix},\ A_{32}=(-1)^{3+2}M_{32}=-M_{32}.$$

注：若记 $D=\begin{vmatrix} a_{11} & a_{12} & a_{13} \\ a_{21} & a_{22} & a_{23} \\ a_{31} & a_{32} & a_{33} \end{vmatrix}$，则引例的结果可表示为

$$D=a_{11}A_{11}+a_{12}A_{12}+a_{13}A_{13}.$$

为对更一般的情形进行讨论，先证明一个引理：

引理 一个 n 阶行列式 D，若其中第 i 行所有元素除 a_{ij} 外都为零，则该行列式等于 a_{ij} 与它的代数余子式的乘积，即 $D=a_{ij}A_{ij}$.

证明 略. ■

定理 1 行列式等于它的任一行(列)的各元素与其对应的代数余子式乘积之和，即

$$D=a_{i1}A_{i1}+a_{i2}A_{i2}+\cdots+a_{in}A_{in}\qquad(i=1,2,\cdots,n),$$

或

$$D=a_{1j}A_{1j}+a_{2j}A_{2j}+\cdots+a_{nj}A_{nj}\qquad(j=1,2,\cdots,n).$$

证明 $D=\begin{vmatrix} a_{11} & a_{12} & \cdots & a_{1n} \\ \vdots & \vdots & & \vdots \\ a_{i1}+0+\cdots+0 & 0+a_{i2}+0+\cdots+0 & \cdots & 0+\cdots+0+a_{in} \\ \vdots & \vdots & & \vdots \\ a_{n1} & a_{n2} & \cdots & a_{nn} \end{vmatrix}$

$$
=\begin{vmatrix} a_{11} & a_{12} & \cdots & a_{1n} \\ \vdots & \vdots & & \vdots \\ a_{i1} & 0 & \cdots & 0 \\ \vdots & \vdots & & \vdots \\ a_{n1} & a_{n2} & \cdots & a_{nn} \end{vmatrix} + \begin{vmatrix} a_{11} & a_{12} & \cdots & a_{1n} \\ \vdots & \vdots & & \vdots \\ 0 & a_{i2} & \cdots & 0 \\ \vdots & \vdots & & \vdots \\ a_{n1} & a_{n2} & \cdots & a_{nn} \end{vmatrix} + \cdots + \begin{vmatrix} a_{11} & a_{12} & \cdots & a_{1n} \\ \vdots & \vdots & & \vdots \\ 0 & 0 & \cdots & a_{in} \\ \vdots & \vdots & & \vdots \\ a_{n1} & a_{n2} & \cdots & a_{nn} \end{vmatrix}
$$

$$
= a_{i1}A_{i1} + a_{i2}A_{i2} + \cdots + a_{in}A_{in} \quad (i=1, 2, \cdots, n).
$$

同理可得 D 按列展开的公式

$$
D = a_{1j}A_{1j} + a_{2j}A_{2j} + \cdots + a_{nj}A_{nj} \quad (j=1, 2, \cdots, n).
$$

■

推论 行列式某一行(列)的元素与另一行(列)的对应元素的代数余子式乘积之和等于零，即 $a_{i1}A_{j1} + a_{i2}A_{j2} + \cdots + a_{in}A_{jn} = 0, \quad i \neq j,$

或 $a_{1i}A_{1j} + a_{2i}A_{2j} + \cdots + a_{ni}A_{nj} = 0, \quad i \neq j.$

综上所述，可得到有关代数余子式的一个重要性质：

$$
\sum_{k=1}^{n} a_{ki}A_{kj} = D\delta_{ij} = \begin{cases} D, & i=j \\ 0, & i \neq j \end{cases}, \quad \text{或} \quad \sum_{k=1}^{n} a_{ik}A_{jk} = D\delta_{ij} = \begin{cases} D, & i=j \\ 0, & i \neq j \end{cases},
$$

其中 $\delta_{ij} = \begin{cases} 1, & i=j \\ 0, & i \neq j \end{cases}.$

注：按行(列)展开计算行列式的方法称为**降阶法**.

例 1 试按第3列展开计算行列式 $D = \begin{vmatrix} 1 & 2 & 3 & 4 \\ 1 & 0 & 1 & 2 \\ 3 & -1 & -1 & 0 \\ 1 & 2 & 0 & -5 \end{vmatrix}.$

解 将 D 按第3列展开，则有

$$
D = a_{13}A_{13} + a_{23}A_{23} + a_{33}A_{33} + a_{43}A_{43},
$$

其中 $a_{13}=3,\ a_{23}=1,\ a_{33}=-1,\ a_{43}=0,$

$$
A_{13} = (-1)^{1+3}\begin{vmatrix} 1 & 0 & 2 \\ 3 & -1 & 0 \\ 1 & 2 & -5 \end{vmatrix} = 19, \quad A_{23} = (-1)^{2+3}\begin{vmatrix} 1 & 2 & 4 \\ 3 & -1 & 0 \\ 1 & 2 & -5 \end{vmatrix} = -63,
$$

$$
A_{33} = (-1)^{3+3}\begin{vmatrix} 1 & 2 & 4 \\ 1 & 0 & 2 \\ 1 & 2 & -5 \end{vmatrix} = 18, \quad A_{43} = (-1)^{4+3}\begin{vmatrix} 1 & 2 & 4 \\ 1 & 0 & 2 \\ 3 & -1 & 0 \end{vmatrix} = -10,
$$

所以

$$
D = 3\times19 + 1\times(-63) + (-1)\times18 + 0\times(-10) = -24.
$$

■

二、用降阶法计算行列式

直接应用按行(列)展开法则计算行列式，运算量较大，尤其是高阶行列式. 因此，在计算行列式时，一般可先用行列式的性质将行列式中某一行(列)化为仅含有

一个非零元素，再按此行(列)展开，化为低一阶的行列式，如此继续下去，直到化为三阶或二阶行列式.

例 2 计算行列式 $D=\begin{vmatrix}1&2&3&4\\1&0&1&2\\3&-1&-1&0\\1&2&0&-5\end{vmatrix}$.

解 $D=\begin{vmatrix}1&2&3&4\\1&0&1&2\\3&-1&-1&0\\1&2&0&-5\end{vmatrix}\xlongequal[r_4+2r_3]{r_1+2r_3}\begin{vmatrix}7&0&1&4\\1&0&1&2\\3&-1&-1&0\\7&0&-2&-5\end{vmatrix}=(-1)\times(-1)^{3+2}\begin{vmatrix}7&1&4\\1&1&2\\7&-2&-5\end{vmatrix}$

$\xlongequal[r_3+2r_2]{r_1-r_2}\begin{vmatrix}6&0&2\\1&1&2\\9&0&-1\end{vmatrix}=1\times(-1)^{2+2}\begin{vmatrix}6&2\\9&-1\end{vmatrix}=-6-18=-24.$ ■

例 3 计算行列式 $D=\begin{vmatrix}5&3&-1&2&0\\1&7&2&5&2\\0&-2&3&1&0\\0&-4&-1&4&0\\0&2&3&5&0\end{vmatrix}$.

解 $D=\begin{vmatrix}5&3&-1&2&0\\1&7&2&5&2\\0&-2&3&1&0\\0&-4&-1&4&0\\0&2&3&5&0\end{vmatrix}=2\times(-1)^{2+5}\begin{vmatrix}5&3&-1&2\\0&-2&3&1\\0&-4&-1&4\\0&2&3&5\end{vmatrix}=-10\begin{vmatrix}-2&3&1\\-4&-1&4\\2&3&5\end{vmatrix}$

$\xlongequal[r_3+r_1]{r_2-2r_1}-10\begin{vmatrix}-2&3&1\\0&-7&2\\0&6&6\end{vmatrix}=-10\times(-2)\begin{vmatrix}-7&2\\6&6\end{vmatrix}$

$=20(-42-12)=-1\,080.$ ■

例 4 求证 $\begin{vmatrix}1&2&3&4&\cdots&n\\1&1&2&3&\cdots&n-1\\1&x&1&2&\cdots&n-2\\1&x&x&1&\cdots&n-3\\\vdots&\vdots&\vdots&\vdots&&\vdots\\1&x&x&x&\cdots&2\\1&x&x&x&\cdots&1\end{vmatrix}=(-1)^{n+1}x^{n-2}$.

证明 $\begin{vmatrix}1&2&3&4&\cdots&n\\1&1&2&3&\cdots&n-1\\1&x&1&2&\cdots&n-2\\1&x&x&1&\cdots&n-3\\\vdots&\vdots&\vdots&\vdots&&\vdots\\1&x&x&x&\cdots&2\\1&x&x&x&\cdots&1\end{vmatrix}\xlongequal[i=2,\cdots,n]{r_{i-1}-r_i}\begin{vmatrix}0&1&1&1&\cdots&1&1\\0&1-x&1&1&\cdots&1&1\\0&0&1-x&1&\cdots&1&1\\0&0&0&1-x&\cdots&1&1\\\vdots&\vdots&\vdots&\vdots&&\vdots&\vdots\\0&0&0&0&\cdots&1-x&1\\1&x&x&x&\cdots&x&1\end{vmatrix}$

$$
=(-1)^{n+1}\begin{vmatrix}1&1&1&\cdots&1&1\\1-x&1&1&\cdots&1&1\\0&1-x&1&\cdots&1&1\\0&0&1-x&\cdots&1&1\\\vdots&\vdots&\vdots&&\vdots&\vdots\\0&0&0&\cdots&1-x&1\end{vmatrix}
$$

$$
\xlongequal[i=2,\cdots,n-1]{r_{i-1}-r_i}(-1)^{n+1}\begin{vmatrix}x&0&0&\cdots&0&0\\1-x&x&0&\cdots&0&0\\0&1-x&x&\cdots&0&0\\0&0&1-x&\cdots&0&0\\\vdots&\vdots&\vdots&&\vdots&\vdots\\0&0&0&\cdots&1-x&1\end{vmatrix}=(-1)^{n+1}x^{n-2}.
$$

■

例 5 证明范德蒙 (Vandermonde) 行列式

$$
D_n=\begin{vmatrix}1&1&\cdots&1\\x_1&x_2&\cdots&x_n\\x_1^2&x_2^2&\cdots&x_n^2\\\vdots&\vdots&&\vdots\\x_1^{n-1}&x_2^{n-1}&\cdots&x_n^{n-1}\end{vmatrix}=\prod_{n\geq i>j\geq 1}(x_i-x_j),
$$

其中记号“$\prod$”表示全体同类因子的乘积.

证明 用数学归纳法. 当 $n=2$ 时,

$$
D_2=\begin{vmatrix}1&1\\x_1&x_2\end{vmatrix}=x_2-x_1=\prod_{2\geq i>j\geq 1}(x_i-x_j),
$$

所证等式成立.

假设所证等式对于 $n-1$ 阶范德蒙行列式成立, 现要证所证等式对 n 阶范德蒙行列式也成立. 为此, 设法把 D_n 降阶: 从第 n 行开始, 后一行减去前一行的 x_1 倍, 有

$$
D_n\xlongequal[i=n,n-1,\cdots,2]{r_i-x_1r_{i-1}}\begin{vmatrix}1&1&1&\cdots&1\\0&x_2-x_1&x_3-x_1&\cdots&x_n-x_1\\0&x_2(x_2-x_1)&x_3(x_3-x_1)&\cdots&x_n(x_n-x_1)\\\vdots&\vdots&\vdots&&\vdots\\0&x_2^{n-2}(x_2-x_1)&x_3^{n-2}(x_3-x_1)&\cdots&x_n^{n-2}(x_n-x_1)\end{vmatrix}.
$$

按第 1 列展开, 并把每列的公因子 (x_i-x_1) 提出, 就得到

$$
D_n=(x_2-x_1)(x_3-x_1)\cdots(x_n-x_1)\begin{vmatrix}1&1&\cdots&1\\x_2&x_3&\cdots&x_n\\\vdots&\vdots&&\vdots\\x_2^{n-2}&x_3^{n-2}&\cdots&x_n^{n-2}\end{vmatrix}.
$$

上式右端的行列式是 $n-1$ 阶范德蒙行列式，按归纳假设，它等于所有 (x_i-x_j) 因子的乘积，其中 $n \geq i > j \geq 2$. 故

$$D_n=(x_2-x_1)(x_3-x_1)\cdots(x_n-x_1)\prod_{n\geq i>j\geq 2}(x_i-x_j)=\prod_{n\geq i>j\geq 1}(x_i-x_j). \qquad \blacksquare$$

*数学实验

实验 1.1 试用计算软件计算下列行列式.

(1) $\begin{vmatrix} \frac{1}{2} & \frac{1}{3} & \frac{1}{4} & \frac{1}{5} & \frac{1}{6} & \frac{1}{7} \\ \frac{1}{3} & \frac{1}{4} & \frac{1}{5} & \frac{1}{6} & \frac{1}{7} & \frac{1}{8} \\ \frac{1}{4} & \frac{1}{5} & \frac{1}{6} & \frac{1}{7} & \frac{1}{8} & \frac{1}{9} \\ \frac{1}{5} & \frac{1}{6} & \frac{1}{7} & \frac{1}{8} & \frac{1}{9} & \frac{1}{10} \\ \frac{1}{6} & \frac{1}{7} & \frac{1}{8} & \frac{1}{9} & \frac{1}{10} & \frac{1}{11} \\ \frac{1}{7} & \frac{1}{8} & \frac{1}{9} & \frac{1}{10} & \frac{1}{11} & \frac{1}{12} \end{vmatrix}$;

(2) $\begin{vmatrix} y+x & xy & 0 & 0 & 0 & 0 & 0 & 0 \\ 1 & y+x & xy & 0 & 0 & 0 & 0 & 0 \\ 0 & 1 & y+x & xy & 0 & 0 & 0 & 0 \\ 0 & 0 & 1 & y+x & xy & 0 & 0 & 0 \\ 0 & 0 & 0 & 1 & y+x & xy & 0 & 0 \\ 0 & 0 & 0 & 0 & 1 & y+x & xy & 0 \\ 0 & 0 & 0 & 0 & 0 & 1 & y+x & xy \\ 0 & 0 & 0 & 0 & 0 & 0 & 1 & y+x \end{vmatrix}$;

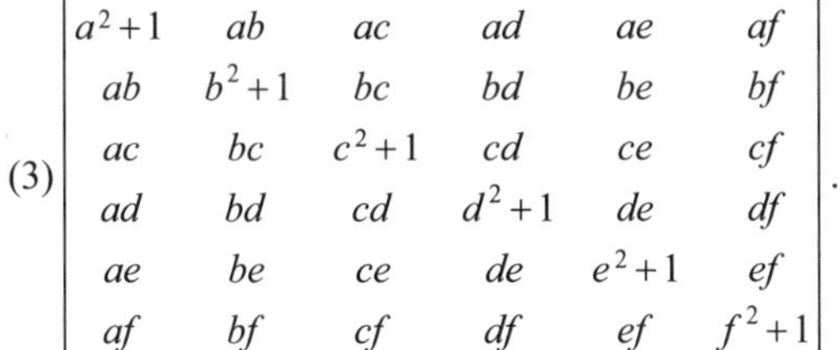

(3) $\begin{vmatrix} a^2+1 & ab & ac & ad & ae & af \\ ab & b^2+1 & bc & bd & be & bf \\ ac & bc & c^2+1 & cd & ce & cf \\ ad & bd & cd & d^2+1 & de & df \\ ae & be & ce & de & e^2+1 & ef \\ af & bf & cf & df & ef & f^2+1 \end{vmatrix}$.

计算实验

习题 1-4

1. 求行列式 $\begin{vmatrix} -3 & 0 & 4 \\ 5 & 0 & 3 \\ 2 & -2 & 1 \end{vmatrix}$ 中元素 2 和 -2 的代数余子式.

2. 已知四阶行列式 D 中第 3 列元素依次为 $-1, 2, 0, 1$，它们的余子式依次为 $5, 3, -7, 4$，求 D.

3. 按第3列展开下列行列式，并计算其值：

(1) $\begin{vmatrix} 1 & 0 & a & 1 \\ 0 & -1 & b & -1 \\ -1 & -1 & c & -1 \\ -1 & 1 & d & 0 \end{vmatrix}$；　　(2) $\begin{vmatrix} a_{11} & a_{12} & a_{13} & a_{14} & a_{15} \\ a_{21} & a_{22} & a_{23} & a_{24} & a_{25} \\ a_{31} & a_{32} & 0 & 0 & 0 \\ a_{41} & a_{42} & 0 & 0 & 0 \\ a_{51} & a_{52} & 0 & 0 & 0 \end{vmatrix}$.

4. 证明：$\begin{vmatrix} a^2 & ab & b^2 \\ 2a & a+b & 2b \\ 1 & 1 & 1 \end{vmatrix}=(a-b)^3$.

5. 用降阶法计算下列行列式：

(1) $\begin{vmatrix} 1+x & 1 & 1 & 1 \\ 1 & 1-x & 1 & 1 \\ 1 & 1 & 1+y & 1 \\ 1 & 1 & 1 & 1-y \end{vmatrix}$；　　(2) $\begin{vmatrix} 0 & a & b & a \\ a & 0 & a & b \\ b & a & 0 & a \\ a & b & a & 0 \end{vmatrix}$；

(3) $\begin{vmatrix} x & y & 0 & \cdots & 0 & 0 \\ 0 & x & y & \cdots & 0 & 0 \\ \vdots & \vdots & \vdots & & \vdots & \vdots \\ 0 & 0 & 0 & \cdots & x & y \\ y & 0 & 0 & \cdots & 0 & x \end{vmatrix}$；　　(4) $\begin{vmatrix} -a_1 & a_1 & 0 & \cdots & 0 & 0 \\ 0 & -a_2 & a_2 & \cdots & 0 & 0 \\ \vdots & \vdots & \vdots & & \vdots & \vdots \\ 0 & 0 & 0 & \cdots & -a_n & a_n \\ 1 & 1 & 1 & \cdots & 1 & 1 \end{vmatrix}$.

§1.5　克莱姆法则

引例　对三元线性方程组

$$\begin{cases} a_{11}x_1+a_{12}x_2+a_{13}x_3=b_1 \\ a_{21}x_1+a_{22}x_2+a_{23}x_3=b_2 \\ a_{31}x_1+a_{32}x_2+a_{33}x_3=b_3 \end{cases},$$

在其系数行列式 $D\neq 0$ 的条件下，它有唯一解：

$$x_1=\frac{D_1}{D},\quad x_2=\frac{D_2}{D},\quad x_3=\frac{D_3}{D},$$

其中

$$D=\begin{vmatrix} a_{11} & a_{12} & a_{13} \\ a_{21} & a_{22} & a_{23} \\ a_{31} & a_{32} & a_{33} \end{vmatrix},\quad D_1=\begin{vmatrix} b_1 & a_{12} & a_{13} \\ b_2 & a_{22} & a_{23} \\ b_3 & a_{32} & a_{33} \end{vmatrix},$$

$$D_2=\begin{vmatrix} a_{11} & b_1 & a_{13} \\ a_{21} & b_2 & a_{23} \\ a_{31} & b_3 & a_{33} \end{vmatrix},\quad D_3=\begin{vmatrix} a_{11} & a_{12} & b_1 \\ a_{21} & a_{22} & b_2 \\ a_{31} & a_{32} & b_3 \end{vmatrix}.$$

注：这个解可通过消元的方法直接求出．

对更一般的线性方程组是否有类似的结果？答案是肯定的．在引入克莱姆法则之前，我们先介绍有关 n 元线性方程组的概念．含有 n 个未知数 $x_1, x_2, \cdots, x_n$ 的线

性方程组

$$\begin{cases} a_{11}x_1+a_{12}x_2+\cdots+a_{1n}x_n=b_1 \\ a_{21}x_1+a_{22}x_2+\cdots+a_{2n}x_n=b_2 \\ \quad\cdots\cdots \\ a_{n1}x_1+a_{n2}x_2+\cdots+a_{nn}x_n=b_n \end{cases} \tag{5.1}$$

称为 ***n* 元线性方程组**．当其右端的常数项 $b_1, b_2, \cdots, b_n$ 不全为零时，线性方程组 (5.1) 称为**非齐次线性方程组**，当 $b_1, b_2, \cdots, b_n$ 全为零时，线性方程组 (5.1) 称为**齐次线性方程组**，即

$$\begin{cases} a_{11}x_1+a_{12}x_2+\cdots+a_{1n}x_n=0 \\ a_{21}x_1+a_{22}x_2+\cdots+a_{2n}x_n=0 \\ \quad\cdots\cdots \\ a_{n1}x_1+a_{n2}x_2+\cdots+a_{nn}x_n=0 \end{cases}. \tag{5.2}$$

线性方程组 (5.1) 的系数 a_{ij} 构成的行列式称为该方程组的**系数行列式 *D***，即

$$D=\begin{vmatrix} a_{11} & a_{12} & \cdots & a_{1n} \\ a_{21} & a_{22} & \cdots & a_{2n} \\ \vdots & \vdots & & \vdots \\ a_{n1} & a_{n2} & \cdots & a_{nn} \end{vmatrix}.$$

定理 1 (克莱姆法则) 若线性方程组 (5.1) 的系数行列式 $D\neq 0$，则线性方程组 (5.1) 有唯一解，其解为

$$x_j=\frac{D_j}{D} \quad (j=1, 2, \cdots, n), \tag{5.3}$$

其中 $D_j\,(j=1, 2, \cdots, n)$ 是把 D 中第 j 列元素 $a_{1j}, a_{2j}, \cdots, a_{nj}$ 对应地换成常数项 $b_1, b_2, \cdots, b_n$，而其余各列保持不变所得到的行列式．

证明 略． ■

例 1 用克莱姆法则解方程组 $\begin{cases} 2x_1+x_2-5x_3+x_4=8 \\ x_1-3x_2-6x_4=9 \\ 2x_2-x_3+2x_4=-5 \\ x_1+4x_2-7x_3+6x_4=0 \end{cases}$．

解
$$D=\begin{vmatrix} 2 & 1 & -5 & 1 \\ 1 & -3 & 0 & -6 \\ 0 & 2 & -1 & 2 \\ 1 & 4 & -7 & 6 \end{vmatrix} \xlongequal[r_4-r_2]{r_1-2r_2} \begin{vmatrix} 0 & 7 & -5 & 13 \\ 1 & -3 & 0 & -6 \\ 0 & 2 & -1 & 2 \\ 0 & 7 & -7 & 12 \end{vmatrix}$$

$$=-\begin{vmatrix} 7 & -5 & 13 \\ 2 & -1 & 2 \\ 7 & -7 & 12 \end{vmatrix} \xlongequal[c_3+2c_2]{c_1+2c_2} -\begin{vmatrix} -3 & -5 & 3 \\ 0 & -1 & 0 \\ -7 & -7 & -2 \end{vmatrix}=\begin{vmatrix} -3 & 3 \\ -7 & -2 \end{vmatrix}=27.$$

$$D_1=\begin{vmatrix} 8 & 1 & -5 & 1 \\ 9 & -3 & 0 & -6 \\ -5 & 2 & -1 & 2 \\ 0 & 4 & -7 & 6 \end{vmatrix}=81, \quad D_2=\begin{vmatrix} 2 & 8 & -5 & 1 \\ 1 & 9 & 0 & -6 \\ 0 & -5 & -1 & 2 \\ 1 & 0 & -7 & 6 \end{vmatrix}=-108,$$

$$D_3=\begin{vmatrix} 2 & 1 & 8 & 1 \\ 1 & -3 & 9 & -6 \\ 0 & 2 & -5 & 2 \\ 1 & 4 & 0 & 6 \end{vmatrix}=-27, \quad D_4=\begin{vmatrix} 2 & 1 & -5 & 8 \\ 1 & -3 & 0 & 9 \\ 0 & 2 & -1 & -5 \\ 1 & 4 & -7 & 0 \end{vmatrix}=27,$$

所以

$$x_1=\frac{D_1}{D}=\frac{81}{27}=3, \qquad x_2=\frac{D_2}{D}=\frac{-108}{27}=-4,$$

$$x_3=\frac{D_3}{D}=\frac{-27}{27}=-1, \qquad x_4=\frac{D_4}{D}=\frac{27}{27}=1.$$

■

一般来说，用克莱姆法则求线性方程组的解时，计算量是比较大的．对具体的数字线性方程组，当未知数较多时往往可用计算机来求解．目前用计算机解线性方程组已经有了一整套成熟的方法．

克莱姆法则在一定条件下给出了线性方程组解的存在性、唯一性，与其在计算方面的作用相比，克莱姆法则具有更重大的理论价值．撇开求解公式(5.3)，克莱姆法则可叙述为下面的定理．

定理 2 如果线性方程组(5.1)的系数行列式 $D\neq 0$，则线性方程组(5.1)一定有解，且解是唯一的．

在解题或证明中，常用到定理 2 的逆否定理：

定理 2′ 如果线性方程组(5.1)无解或解不是唯一的，则它的系数行列式必为零．

对齐次线性方程组(5.2)，易见 $x_1=x_2=\cdots=x_n=0$ 一定是该方程组的解，称其为齐次线性方程组(5.2)的**零解**．把定理 2 应用于齐次线性方程组(5.2)，可得到下列结论．

定理 3 如果齐次线性方程组(5.2)的系数行列式 $D\neq 0$，则齐次线性方程组(5.2)只有零解．

定理 3′ 如果齐次线性方程组(5.2)有非零解，则它的系数行列式 $D=0$．

注：在第 3 章中还将进一步证明，如果齐次线性方程组的系数行列式 $D=0$，则齐次线性方程组(5.2)有非零解．

例 2 λ 为何值时，齐次线性方程组

$$\begin{cases} (1-\lambda)x_1 - 2x_2 + 4x_3 = 0 \\ 2x_1 + (3-\lambda)x_2 + x_3 = 0 \\ x_1 + x_2 + (1-\lambda)x_3 = 0 \end{cases}$$

有非零解？

解 由定理 3′可知，若所给齐次线性方程组有非零解，则其系数行列式$D=0$.

而
$$D=\begin{vmatrix}1-\lambda & -2 & 4\\ 2 & 3-\lambda & 1\\ 1 & 1 & 1-\lambda\end{vmatrix}\xlongequal{c_2-c_1}\begin{vmatrix}1-\lambda & -3+\lambda & 4\\ 2 & 1-\lambda & 1\\ 1 & 0 & 1-\lambda\end{vmatrix}$$
$$=(1-\lambda)^3+(\lambda-3)-4(1-\lambda)-2(1-\lambda)(-3+\lambda)$$
$$=(1-\lambda)^3+2(1-\lambda)^2+\lambda-3=\lambda(\lambda-2)(3-\lambda).$$

如果齐次线性方程组有非零解，则$D=0$，即当$\lambda=0$或$\lambda=2$或$\lambda=3$时，齐次线性方程组有非零解. ■

习题 1-5

1. 用克莱姆法则解下列线性方程组:

(1) $\begin{cases}2x+5y=1\\ 3x+7y=2\end{cases}$;　　(2) $\begin{cases}6x_1-4x_2=10\\ 5x_1+7x_2=29\end{cases}$.

2. 用克莱姆法则解下列线性方程组:

(1) $\begin{cases}x+y-2z=-3\\ 5x-2y+7z=22\\ 2x-5y+4z=4\end{cases}$;　　(2) $\begin{cases}bx-ay+2ab=0\\ -2cy+3bz-bc=0\\ cx+az=0\end{cases}$，其中$abc\neq 0$.

3. 用克莱姆法则解下列线性方程组:

(1) $\begin{cases}x_1+x_2+x_3+x_4=5\\ x_1+2x_2-x_3+4x_4=-2\\ 2x_1-3x_2-x_3-5x_4=-2\\ 3x_1+x_2+2x_3+11x_4=0\end{cases}$;　　(2) $\begin{cases}2x_1+3x_2+11x_3+5x_4=6\\ x_1+x_2+5x_3+2x_4=2\\ 2x_1+x_2+3x_3+4x_4=2\\ x_1+x_2+3x_3+4x_4=2\end{cases}$.

4. 判断齐次线性方程组$\begin{cases}2x_1+2x_2-x_3=0\\ x_1-2x_2+4x_3=0\\ 5x_1+8x_2-2x_3=0\end{cases}$是否仅有零解.

5. λ,μ 取何值时，齐次线性方程组$\begin{cases}\lambda x_1+x_2+x_3=0\\ x_1+\mu x_2+x_3=0\\ x_1+2\mu x_2+x_3=0\end{cases}$有非零解？

总 习 题 一

1. 求下列排列的逆序数:

(1) $1\ 3\cdots(2n-1)\ 2\ 4\cdots(2n)$;　　(2) $1\ 3\cdots(2n-1)(2n)(2n-2)\cdots 2$.

2. 选择k,l值，使$a_{13}a_{2k}a_{34}a_{42}a_{5l}$成为5阶行列式$|a_{ij}|$中带有负号的项.

3. 用行列式定义计算 $D=\begin{vmatrix} 0 & 0 & \cdots & 0 & 1 & 0 \\ 0 & 0 & \cdots & 2 & 0 & 0 \\ \vdots & \vdots & & \vdots & \vdots & \vdots \\ 2\,015 & 0 & \cdots & 0 & 0 & 0 \\ 0 & 0 & \cdots & 0 & 0 & 2\,016 \end{vmatrix}$.

4. 计算下列行列式：

(1) $\begin{vmatrix} 2 & 1 & 0 & 0 & 0 \\ 1 & 2 & 1 & 0 & 0 \\ 0 & 1 & 2 & 1 & 0 \\ 0 & 0 & 1 & 2 & 1 \\ 0 & 0 & 0 & 1 & 2 \end{vmatrix}$;　(2) $\begin{vmatrix} 0 & 4 & 5 & -1 & 2 \\ -5 & 0 & 2 & 0 & 1 \\ 7 & 2 & 0 & 3 & -4 \\ -3 & 1 & -1 & -5 & 0 \\ 2 & -3 & 0 & 1 & 3 \end{vmatrix}$;

(3) $D_n=\begin{vmatrix} 2 & 1 & 1 & \cdots & 1 \\ 1 & 2 & 1 & \cdots & 1 \\ 1 & 1 & 2 & \cdots & 1 \\ \vdots & \vdots & \vdots & & \vdots \\ 1 & 1 & 1 & \cdots & 2 \end{vmatrix}$;　(4) $D_{n+1}=\begin{vmatrix} x & a_1 & a_2 & a_3 & \cdots & a_n \\ a_1 & x & a_2 & a_3 & \cdots & a_n \\ a_1 & a_2 & x & a_3 & \cdots & a_n \\ \vdots & \vdots & \vdots & \vdots & & \vdots \\ a_1 & a_2 & a_3 & a_4 & \cdots & x \end{vmatrix}$.

5. 利用行列式的性质证明：$\begin{vmatrix} a^2 & (a+1)^2 & (a+2)^2 & (a+3)^2 \\ b^2 & (b+1)^2 & (b+2)^2 & (b+3)^2 \\ c^2 & (c+1)^2 & (c+2)^2 & (c+3)^2 \\ d^2 & (d+1)^2 & (d+2)^2 & (d+3)^2 \end{vmatrix}=0$.

6. $D=\begin{vmatrix} 103 & 100 & 204 \\ 199 & 200 & 395 \\ 301 & 300 & 600 \end{vmatrix}=$ ________.

7. 计算下列行列式：

(1) $\begin{vmatrix} a & b & c & d \\ b & a & d & c \\ c & d & a & b \\ d & c & b & a \end{vmatrix}$;　(2) $\begin{vmatrix} a_1 & 0 & 0 & b_1 \\ 0 & a_2 & b_2 & 0 \\ 0 & b_3 & a_3 & 0 \\ b_4 & 0 & 0 & a_4 \end{vmatrix}$.

8. 证明：$\begin{vmatrix} 1 & 1 & 1 & 1 \\ a & b & c & d \\ a^2 & b^2 & c^2 & d^2 \\ a^4 & b^4 & c^4 & d^4 \end{vmatrix}=(a-b)(a-c)(a-d)(b-c)(b-d)(c-d)(a+b+c+d)$.

9. 计算下列行列式：

(1) $\begin{vmatrix} 1 & 2 & 3 & \cdots & n \\ 2 & 3 & 4 & \cdots & 1 \\ 3 & 4 & 5 & \cdots & 2 \\ \vdots & \vdots & \vdots & & \vdots \\ n & 1 & 2 & \cdots & n-1 \end{vmatrix}$;　(2) $\begin{vmatrix} x-2 & x-1 & x-2 & x-3 \\ 2x-2 & 2x-1 & 2x-2 & 2x-3 \\ 3x-3 & 3x-2 & 4x-5 & 3x-5 \\ 4x & 4x-3 & 5x-7 & 4x-3 \end{vmatrix}$.

10. 证明：$\begin{vmatrix} 1 & 1 & 1 \\ x_1^2 & x_2^2 & x_3^2 \\ x_1^3 & x_2^3 & x_3^3 \end{vmatrix}=(x_1x_2+x_2x_3+x_3x_1)\prod\limits_{3\geq i>j\geq 1}(x_i-x_j)$.

11. 已知四阶行列式 D 中第 1 行的元素分别为 1, 2, 0, −4, 第 3 行的元素的余子式依次为 6, x, 19, 2, 试求 x 的值.

12. 设 $|a_{ij}|_{4\times 4}=\begin{vmatrix} 3 & 6 & 9 & 12 \\ 2 & 4 & 6 & 8 \\ 1 & 2 & 0 & 3 \\ 5 & 6 & 4 & 3 \end{vmatrix}$，试求 $A_{41}+2A_{42}+3A_{44}$，其中 A_{4j} 为元素 $a_{4j}\,(j=1,2,4)$ 的代数余子式.

13. 已知四阶行列式 $D_4=\begin{vmatrix} 1 & 2 & 3 & 4 \\ 3 & 3 & 4 & 4 \\ 1 & 5 & 6 & 7 \\ 1 & 1 & 2 & 2 \end{vmatrix}=-6$，试求 $A_{41}+A_{42}$ 与 $A_{43}+A_{44}$，其中 $A_{4j}\,(j=1,2,3,4)$ 是 D_4 中第 4 行第 j 列元素的代数余子式.

14. 用克莱姆法则解下列线性方程组:

(1) $\begin{cases} x_1+x_2+x_3+x_4=0 \\ x_2+x_3+x_4+x_5=0 \\ x_1+2x_2+3x_3=2 \\ x_2+2x_3+3x_4=-2 \\ x_3+2x_4+3x_5=2 \end{cases}$；

(2) $\begin{cases} 5x_1+6x_2=1 \\ x_1+5x_2+6x_3=0 \\ x_2+5x_3+6x_4=0 \\ x_3+5x_4+6x_5=0 \\ x_4+5x_5=1 \end{cases}$.

第2章 矩　阵

矩阵实质上就是一张长方形数表．无论是在日常生活中还是在科学研究中，矩阵都是一种十分常见的数学现象，诸如学校里的课表、成绩统计表；工厂里的生产进度表、销售统计表；车站里的时刻表、价目表；股市中的证券价目表；科研领域中的数据分析表等．它是表述或处理大量的生活、生产与科研问题的有力工具．矩阵的重要作用首先在于它能把头绪纷繁的事物按一定的规则清晰地展现出来，使我们不至于被一些表面看起来杂乱无章的关系弄得晕头转向；其次在于它能恰当地刻画事物之间的内在联系，并通过矩阵的运算或变换来揭示事物之间的内在联系；最后在于它还是我们求解数学问题的一种特殊的“数形结合”的途径．

在本课程中，矩阵是研究线性变换、向量的线性相关性及线性方程组的解法等的有力且不可替代的工具，在线性代数中具有重要地位．本章中我们首先引入矩阵的概念，然后深入讨论矩阵的运算、矩阵的变换以及矩阵的某些内在特征．

§2.1 矩阵的概念

本节中的几个例子展示了如何将某个数学问题或实际应用问题与一张数表——矩阵联系起来，这实际上是对一个数学问题或实际应用问题进行数学建模的第一步．

一、引例

引例1 线性方程组

$$\begin{cases} a_{11}x_1+a_{12}x_2+\cdots+a_{1n}x_n=b_1 \\ a_{21}x_1+a_{22}x_2+\cdots+a_{2n}x_n=b_2 \\ \quad\cdots\cdots \\ a_{n1}x_1+a_{n2}x_2+\cdots+a_{nn}x_n=b_n \end{cases}$$

的系数 $a_{ij}\ (i,j=1,2,\cdots,n)$, $b_j\ (j=1,2,\cdots,n)$ 按原位置构成一数表：

$$\begin{pmatrix} a_{11} & a_{12} & \cdots & a_{1n} & b_1 \\ a_{21} & a_{22} & \cdots & a_{2n} & b_2 \\ \vdots & \vdots & & \vdots & \vdots \\ a_{n1} & a_{n2} & \cdots & a_{nn} & b_n \end{pmatrix}.$$

根据克莱姆法则，该数表决定着上述方程组是否有解，以及如果有解，解是什么等问题，因而研究这个数表就很有必要．

引例 2　某航空公司在 A, B, C, D 四城市之间开辟了若干航线，图 2-1-1 表示了四城市间的航班情况，若从 A 到 B 有航班，则用带箭头的线连接 A 与 B.

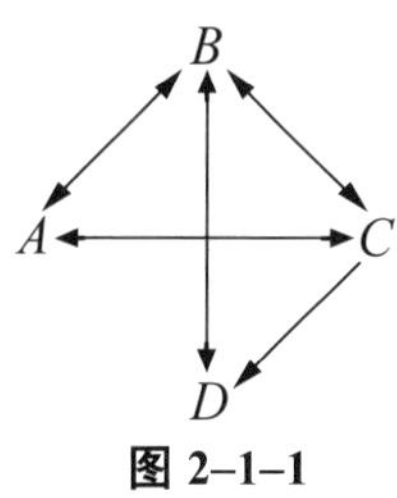

图 2-1-1

用表格表示如下：

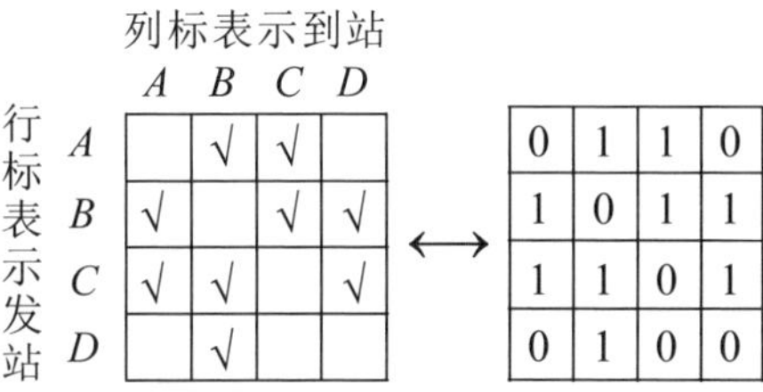

其中 √ 表示有航班.

为便于研究，记表中 √ 为 1，空白处为 0，则得到一个数表. 该数表反映了四城市间的航班往来情况.

引例 3　某企业生产 4 种产品，各种产品的季度产值 (单位：万元) 见下表：

产值 产品 季度	A	B	C	D
1	80	75	75	78
2	98	70	85	84
3	90	75	90	90
4	88	70	82	80

数表 $\begin{pmatrix} 80 & 75 & 75 & 78 \\ 98 & 70 & 85 & 84 \\ 90 & 75 & 90 & 90 \\ 88 & 70 & 82 & 80 \end{pmatrix}$ 具体描述了这家企业各种产品的季度产值，同时也揭示了产值随季度变化的规律、季增长率和年产量等情况.

二、矩阵的概念

定义 1　由 $m\times n$ 个数 $a_{ij}\ (i=1,2,\cdots,m;\ j=1,2,\cdots,n)$ 排成的 m 行 n 列的数表

$$\begin{matrix} a_{11} & a_{12} & \cdots & a_{1n} \\ a_{21} & a_{22} & \cdots & a_{2n} \\ \vdots & \vdots & & \vdots \\ a_{m1} & a_{m2} & \cdots & a_{mn} \end{matrix}$$

称为 ***m* 行 *n* 列矩阵**，简称 ***m×n* 矩阵**. 为表示它是一个整体，总是加一个括弧，并用大写黑体字母表示它，记为

$$\boldsymbol{A}=\begin{pmatrix} a_{11} & a_{12} & \cdots & a_{1n} \\ a_{21} & a_{22} & \cdots & a_{2n} \\ \vdots & \vdots & & \vdots \\ a_{m1} & a_{m2} & \cdots & a_{mn} \end{pmatrix}. \tag{1.1}$$

这 $m\times n$ 个数称为矩阵 $\boldsymbol{A}$ 的**元素**，a_{ij} 称为矩阵 $\boldsymbol{A}$ 的**第 i 行第 j 列元素**．一个 $m\times n$ 矩阵 $\boldsymbol{A}$ 也可简记为

$$\boldsymbol{A}=\boldsymbol{A}_{m\times n}=(a_{ij})_{m\times n} \text{ 或 } \boldsymbol{A}=(a_{ij}).$$

元素是实数的矩阵称为**实矩阵**，而元素是复数的矩阵称为**复矩阵**，本书中的矩阵都指实矩阵(除非有特殊说明).

所有元素均为零的矩阵称为**零矩阵**，记为 $\boldsymbol{O}$.

所有元素均为非负数的矩阵称为**非负矩阵**.

若矩阵 $\boldsymbol{A}=(a_{ij})$ 的行数与列数都等于 n，则称 $\boldsymbol{A}$ **为 n 阶方阵**，记为 $\boldsymbol{A}_n$.

如果两个矩阵具有相同的行数与相同的列数，则称这两个矩阵为**同型矩阵**.

定义 2　如果矩阵 $\boldsymbol{A},\boldsymbol{B}$ 为同型矩阵，且对应元素均相等，则称矩阵 $\boldsymbol{A}$ 与矩阵 $\boldsymbol{B}$ **相等**，记为 $\boldsymbol{A}=\boldsymbol{B}$.

即若 $\boldsymbol{A}=(a_{ij})$，$\boldsymbol{B}=(b_{ij})$，且 $a_{ij}=b_{ij}$ $(i=1,2,\cdots,m;\ j=1,2,\cdots,n)$，则 $\boldsymbol{A}=\boldsymbol{B}$.

例 1　设 $\boldsymbol{A}=\begin{pmatrix}1 & 2-x & 3\\ 2 & 6 & 5z\end{pmatrix}$，$\boldsymbol{B}=\begin{pmatrix}1 & x & 3\\ y & 6 & z-8\end{pmatrix}$，已知 $\boldsymbol{A}=\boldsymbol{B}$，求 x,y,z.

解　因为

$$2-x=x,\ 2=y,\ 5z=z-8,$$

所以

$$x=1,\ y=2,\ z=-2.$$

■

三、矩阵概念的应用

矩阵概念的应用十分广泛，这里，我们先展示矩阵的概念在解决逻辑判断问题中的一个应用．某些逻辑判断问题的条件往往给得很多，看上去错综复杂，但如果我们能恰当地设计一些矩阵，则有助于我们把所给条件的头绪厘清，在此基础上再进行推理，能达到化简问题的目的.

例 2　甲、乙、丙、丁、戊五人各从图书馆借来一本小说，他们约定读完后互相交换．这五本书的厚度以及他们五人的阅读速度差不多，因此，五人总是同时交换书．经四次交换后，他们五人读完了这五本书．现已知：

(1) 甲最后读的书是乙读的第二本书；

(2) 丙最后读的书是乙读的第四本书；

(3) 丙读的第二本书甲在一开始就读了；

(4) 丁最后读的书是丙读的第三本书；

(5) 乙读的第四本书是戊读的第三本书；

(6) 丁读的第三本书是丙一开始读的那本书.

试根据以上情况说出丁读的第二本书是谁最先读的书.

解　设甲、乙、丙、丁、戊最后读的书的代号依次为 A、B、C、D、E，则根据

题设条件可以列出下列初始矩阵:

$$
\begin{array}{c} \\ 1\\2\\3\\4\\5 \end{array}
\begin{array}{c}
\begin{array}{ccccc} 甲 & 乙 & 丙 & 丁 & 戊 \end{array}\\
\begin{pmatrix}
x & & y & & \\
 & A & x & & \\
 & & D & y & C \\
 & C & & & \\
A & B & C & D & E
\end{pmatrix}
\end{array}.
$$

上述矩阵中的 x, y 表示尚未确定的书名代号. 同一字母代表同一本书.

由题意知, 经 5 次阅读后乙将五本书全都阅读了, 则从上述矩阵可以看出, 乙读的第三本书不可能是 A, B 或 C. 另外由于丙读的第三本书是 D, 所以乙读的第三本书也不可能是 D, 因此, 乙读的第三本书是 E, 从而乙读的第一本书是 D. 同理可推出甲读的第三本书是 B. 因此上述矩阵中的 y 为 A, x 为 E. 由此可得到各个人的阅读顺序, 如下述矩阵所示:

$$
\begin{array}{c} \\ 1\\2\\3\\4\\5 \end{array}
\begin{array}{c}
\begin{array}{ccccc} 甲 & 乙 & 丙 & 丁 & 戊 \end{array}\\
\begin{pmatrix}
E & D & A & C & B \\
C & A & E & B & D \\
B & E & D & A & C \\
D & C & B & E & A \\
A & B & C & D & E
\end{pmatrix}
\end{array}.
$$

由此矩阵知, 丁读的第二本书是戊一开始读的那本书. ■

四、几种特殊矩阵

(1) 只有一行的矩阵 $\boldsymbol{A}=(a_1 \ \ a_2 \ \ \cdots \ \ a_n)$ 称为**行矩阵**或**行向量**. 为避免元素间的混淆, 行矩阵也记作

$$\boldsymbol{A}=(a_1, a_2, \cdots, a_n).$$

(2) 只有一列的矩阵 $\boldsymbol{B}=\begin{pmatrix} b_1 \\ b_2 \\ \vdots \\ b_m \end{pmatrix}$ 称为**列矩阵**或**列向量**.

(3) n 阶方阵 $\begin{pmatrix} \lambda_1 & 0 & \cdots & 0 \\ 0 & \lambda_2 & \cdots & 0 \\ \vdots & \vdots & & \vdots \\ 0 & 0 & \cdots & \lambda_n \end{pmatrix}$ 称为 ***n* 阶对角矩阵**, 对角矩阵也记为

$$\boldsymbol{A}=\operatorname{diag}(\lambda_1, \lambda_2, \cdots, \lambda_n).$$

(4) n 阶方阵 $\begin{pmatrix} 1 & 0 & \cdots & 0 \\ 0 & 1 & \cdots & 0 \\ \vdots & \vdots & & \vdots \\ 0 & 0 & \cdots & 1 \end{pmatrix}$ 称为 **n 阶单位矩阵**, n 阶单位矩阵也记为

$$\boldsymbol{E}=\boldsymbol{E}_n \quad (\text{或 } \boldsymbol{I}=\boldsymbol{I}_n).$$

(5) 当一个 n 阶对角矩阵 $\boldsymbol{A}$ 的对角元素全部相等且等于某一数 a 时, 称 $\boldsymbol{A}$ 为 **n 阶数量矩阵**, 即 $\boldsymbol{A}=\begin{pmatrix} a & 0 & \cdots & 0 \\ 0 & a & \cdots & 0 \\ \vdots & \vdots & & \vdots \\ 0 & 0 & \cdots & a \end{pmatrix}$.

此外, 上 (下) 三角形矩阵的定义与上 (下) 三角形行列式的定义类似.

习题 2-1

1. 二人零和对策问题. 两儿童玩石头—剪子—布的游戏, 每人的出法只能在{石头, 剪子, 布}中选择一种, 当他们各选定一种出法 (亦称策略) 时, 就确定了一个"局势", 也就决定了各自的输赢. 若规定胜者得 1 分, 负者得 −1 分, 平手各得零分, 则对于各种可能的局势 (每一局势得分之和为零, 即零和), 试用矩阵表示他们的输赢状况.

2. 有 6 名选手参加乒乓球比赛, 成绩如下: 选手 1 胜选手 2, 4, 5, 6, 负于 3; 选手 2 胜 4, 5, 6, 负于 1, 3; 选手 3 胜 1, 2, 4, 负于 5, 6; 选手 4 胜 5, 6, 负于 1, 2, 3; 选手 5 胜 3, 6, 负于 1, 2, 4; 若胜一场得 1 分, 负一场得零分, 试用矩阵表示输赢状况, 并排序.

§2.2　矩阵的运算

一、矩阵的线性运算

定义 1　设有两个 $m\times n$ 矩阵 $\boldsymbol{A}=(a_{ij})$ 和 $\boldsymbol{B}=(b_{ij})$, 矩阵 $\boldsymbol{A}$ 与 $\boldsymbol{B}$ 的和记作 $\boldsymbol{A}+\boldsymbol{B}$, 规定为

$$\boldsymbol{A}+\boldsymbol{B}=(a_{ij}+b_{ij})=\begin{pmatrix} a_{11}+b_{11} & a_{12}+b_{12} & \cdots & a_{1n}+b_{1n} \\ a_{21}+b_{21} & a_{22}+b_{22} & \cdots & a_{2n}+b_{2n} \\ \vdots & \vdots & & \vdots \\ a_{m1}+b_{m1} & a_{m2}+b_{m2} & \cdots & a_{mn}+b_{mn} \end{pmatrix}.$$

注: 只有两个矩阵是同型矩阵时, 才能进行矩阵的加法运算. 两个同型矩阵的和即为两个矩阵对应位置元素相加得到的矩阵.

设矩阵 $\boldsymbol{A}=(a_{ij})$, 记 $-\boldsymbol{A}=(-a_{ij})$, 称 $-\boldsymbol{A}$ 为矩阵 $\boldsymbol{A}$ 的**负矩阵**, 显然有

$$\boldsymbol{A}+(-\boldsymbol{A})=\boldsymbol{O}.$$

由此规定**矩阵的减法**为 $\boldsymbol{A}-\boldsymbol{B}=\boldsymbol{A}+(-\boldsymbol{B})$.

定义 2 数 k 与 $m\times n$ 矩阵 $\boldsymbol{A}$ 的乘积记作 $k\boldsymbol{A}$ 或 $\boldsymbol{A}k$, 规定为

$$k\boldsymbol{A}=\boldsymbol{A}k=(ka_{ij})=\begin{pmatrix} ka_{11} & ka_{12} & \cdots & ka_{1n} \\ ka_{21} & ka_{22} & \cdots & ka_{2n} \\ \vdots & \vdots & & \vdots \\ ka_{m1} & ka_{m2} & \cdots & ka_{mn} \end{pmatrix}.$$

数与矩阵的乘积运算称为**数乘运算**.

矩阵的加法与数乘两种运算统称为**矩阵的线性运算**. 它满足下列运算规律:

设 $\boldsymbol{A}, \boldsymbol{B}, \boldsymbol{C}, \boldsymbol{O}$ 都是同型矩阵, k, l 是常数, 则

(1) $\boldsymbol{A}+\boldsymbol{B}=\boldsymbol{B}+\boldsymbol{A}$;　　(2) $(\boldsymbol{A}+\boldsymbol{B})+\boldsymbol{C}=\boldsymbol{A}+(\boldsymbol{B}+\boldsymbol{C})$;

(3) $\boldsymbol{A}+\boldsymbol{O}=\boldsymbol{A}$;　　(4) $\boldsymbol{A}+(-\boldsymbol{A})=\boldsymbol{O}$;

(5) $1\boldsymbol{A}=\boldsymbol{A}$;　　(6) $k(l\boldsymbol{A})=(kl)\boldsymbol{A}$;

(7) $(k+l)\boldsymbol{A}=k\boldsymbol{A}+l\boldsymbol{A}$;　　(8) $k(\boldsymbol{A}+\boldsymbol{B})=k\boldsymbol{A}+k\boldsymbol{B}$.

注: 在数学中, 把满足上述八条规律的运算称为**线性运算**.

例 1 已知 $\boldsymbol{A}=\begin{pmatrix} -1 & 2 & 3 & 1 \\ 0 & 3 & -2 & 1 \\ 4 & 0 & 3 & 2 \end{pmatrix}$, $\boldsymbol{B}=\begin{pmatrix} 4 & 3 & 2 & -1 \\ 5 & -3 & 0 & 1 \\ 1 & 2 & -5 & 0 \end{pmatrix}$, 求 $3\boldsymbol{A}-2\boldsymbol{B}$.

解 $3\boldsymbol{A}-2\boldsymbol{B}=3\begin{pmatrix} -1 & 2 & 3 & 1 \\ 0 & 3 & -2 & 1 \\ 4 & 0 & 3 & 2 \end{pmatrix}-2\begin{pmatrix} 4 & 3 & 2 & -1 \\ 5 & -3 & 0 & 1 \\ 1 & 2 & -5 & 0 \end{pmatrix}$

$$=\begin{pmatrix} -3-8 & 6-6 & 9-4 & 3+2 \\ 0-10 & 9+6 & -6-0 & 3-2 \\ 12-2 & 0-4 & 9+10 & 6-0 \end{pmatrix}=\begin{pmatrix} -11 & 0 & 5 & 5 \\ -10 & 15 & -6 & 1 \\ 10 & -4 & 19 & 6 \end{pmatrix}. \quad \blacksquare$$

例 2 已知 $\boldsymbol{A}=\begin{pmatrix} 3 & -1 & 2 & 0 \\ 1 & 5 & 7 & 9 \\ 2 & 4 & 6 & 8 \end{pmatrix}$, $\boldsymbol{B}=\begin{pmatrix} 7 & 5 & -2 & 4 \\ 5 & 1 & 9 & 7 \\ 3 & 2 & -1 & 6 \end{pmatrix}$, 且 $\boldsymbol{A}+2\boldsymbol{X}=\boldsymbol{B}$, 求 $\boldsymbol{X}$.

解 $\boldsymbol{X}=\dfrac{1}{2}(\boldsymbol{B}-\boldsymbol{A})=\dfrac{1}{2}\begin{pmatrix} 4 & 6 & -4 & 4 \\ 4 & -4 & 2 & -2 \\ 1 & -2 & -7 & -2 \end{pmatrix}=\begin{pmatrix} 2 & 3 & -2 & 2 \\ 2 & -2 & 1 & -1 \\ 1/2 & -1 & -7/2 & -1 \end{pmatrix}$. $\blacksquare$

注: 根据矩阵的数乘运算, n 阶数量矩阵 $\boldsymbol{A}=\begin{pmatrix} a & 0 & \cdots & 0 \\ 0 & a & \cdots & 0 \\ \vdots & \vdots & & \vdots \\ 0 & 0 & \cdots & a \end{pmatrix}=a\boldsymbol{E}_n$.

二、矩阵的乘法

定义 3 设

$$A=(a_{ij})_{m\times s}=\begin{pmatrix} a_{11} & a_{12} & \cdots & a_{1s} \\ a_{21} & a_{22} & \cdots & a_{2s} \\ \vdots & \vdots & & \vdots \\ a_{m1} & a_{m2} & \cdots & a_{ms} \end{pmatrix},\ B=(b_{ij})_{s\times n}=\begin{pmatrix} b_{11} & b_{12} & \cdots & b_{1n} \\ b_{21} & b_{22} & \cdots & b_{2n} \\ \vdots & \vdots & & \vdots \\ b_{s1} & b_{s2} & \cdots & b_{sn} \end{pmatrix}.$$

矩阵 $\boldsymbol{A}$ 与矩阵 $\boldsymbol{B}$ 的乘积记作 $\boldsymbol{AB}$，规定为

$$\boldsymbol{AB}=(c_{ij})_{m\times n}=\begin{pmatrix} c_{11} & c_{12} & \cdots & c_{1n} \\ c_{21} & c_{22} & \cdots & c_{2n} \\ \vdots & \vdots & & \vdots \\ c_{m1} & c_{m2} & \cdots & c_{mn} \end{pmatrix},$$

其中

$$c_{ij}=a_{i1}b_{1j}+a_{i2}b_{2j}+\cdots+a_{is}b_{sj}=\sum_{k=1}^{s}a_{ik}b_{kj}$$

$$(i=1, 2, \cdots, m;\ j=1, 2, \cdots, n).$$

记号 $\boldsymbol{AB}$ 常读作 $\boldsymbol{A}$ 左乘 $\boldsymbol{B}$ 或 $\boldsymbol{B}$ 右乘 $\boldsymbol{A}$.

注:只有当左边矩阵的列数等于右边矩阵的行数时，两个矩阵才能进行乘法运算.

若 $\boldsymbol{C}=\boldsymbol{AB}$，则矩阵 $\boldsymbol{C}$ 的元素 c_{ij} 即为矩阵 $\boldsymbol{A}$ 的第 i 行元素与矩阵 $\boldsymbol{B}$ 的第 j 列对应元素乘积的和，即

$$c_{ij}=(a_{i1}\ \ a_{i2}\ \ \cdots\ \ a_{is})\begin{pmatrix} b_{1j} \\ b_{2j} \\ \vdots \\ b_{sj} \end{pmatrix}=a_{i1}b_{1j}+a_{i2}b_{2j}+\cdots+a_{is}b_{sj}.$$

例 3 若 $\boldsymbol{A}=\begin{pmatrix} 2 & 3 \\ 1 & -2 \\ 3 & 1 \end{pmatrix}$，$\boldsymbol{B}=\begin{pmatrix} 1 & -2 & -3 \\ 2 & -1 & 0 \end{pmatrix}$，求 $\boldsymbol{AB}$.

解 $\boldsymbol{AB}=\begin{pmatrix} 2 & 3 \\ 1 & -2 \\ 3 & 1 \end{pmatrix}\begin{pmatrix} 1 & -2 & -3 \\ 2 & -1 & 0 \end{pmatrix}$

$$=\begin{pmatrix} 2\times1+3\times2 & 2\times(-2)+3\times(-1) & 2\times(-3)+3\times0 \\ 1\times1+(-2)\times2 & 1\times(-2)+(-2)\times(-1) & 1\times(-3)+(-2)\times0 \\ 3\times1+1\times2 & 3\times(-2)+1\times(-1) & 3\times(-3)+1\times0 \end{pmatrix}=\begin{pmatrix} 8 & -7 & -6 \\ -3 & 0 & -3 \\ 5 & -7 & -9 \end{pmatrix}.$$ ■

矩阵的乘法满足下列运算规律 (假定运算都是可行的):

(1) $(\boldsymbol{AB})\boldsymbol{C}=\boldsymbol{A}(\boldsymbol{BC})$;　　(2) $(\boldsymbol{A}+\boldsymbol{B})\boldsymbol{C}=\boldsymbol{AC}+\boldsymbol{BC}$;

(3) $\boldsymbol{C}(\boldsymbol{A}+\boldsymbol{B})=\boldsymbol{CA}+\boldsymbol{CB}$;　　(4) $k(\boldsymbol{AB})=(k\boldsymbol{A})\boldsymbol{B}=\boldsymbol{A}(k\boldsymbol{B})$.

例4　设 $\boldsymbol{A}=\begin{pmatrix}1&2\\3&4\end{pmatrix}$, $\boldsymbol{B}=\begin{pmatrix}2&3\\4&1\end{pmatrix}$, $\boldsymbol{C}=\begin{pmatrix}3&4\\1&2\end{pmatrix}$, 试验证

$$\boldsymbol{ABC}=\boldsymbol{A}(\boldsymbol{BC}),\ \boldsymbol{A}(\boldsymbol{B}+\boldsymbol{C})=\boldsymbol{AB}+\boldsymbol{AC},\ (\boldsymbol{A}+\boldsymbol{B})\boldsymbol{C}=\boldsymbol{AC}+\boldsymbol{BC}.$$

解　(1) $\boldsymbol{ABC}=(\boldsymbol{AB})\boldsymbol{C}=\begin{pmatrix}10&5\\22&13\end{pmatrix}\begin{pmatrix}3&4\\1&2\end{pmatrix}=\begin{pmatrix}35&50\\79&114\end{pmatrix}$,

$$\boldsymbol{A}(\boldsymbol{BC})=\begin{pmatrix}1&2\\3&4\end{pmatrix}\begin{pmatrix}9&14\\13&18\end{pmatrix}=\begin{pmatrix}35&50\\79&114\end{pmatrix},$$

故 $\boldsymbol{ABC}=\boldsymbol{A}(\boldsymbol{BC})$;

(2)　$\boldsymbol{A}(\boldsymbol{B}+\boldsymbol{C})=\begin{pmatrix}1&2\\3&4\end{pmatrix}\begin{pmatrix}5&7\\5&3\end{pmatrix}=\begin{pmatrix}15&13\\35&33\end{pmatrix}$,

$$\boldsymbol{AB}+\boldsymbol{AC}=\begin{pmatrix}10&5\\22&13\end{pmatrix}+\begin{pmatrix}5&8\\13&20\end{pmatrix}=\begin{pmatrix}15&13\\35&33\end{pmatrix},$$

故 $\boldsymbol{A}(\boldsymbol{B}+\boldsymbol{C})=\boldsymbol{AB}+\boldsymbol{AC}$;

(3)　$(\boldsymbol{A}+\boldsymbol{B})\boldsymbol{C}=\begin{pmatrix}3&5\\7&5\end{pmatrix}\begin{pmatrix}3&4\\1&2\end{pmatrix}=\begin{pmatrix}14&22\\26&38\end{pmatrix}$,

$$\boldsymbol{AC}+\boldsymbol{BC}=\begin{pmatrix}5&8\\13&20\end{pmatrix}+\begin{pmatrix}9&14\\13&18\end{pmatrix}=\begin{pmatrix}14&22\\26&38\end{pmatrix},$$

故 $(\boldsymbol{A}+\boldsymbol{B})\boldsymbol{C}=\boldsymbol{AC}+\boldsymbol{BC}$. ■

矩阵的乘法一般不满足交换律，即 $\boldsymbol{AB}\neq\boldsymbol{BA}$.

例如，设 $\boldsymbol{A}=\begin{pmatrix}-2&4\\1&-2\end{pmatrix}$, $\boldsymbol{B}=\begin{pmatrix}2&4\\-3&-6\end{pmatrix}$, 则

$$\boldsymbol{AB}=\begin{pmatrix}-2&4\\1&-2\end{pmatrix}\begin{pmatrix}2&4\\-3&-6\end{pmatrix}=\begin{pmatrix}-16&-32\\8&16\end{pmatrix},$$

$$\boldsymbol{BA}=\begin{pmatrix}2&4\\-3&-6\end{pmatrix}\begin{pmatrix}-2&4\\1&-2\end{pmatrix}=\begin{pmatrix}0&0\\0&0\end{pmatrix},$$

于是，$\boldsymbol{AB}\neq\boldsymbol{BA}$，且 $\boldsymbol{BA}=\boldsymbol{O}$.

从上例还可看出：两个非零矩阵相乘，结果可能是零矩阵，故不能从 $\boldsymbol{AB}=\boldsymbol{O}$ 必然推出 $\boldsymbol{A}=\boldsymbol{O}$ 或 $\boldsymbol{B}=\boldsymbol{O}$.

不过，也要注意并非所有矩阵的乘法都不能交换，例如，设

$$\boldsymbol{A}=\begin{pmatrix}1&1\\0&1\end{pmatrix},\quad \boldsymbol{B}=\begin{pmatrix}1&2\\0&1\end{pmatrix},$$

则

$$\boldsymbol{AB}=\begin{pmatrix}1&1\\0&1\end{pmatrix}\begin{pmatrix}1&2\\0&1\end{pmatrix}=\begin{pmatrix}1&3\\0&1\end{pmatrix}=\begin{pmatrix}1&2\\0&1\end{pmatrix}\begin{pmatrix}1&1\\0&1\end{pmatrix}=\boldsymbol{BA}.$$

此外，矩阵乘法一般也不满足消去律，即不能从 $\boldsymbol{AC}=\boldsymbol{BC}$ 必然推出 $\boldsymbol{A}=\boldsymbol{B}$. 例如，设

$$\boldsymbol{A}=\begin{pmatrix}1&2\\0&3\end{pmatrix},\quad \boldsymbol{B}=\begin{pmatrix}1&0\\0&4\end{pmatrix},\quad \boldsymbol{C}=\begin{pmatrix}1&1\\0&0\end{pmatrix},$$

则

$$\boldsymbol{AC}=\begin{pmatrix}1&2\\0&3\end{pmatrix}\begin{pmatrix}1&1\\0&0\end{pmatrix}=\begin{pmatrix}1&1\\0&0\end{pmatrix}=\begin{pmatrix}1&0\\0&4\end{pmatrix}\begin{pmatrix}1&1\\0&0\end{pmatrix}=\boldsymbol{BC},$$

但

$$\boldsymbol{A}\neq\boldsymbol{B}.$$

定义 4 如果两矩阵相乘，有 $\boldsymbol{AB}=\boldsymbol{BA}$，则称矩阵 $\boldsymbol{A}$ 与矩阵 $\boldsymbol{B}$ **可交换**. 简称 $\boldsymbol{A}$ 与 $\boldsymbol{B}$ **可换**.

注：对于单位矩阵 $\boldsymbol{E}$，容易证明 $\boldsymbol{E}_m\boldsymbol{A}_{m\times n}=\boldsymbol{A}_{m\times n}$，$\boldsymbol{A}_{m\times n}\boldsymbol{E}_n=\boldsymbol{A}_{m\times n}$，或简写成 $\boldsymbol{EA}=\boldsymbol{AE}=\boldsymbol{A}$. 可见单位矩阵 $\boldsymbol{E}$ 在矩阵的乘法中的作用类似于数 1.

例 5 求与矩阵 $\boldsymbol{A}=\begin{pmatrix}0&1&0&0\\0&0&1&0\\0&0&0&1\\0&0&0&0\end{pmatrix}$ 可交换的一切矩阵.

解 设与 $\boldsymbol{A}$ 可交换的矩阵为 $\boldsymbol{B}=\begin{pmatrix}a&b&c&d\\a_1&b_1&c_1&d_1\\a_2&b_2&c_2&d_2\\a_3&b_3&c_3&d_3\end{pmatrix}$，则

$$\boldsymbol{AB}=\begin{pmatrix}0&1&0&0\\0&0&1&0\\0&0&0&1\\0&0&0&0\end{pmatrix}\begin{pmatrix}a&b&c&d\\a_1&b_1&c_1&d_1\\a_2&b_2&c_2&d_2\\a_3&b_3&c_3&d_3\end{pmatrix}=\begin{pmatrix}a_1&b_1&c_1&d_1\\a_2&b_2&c_2&d_2\\a_3&b_3&c_3&d_3\\0&0&0&0\end{pmatrix},$$

$$\boldsymbol{BA}=\begin{pmatrix}a&b&c&d\\a_1&b_1&c_1&d_1\\a_2&b_2&c_2&d_2\\a_3&b_3&c_3&d_3\end{pmatrix}\begin{pmatrix}0&1&0&0\\0&0&1&0\\0&0&0&1\\0&0&0&0\end{pmatrix}=\begin{pmatrix}0&a&b&c\\0&a_1&b_1&c_1\\0&a_2&b_2&c_2\\0&a_3&b_3&c_3\end{pmatrix}.$$

由 $\boldsymbol{AB}=\boldsymbol{BA}$，即得

$$a_1=0,\ b_1=a,\ c_1=b,\ d_1=c,$$

$$a_2=0,\ b_2=a_1=0,\ c_2=b_1=a,\ d_2=c_1=b,$$

$$a_3=0,\ b_3=a_2=0,\ c_3=b_2=0,\ d_3=c_2=a.$$

于是，可得 $\boldsymbol{B}=\begin{pmatrix}a&b&c&d\\0&a&b&c\\0&0&a&b\\0&0&0&a\end{pmatrix}$，其中 a, b, c, d 为任意实数. ■

例 6　证明：如果 $\boldsymbol{CA}=\boldsymbol{AC}$, $\boldsymbol{CB}=\boldsymbol{BC}$, 则有

$$(\boldsymbol{A}+\boldsymbol{B})\boldsymbol{C}=\boldsymbol{C}(\boldsymbol{A}+\boldsymbol{B});\quad (\boldsymbol{AB})\boldsymbol{C}=\boldsymbol{C}(\boldsymbol{AB}).$$

证明　因为 $\boldsymbol{CA}=\boldsymbol{AC}$, $\boldsymbol{CB}=\boldsymbol{BC}$, 所以

$$(\boldsymbol{A}+\boldsymbol{B})\boldsymbol{C}=\boldsymbol{AC}+\boldsymbol{BC}=\boldsymbol{CA}+\boldsymbol{CB}=\boldsymbol{C}(\boldsymbol{A}+\boldsymbol{B});$$

$$(\boldsymbol{AB})\boldsymbol{C}=\boldsymbol{A}(\boldsymbol{BC})=\boldsymbol{A}(\boldsymbol{CB})=(\boldsymbol{AC})\boldsymbol{B}=(\boldsymbol{CA})\boldsymbol{B}=\boldsymbol{C}(\boldsymbol{AB}).$$ ■

*数学实验

实验 2.1　设

$$\boldsymbol{A}=\begin{pmatrix}1&2&3&4&5&6&5&4\\3&2&1&2&3&4&5&6\\7&6&5&4&3&2&1&2\\3&4&5&6&7&8&7&6\\5&4&3&2&1&2&3&4\\5&6&7&8&9&8&7&6\\5&4&3&2&1&2&3&4\\5&6&7&8&9&10&9&8\end{pmatrix},\ \boldsymbol{B}=\begin{pmatrix}3&4&4&5&6&6&7&8\\8&9&1&1&2&3&3&4\\5&5&6&7&7&8&9&9\\1&2&2&3&4&4&5&6\\6&7&8&8&9&8&7&7\\6&5&5&4&3&3&2&1\\1&2&2&3&4&4&5&6\\6&7&8&8&9&8&7&5\end{pmatrix},\ \boldsymbol{C}=\begin{pmatrix}9&8&7&4&3&4&5&2\\8&7&6&5&2&3&4&1\\7&6&5&6&1&2&3&2\\6&5&4&7&2&1&2&3\\5&4&3&6&3&2&1&2\\4&3&2&5&4&3&2&1\\3&2&1&4&5&4&3&2\\2&1&2&3&6&5&4&3\end{pmatrix}.$$

试利用计算软件计算：

(1) $\boldsymbol{AB}$;

(2) $(3\boldsymbol{A}-2\boldsymbol{B})\boldsymbol{C}$.

微信扫描右侧的二维码即可进行计算实验（详见教材配套的网络学习空间）.

计算实验

三、线性方程组的矩阵表示

对线性方程组

$$\begin{cases}a_{11}x_1+a_{12}x_2+\cdots+a_{1n}x_n=b_1\\a_{21}x_1+a_{22}x_2+\cdots+a_{2n}x_n=b_2\\\quad\cdots\cdots\\a_{m1}x_1+a_{m2}x_2+\cdots+a_{mn}x_n=b_m\end{cases},\tag{2.1}$$

若记 $\boldsymbol{A}=\begin{pmatrix}a_{11}&a_{12}&\cdots&a_{1n}\\a_{21}&a_{22}&\cdots&a_{2n}\\\vdots&\vdots&&\vdots\\a_{m1}&a_{m2}&\cdots&a_{mn}\end{pmatrix}$, $\boldsymbol{x}=\begin{pmatrix}x_1\\x_2\\\vdots\\x_n\end{pmatrix}$, $\boldsymbol{b}=\begin{pmatrix}b_1\\b_2\\\vdots\\b_m\end{pmatrix}$, 则利用矩阵的乘法，线性方程组 (2.1) 可表示为矩阵形式：

$$\boldsymbol{Ax}=\boldsymbol{b},\tag{2.2}$$

其中 $\boldsymbol{A}$ 称为方程组 (2.1) 的**系数矩阵**，方程组 (2.2) 称为**矩阵方程**.

注：对行（列）矩阵，为与后面章节的符号保持一致，常按行（列）向量的记法，

采用小写黑体字母 $\boldsymbol{\alpha}$, $\boldsymbol{\beta}$, $\boldsymbol{a}$, $\boldsymbol{b}$, $\boldsymbol{x}$, $\boldsymbol{y}$ ……表示.

如果 $x_j=c_j\,(j=1,2,\cdots,n)$ 是方程组 (2.1) 的解, 记列矩阵 $\boldsymbol{\eta}=\begin{pmatrix}c_1\\c_2\\\vdots\\c_n\end{pmatrix}$, 则 $\boldsymbol{A\eta}=\boldsymbol{b}$, 这时也称 $\boldsymbol{\eta}$ 是矩阵方程 (2.2) 的解; 反之, 如果列矩阵 $\boldsymbol{\eta}$ 是矩阵方程 (2.2) 的解, 即有矩阵等式 $\boldsymbol{A\eta}=\boldsymbol{b}$ 成立, 则 $\boldsymbol{x}=\boldsymbol{\eta}$, 即 $x_j=c_j\,(j=1,2,\cdots,n)$, 也是线性方程组 (2.1) 的解. 这样, 对线性方程组 (2.1) 的讨论便等价于对矩阵方程 (2.2) 的讨论. 特别地, 齐次线性方程组可以表示为 $\boldsymbol{Ax}=\boldsymbol{0}$.

将线性方程组写成矩阵方程的形式，不仅书写方便，而且可以把线性方程组的理论与矩阵理论联系起来，这给线性方程组的讨论带来很大的便利.

例 7 解矩阵方程 $\begin{pmatrix}2&1\\1&2\end{pmatrix}\boldsymbol{X}=\begin{pmatrix}1&2\\-1&4\end{pmatrix}$, $\boldsymbol{X}$ 为二阶矩阵.

解 设 $\boldsymbol{X}=\begin{pmatrix}x_{11}&x_{12}\\x_{21}&x_{22}\end{pmatrix}$, 由题设, 有

$$\begin{pmatrix}2&1\\1&2\end{pmatrix}\begin{pmatrix}x_{11}&x_{12}\\x_{21}&x_{22}\end{pmatrix}=\begin{pmatrix}1&2\\-1&4\end{pmatrix},$$

$$\begin{pmatrix}2x_{11}+x_{21}&2x_{12}+x_{22}\\x_{11}+2x_{21}&x_{12}+2x_{22}\end{pmatrix}=\begin{pmatrix}1&2\\-1&4\end{pmatrix},$$

即
$$\begin{cases}2x_{11}+\ \ x_{21}=\ \ 1 & ①\\ x_{11}+2x_{21}=-1 & ②\end{cases},\qquad \begin{cases}2x_{12}+\ \ x_{22}=2 & ③\\ x_{12}+2x_{22}=4 & ④\end{cases}.$$

分别解① 和② 与③ 和④ 构成的两个方程组得 $x_{11}=1$, $x_{21}=-1$, $x_{12}=0$, $x_{22}=2$, 故

$$\boldsymbol{X}=\begin{pmatrix}1&0\\-1&2\end{pmatrix}.$$

■

四、线性变换的概念

变量 $x_1, x_2,\cdots, x_n$ 与变量 $y_1, y_2,\cdots, y_m$ 之间的关系式:

$$\begin{cases}y_1=a_{11}x_1+a_{12}x_2+\cdots+a_{1n}x_n\\ y_2=a_{21}x_1+a_{22}x_2+\cdots+a_{2n}x_n\\ \quad\cdots\cdots\\ y_m=a_{m1}x_1+a_{m2}x_2+\cdots+a_{mn}x_n\end{cases}\tag{2.3}$$

称为从变量 $x_1,x_2,\cdots,x_n$ 到变量 $y_1,y_2,\cdots,y_m$ 的**线性变换**, 其中 a_{ij} $(i=1,2,\cdots, m;\ j=1,2,\cdots,n)$ 为常数. 线性变换 (2.3) 的系数 a_{ij} 构成的矩阵 $\boldsymbol{A}=(a_{ij})_{m\times n}$ 称为线性变换 (2.3) 的**系数矩阵**.

设 $\boldsymbol{A}=\begin{pmatrix} a_{11} & a_{12} & \cdots & a_{1n} \\ a_{21} & a_{22} & \cdots & a_{2n} \\ \vdots & \vdots & & \vdots \\ a_{m1} & a_{m2} & \cdots & a_{mn} \end{pmatrix}$, $\boldsymbol{x}=\begin{pmatrix} x_1 \\ x_2 \\ \vdots \\ x_n \end{pmatrix}$, $\boldsymbol{y}=\begin{pmatrix} y_1 \\ y_2 \\ \vdots \\ y_m \end{pmatrix}$, 则变换关系式 (2.3) 可表示为列矩阵形式:

$$\boldsymbol{y}=\boldsymbol{A}\boldsymbol{x}. \tag{2.4}$$

易见线性变换与其系数矩阵之间存在一一对应关系. 因而可利用矩阵来研究线性变换, 亦可利用线性变换来研究矩阵.

易知, 当一线性变换的系数矩阵为单位矩阵 $\boldsymbol{E}$ 时, 线性变换 $\boldsymbol{y}=\boldsymbol{E}\boldsymbol{x}$ 称为**恒等变换**, 因为 $\boldsymbol{E}\boldsymbol{x}=\boldsymbol{x}$.

从矩阵运算的角度来看, 线性变换式 (2.4) 实际上建立了一种从矩阵 $\boldsymbol{x}$ 到矩阵 $\boldsymbol{A}\boldsymbol{x}$ 的**矩阵变换**关系:

$$\boldsymbol{x}\rightarrow\boldsymbol{A}\boldsymbol{x}.$$

***注**: 如果将通常的函数概念加以推广, 我们也可以把从 $\boldsymbol{x}$ 到 $\boldsymbol{A}\boldsymbol{x}$ 的对应关系看作是从一个向量集合到另一个向量集合的变换(或映射): $\boldsymbol{y}=\boldsymbol{A}\boldsymbol{x}$, 此时, 常把 $\boldsymbol{x}$ 称为源, $\boldsymbol{y}$ 称为像.

例 8 设有线性变换 $\boldsymbol{y}=\boldsymbol{A}\boldsymbol{x}$, 其中 $\boldsymbol{A}=\begin{pmatrix} 1 & 2 \\ 0 & 1 \end{pmatrix}$, $\boldsymbol{x}=\begin{pmatrix} 1 \\ 1 \end{pmatrix}$, 试求出向量 $\boldsymbol{y}$, 并指出该变换的几何意义.

解
$$\boldsymbol{y}=\boldsymbol{A}\boldsymbol{x}=\begin{pmatrix} 1 & 2 \\ 0 & 1 \end{pmatrix}\begin{pmatrix} 1 \\ 1 \end{pmatrix}=\begin{pmatrix} 3 \\ 1 \end{pmatrix}.$$

其几何意义是: 线性变换 $\boldsymbol{y}=\boldsymbol{A}\boldsymbol{x}$ 将平面 x_1Ox_2 上的向量 $\boldsymbol{x}=\begin{pmatrix} 1 \\ 1 \end{pmatrix}$ 变换为该平面上的另一向量 $\boldsymbol{y}=\begin{pmatrix} 3 \\ 1 \end{pmatrix}$ (见图 2–2–1).

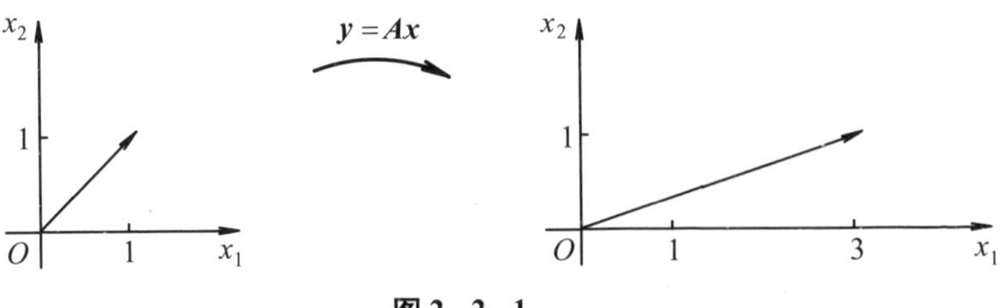

图 2–2–1 ■

由此可见, 在线性变换 $\boldsymbol{y}=\boldsymbol{A}\boldsymbol{x}$ 下, 向量 $\boldsymbol{y}$ 实际上就是对向量 $\boldsymbol{x}$ 进行缩放与旋转变换的结果.

我们可以对例 8 的结果做进一步的延伸, 来看看线性变换在图像处理中的一个应用. 事实上, 计算机图像处理中的缩放与旋转变换就是一种线性变换.

这里, 我们以极坐标函数$\rho=\sin(2.9\theta)\mathrm{e}^{\sin^4(4.9\theta)}$图像的线性变换为例来说明, 首先用计算机生成该函数在指定区间上的图像 (见图 2–2–2 中的原图, 该图像的计算实验可参见作者的《高等数学 (理工类·第五版)》(上册) §1.1 的实验 1.4 (4)), 若以矩阵 $\boldsymbol{A}$ 表示该图像所有像素点信息构成的数值矩阵, 给定下列三个线性变换:

$$\boldsymbol{y}=\begin{pmatrix}0.8 & 0\\ 0 & 0.7\end{pmatrix}\boldsymbol{x},\quad \boldsymbol{y}=\frac{\sqrt{2}}{2}\begin{pmatrix}1 & 1\\ -1 & 1\end{pmatrix}\boldsymbol{x},\quad \boldsymbol{y}=\begin{pmatrix}-0.6 & 0.6\sqrt{3}\\ -0.4\sqrt{3} & 0.4\end{pmatrix}\boldsymbol{x},$$

并设原图$\boldsymbol{A}$在上述三个线性变换下的图像分别为变换图$\boldsymbol{A}_1$、$\boldsymbol{A}_2$与$\boldsymbol{A}_3$, 则可计算得到如图2–2–2所示的变换图$\boldsymbol{A}_1$、$\boldsymbol{A}_2$与$\boldsymbol{A}_3$.

原图 $\boldsymbol{A}$

变换图 $\boldsymbol{A}_1=\begin{pmatrix}0.8 & 0\\ 0 & 0.7\end{pmatrix}\boldsymbol{A}$

变换图 $\boldsymbol{A}_2=\frac{\sqrt{2}}{2}\begin{pmatrix}1 & 1\\ -1 & 1\end{pmatrix}\boldsymbol{A}$

变换图 $\boldsymbol{A}_3=\begin{pmatrix}-0.6 & 0.6\sqrt{3}\\ -0.4\sqrt{3} & 0.4\end{pmatrix}\boldsymbol{A}$

图 2–2–2

例 9　设 $\boldsymbol{A}=\begin{pmatrix}1 & 0 & 0\\ 0 & 1 & 0\\ 0 & 0 & 0\end{pmatrix}$, $\boldsymbol{x}$为三维空间一向量, 试讨论矩阵变换 $\boldsymbol{x}\to\boldsymbol{A}\boldsymbol{x}$ 的几何意义.

解　见图2–2–3, 设 $\boldsymbol{x}=\overrightarrow{OP}=\begin{pmatrix}x_1\\ x_2\\ x_3\end{pmatrix}$, 则

$$\begin{pmatrix}x_1\\ x_2\\ x_3\end{pmatrix}\to\begin{pmatrix}1 & 0 & 0\\ 0 & 1 & 0\\ 0 & 0 & 0\end{pmatrix}\begin{pmatrix}x_1\\ x_2\\ x_3\end{pmatrix}=\begin{pmatrix}x_1\\ x_2\\ 0\end{pmatrix}.$$

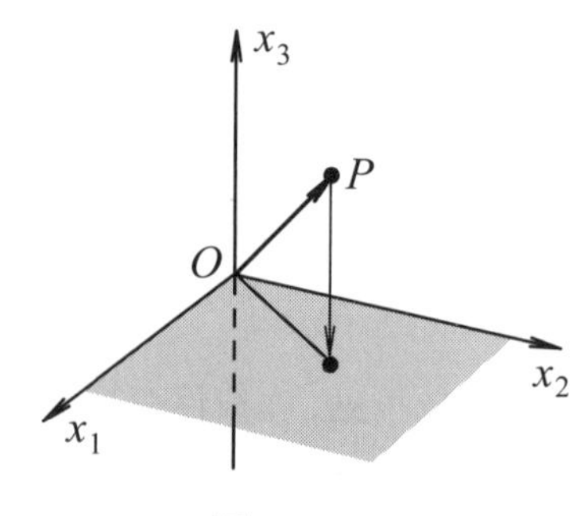

图 2–2–3

从几何上看，在变换 $\boldsymbol{x}\to\boldsymbol{A}\boldsymbol{x}$ 下，空间中的点 $P(x_1,x_2,x_3)$ 被投影到了 x_1Ox_2 平面上. ■

五、矩阵的转置

定义 5 把矩阵 $\boldsymbol{A}$ 的行换成同序数的列得到的新矩阵，称为 $\boldsymbol{A}$ 的**转置矩阵**，记作 $\boldsymbol{A}^{\mathrm{T}}$(或 $\boldsymbol{A}'$).

即若 $\boldsymbol{A}=\begin{pmatrix} a_{11} & a_{12} & \cdots & a_{1n}\\ a_{21} & a_{22} & \cdots & a_{2n}\\ \vdots & \vdots & & \vdots\\ a_{m1} & a_{m2} & \cdots & a_{mn}\end{pmatrix}$，则 $\boldsymbol{A}^{\mathrm{T}}=\begin{pmatrix} a_{11} & a_{21} & \cdots & a_{m1}\\ a_{12} & a_{22} & \cdots & a_{m2}\\ \vdots & \vdots & & \vdots\\ a_{1n} & a_{2n} & \cdots & a_{mn}\end{pmatrix}$.

矩阵的转置满足以下运算规律(假设运算都是可行的):

(1) $(\boldsymbol{A}^{\mathrm{T}})^{\mathrm{T}}=\boldsymbol{A}$;　　(2) $(\boldsymbol{A}+\boldsymbol{B})^{\mathrm{T}}=\boldsymbol{A}^{\mathrm{T}}+\boldsymbol{B}^{\mathrm{T}}$;

(3) $(k\boldsymbol{A})^{\mathrm{T}}=k\boldsymbol{A}^{\mathrm{T}}$;　　(4) $(\boldsymbol{A}\boldsymbol{B})^{\mathrm{T}}=\boldsymbol{B}^{\mathrm{T}}\boldsymbol{A}^{\mathrm{T}}$.

例 10 已知 $\boldsymbol{A}=\begin{pmatrix} 2 & 0 & -1\\ 1 & 3 & 2\end{pmatrix}$，$\boldsymbol{B}=\begin{pmatrix} 1 & 7 & -1\\ 4 & 2 & 3\\ 2 & 0 & 1\end{pmatrix}$，求 $(\boldsymbol{A}\boldsymbol{B})^{\mathrm{T}}$.

解 方法一 因为

$$\boldsymbol{A}\boldsymbol{B}=\begin{pmatrix} 2 & 0 & -1\\ 1 & 3 & 2\end{pmatrix}\begin{pmatrix} 1 & 7 & -1\\ 4 & 2 & 3\\ 2 & 0 & 1\end{pmatrix}=\begin{pmatrix} 0 & 14 & -3\\ 17 & 13 & 10\end{pmatrix},$$

所以

$$(\boldsymbol{A}\boldsymbol{B})^{\mathrm{T}}=\begin{pmatrix} 0 & 17\\ 14 & 13\\ -3 & 10\end{pmatrix}.$$

方法二 $(\boldsymbol{A}\boldsymbol{B})^{\mathrm{T}}=\boldsymbol{B}^{\mathrm{T}}\boldsymbol{A}^{\mathrm{T}}=\begin{pmatrix} 1 & 4 & 2\\ 7 & 2 & 0\\ -1 & 3 & 1\end{pmatrix}\begin{pmatrix} 2 & 1\\ 0 & 3\\ -1 & 2\end{pmatrix}=\begin{pmatrix} 0 & 17\\ 14 & 13\\ -3 & 10\end{pmatrix}$. ■

六、方阵的幂

定义 6 设方阵 $\boldsymbol{A}=(a_{ij})_{n\times n}$，规定

$$\boldsymbol{A}^0=\boldsymbol{E},\quad \boldsymbol{A}^k=\overbrace{\boldsymbol{A}\cdot\boldsymbol{A}\cdot\cdots\cdot\boldsymbol{A}}^{k\text{个}},\quad k\text{为自然数}.$$

$\boldsymbol{A}^k$ 称为 $\boldsymbol{A}$ 的 **k 次幂**.

方阵的幂满足以下运算规律:

(1) $\boldsymbol{A}^m\boldsymbol{A}^n=\boldsymbol{A}^{m+n}$ (m,n 为非负整数);　　(2) $(\boldsymbol{A}^m)^n=\boldsymbol{A}^{mn}$.

注: 一般地，$(\boldsymbol{A}\boldsymbol{B})^m\neq\boldsymbol{A}^m\boldsymbol{B}^m$，$m$ 为自然数. 但如果 $\boldsymbol{A},\boldsymbol{B}$ 均为 n 阶矩阵，$\boldsymbol{A}\boldsymbol{B}=\boldsymbol{B}\boldsymbol{A}$，则可证明 $(\boldsymbol{A}\boldsymbol{B})^m=\boldsymbol{A}^m\boldsymbol{B}^m$，其中 m 为自然数.

例11　设$\boldsymbol{A}=\begin{pmatrix}\lambda & 1 & 0\\ 0 & \lambda & 1\\ 0 & 0 & \lambda\end{pmatrix}$，求$\boldsymbol{A}^3$.

解
$$\boldsymbol{A}^2=\begin{pmatrix}\lambda & 1 & 0\\ 0 & \lambda & 1\\ 0 & 0 & \lambda\end{pmatrix}\begin{pmatrix}\lambda & 1 & 0\\ 0 & \lambda & 1\\ 0 & 0 & \lambda\end{pmatrix}=\begin{pmatrix}\lambda^2 & 2\lambda & 1\\ 0 & \lambda^2 & 2\lambda\\ 0 & 0 & \lambda^2\end{pmatrix},$$
$$\boldsymbol{A}^3=\boldsymbol{A}^2\boldsymbol{A}=\begin{pmatrix}\lambda^2 & 2\lambda & 1\\ 0 & \lambda^2 & 2\lambda\\ 0 & 0 & \lambda^2\end{pmatrix}\begin{pmatrix}\lambda & 1 & 0\\ 0 & \lambda & 1\\ 0 & 0 & \lambda\end{pmatrix}=\begin{pmatrix}\lambda^3 & 3\lambda^2 & 3\lambda\\ 0 & \lambda^3 & 3\lambda^2\\ 0 & 0 & \lambda^3\end{pmatrix}.$$ ■

*数学实验

实验2.2　试计算下列方阵的幂.

(1) $\begin{pmatrix}0.95 & 0.12\\ 0.05 & 0.88\end{pmatrix}^{20}$;

(2) $\begin{pmatrix}3 & -10 & 4\\ 4 & -19 & 8\\ 8 & -40 & 17\end{pmatrix}^{120}$;

(3) $\begin{pmatrix}-11 & 6 & 3 & 1 & -15 & 29\\ -9 & 4 & 3 & 1 & -11 & 17\\ 56 & -38 & -7 & -2 & 65 & -153\\ 48 & -30 & -9 & -2 & 57 & -123\\ 54 & -36 & -9 & -3 & 65 & -144\\ 18 & -12 & -3 & -1 & 21 & -46\end{pmatrix}^{9}$.

计算实验

微信扫描右侧的二维码即可进行计算实验(详见教材配套的网络学习空间).

七、方阵的行列式

定义7　由n阶方阵$\boldsymbol{A}$的元素所构成的行列式(各元素的位置不变)，称为**方阵$\boldsymbol{A}$的行列式**，记作
$$|\boldsymbol{A}| \text{ 或 } \det\boldsymbol{A}.$$

注：方阵与行列式是两个不同的概念，n阶方阵是n^2个数按一定方式排成的数表，而n阶行列式则是这些数按一定的运算法则所确定的一个数值(实数或复数).

方阵$\boldsymbol{A}$的行列式$|\boldsymbol{A}|$满足以下运算规律(设$\boldsymbol{A},\boldsymbol{B}$为$n$阶方阵，$k$为常数)：

(1) $|\boldsymbol{A}^{\mathrm{T}}|=|\boldsymbol{A}|$ (行列式性质1)；

(2) $|k\boldsymbol{A}|=k^n|\boldsymbol{A}|$；

(3) $|\boldsymbol{AB}|=|\boldsymbol{A}||\boldsymbol{B}|$.

注：由运算规律(3)知，对于n阶矩阵$\boldsymbol{A}$、$\boldsymbol{B}$，虽然一般$\boldsymbol{AB}\neq\boldsymbol{BA}$，但

$$|AB| = |A||B| = |B||A| = |BA|.$$

*数学实验

实验 2.3　试计算下列行列式（详见教材配套的网络学习空间）：

$$(1)\begin{vmatrix} 0&1&0&3&0&0&0&0\\ 0&0&0&2&0&0&0&6\\ 0&0&4&0&0&8&0&0\\ 3&0&0&0&4&0&7&0\\ 0&6&0&0&0&0&8&0\\ 0&0&2&0&7&0&9&0\\ 5&0&0&1&0&0&0&0\\ 0&0&2&0&0&9&0&3 \end{vmatrix};\qquad (2)\begin{vmatrix} 7&6&2&2&3&1&1&0\\ 9&1&6&3&3&4&8&9\\ 3&8&3&0&0&1&1&0\\ 0&2&3&0&2&4&6&5\\ 0&1&8&3&1&4&3&6\\ 1&1&1&5&5&4&9&7\\ 6&4&5&8&2&3&0&0\\ 1&3&5&0&3&0&2&2 \end{vmatrix}.$$

计算实验

实验 2.4　试通过下列方程组的系数行列式，判断下列方程组解的情况.

$$(1)\begin{cases} 5x_2+x_3+6x_4+3x_5+x_6+x_7+2x_8=1\\ 4x_1+x_2+7x_4+x_5+2x_7=2\\ x_1+x_2+x_4+x_7+x_8=7\\ 6x_1+x_4+x_5+x_6+x_7+x_8=2\\ 5x_2+x_4+4x_6+x_7+3x_8=3\\ x_2+6x_4=1\\ x_2+x_3+x_4+7x_5+2x_7+6x_8=8\\ x_2+7x_5+3x_8=5 \end{cases};$$

计算实验

$$(2)\begin{cases} (1-k)x_1+(1+k)x_2-2x_3+3x_4+x_5-6x_6+4x_7-x_8=-1\\ (3-k)x_3+x_4-x_5+2x_6+3x_7+(5-k)x_8=11\\ (1-k)x_1+3x_2-x_3+2x_4+3x_5-3x_6+x_7+(8-k)x_8=9\\ (3-k)x_3+x_4-x_5+2x_6+3x_7-3x_8=3\\ (k-2)x_2-x_3+(5-k)x_4+(k-6)x_5-5x_6+(k+3)x_7-x_8=-10\\ (6-k)x_6+x_7-x_8=6\\ (2-k)x_2+x_3-x_4+(7-k)x_5+4x_6+(k-11)x_7-2x_8=0\\ (7-k)x_7+x_8=7 \end{cases}.$$

微信扫描右侧的二维码即可进行计算实验（详见教材配套的网络学习空间）.

八、对称矩阵

定义 8　设 $\boldsymbol{A}$ 为 n 阶方阵，如果 $\boldsymbol{A}^{\mathrm{T}}=\boldsymbol{A}$，即 $a_{ij}=a_{ji}\ (i,j=1,2,\cdots,n)$，则称 $\boldsymbol{A}$ 为**对称矩阵**.

显然，对称矩阵 $\boldsymbol{A}$ 的元素关于主对角线对称.

例如，$\begin{pmatrix} 0&-1\\ -1&0 \end{pmatrix}$，$\begin{pmatrix} 8&6&1\\ 6&9&0\\ 1&0&5 \end{pmatrix}$ 均为对称矩阵.

如果 $\boldsymbol{A}^{\mathrm{T}}=-\boldsymbol{A}$，则称 $\boldsymbol{A}$ 为**反对称矩阵**.

九、共轭矩阵

定义9 设 $\boldsymbol{A}=(a_{ij})$ 为复(数)矩阵，记 $\overline{\boldsymbol{A}}=(\overline{a_{ij}})$，其中 $\overline{a_{ij}}$ 表示 a_{ij} 的共轭复数，称 $\overline{\boldsymbol{A}}$ 为 $\boldsymbol{A}$ 的**共轭矩阵**.

共轭矩阵满足以下运算规律(设 $\boldsymbol{A},\boldsymbol{B}$ 为复矩阵，λ 为复数，且运算都是可行的)：

(1) $\overline{\boldsymbol{A}+\boldsymbol{B}}=\overline{\boldsymbol{A}}+\overline{\boldsymbol{B}}$； (2) $\overline{\lambda\boldsymbol{A}}=\overline{\lambda}\,\overline{\boldsymbol{A}}$； (3) $\overline{\boldsymbol{AB}}=\overline{\boldsymbol{A}}\,\overline{\boldsymbol{B}}$； (4) $\overline{(\boldsymbol{A}^{\mathrm{T}})}=(\overline{\boldsymbol{A}})^{\mathrm{T}}$.

习题 2-2

1. 计算：

(1) $\begin{pmatrix}1&6&4\\-4&2&8\end{pmatrix}+\begin{pmatrix}-2&0&1\\2&-3&4\end{pmatrix}$； (2) $\begin{pmatrix}1&2\\0&1\end{pmatrix}-\begin{pmatrix}2&-2\\0&3\end{pmatrix}$.

2. 设 $\boldsymbol{A}=\begin{pmatrix}1&2&1&2\\2&1&2&1\\1&2&3&4\end{pmatrix}$，$\boldsymbol{B}=\begin{pmatrix}4&3&2&1\\-2&1&-2&1\\0&-1&0&-1\end{pmatrix}$，计算：

(1) $3\boldsymbol{A}-\boldsymbol{B}$； (2) $2\boldsymbol{A}+3\boldsymbol{B}$； (3) 若 $\boldsymbol{X}$ 满足 $\boldsymbol{A}+\boldsymbol{X}=\boldsymbol{B}$，求 $\boldsymbol{X}$.

3. 计算：

(1) $\begin{pmatrix}4&3&1\\1&-2&3\\5&7&0\end{pmatrix}\begin{pmatrix}7\\2\\1\end{pmatrix}$； (2) $\begin{pmatrix}1&2&3\\2&4&6\\3&6&9\end{pmatrix}\begin{pmatrix}-1&-2&-4\\-1&-2&-4\\1&2&4\end{pmatrix}$； (3) $(1\ \ 2\ \ 3)\begin{pmatrix}3\\2\\1\end{pmatrix}$；

(4) $\begin{pmatrix}3\\2\\1\end{pmatrix}(1\ \ 2\ \ 3)$； (5) $\begin{pmatrix}1&2&3\\-2&1&2\end{pmatrix}\begin{pmatrix}1&2&0\\0&1&1\\3&0&-1\end{pmatrix}$； (6) $(x_1\ \ x_2\ \ x_3)\begin{pmatrix}a_{11}&a_{12}&a_{13}\\a_{12}&a_{22}&a_{23}\\a_{13}&a_{23}&a_{33}\end{pmatrix}\begin{pmatrix}x_1\\x_2\\x_3\end{pmatrix}$.

4. 设 $\boldsymbol{A}=\begin{pmatrix}1&1&1\\1&1&-1\\1&-1&1\end{pmatrix}$，$\boldsymbol{B}=\begin{pmatrix}1&2&3\\-1&-2&4\\0&5&1\end{pmatrix}$，求 $3\boldsymbol{AB}-2\boldsymbol{A}$ 及 $\boldsymbol{A}^{\mathrm{T}}\boldsymbol{B}$.

5. 设有线性变换 $\boldsymbol{y}=\boldsymbol{Ax}$，其中系数矩阵 $\boldsymbol{A}$ 分别取 $\begin{pmatrix}1&0\\0&0\end{pmatrix}$、$\begin{pmatrix}1&0\\0&-1\end{pmatrix}$ 时，试求出向量 $\boldsymbol{x}=\begin{pmatrix}1\\1\end{pmatrix}$ 在相应变换下对应的新变量 $\boldsymbol{y}$，并指出该变换的几何意义.

6. 已知两个线性变换

$$\begin{cases}x_1=2y_1+y_3\\x_2=-2y_1+3y_2+2y_3,\\x_3=4y_1+y_2+5y_3\end{cases}\qquad\begin{cases}y_1=-3z_1+z_2\\y_2=2z_1+z_3,\\y_3=-z_2+3z_3\end{cases}$$

求从 z_1,z_2,z_3 到 x_1,x_2,x_3 的线性变换.

7. 设 $\boldsymbol{A}=\begin{pmatrix}\cos\varphi&-\sin\varphi\\\sin\varphi&\cos\varphi\end{pmatrix}$，$\boldsymbol{x}$ 为平面上一向量，试讨论线性变换 $\boldsymbol{y}=\boldsymbol{Ax}$ 的几何意义.

8. 解下列矩阵方程，求出未知矩阵 $\boldsymbol{X}$.

(1) $\begin{pmatrix}2&5\\1&3\end{pmatrix}\boldsymbol{X}=\begin{pmatrix}4&-6\\2&1\end{pmatrix}$； (2) $\begin{pmatrix}1&1&-1\\-2&1&1\\1&1&1\end{pmatrix}\boldsymbol{X}=\begin{pmatrix}2\\3\\6\end{pmatrix}$.

9. 设 $\boldsymbol{A}=\begin{pmatrix}1&1\\0&1\end{pmatrix}$, 求所有与 $\boldsymbol{A}$ 可交换的矩阵.

10. 计算下列矩阵：

(1) $\begin{pmatrix}1&1\\0&0\end{pmatrix}^3$; (2) $\begin{pmatrix}1&0\\\lambda&1\end{pmatrix}^5$; (3) $\begin{pmatrix}a&0&0\\0&b&0\\0&0&c\end{pmatrix}^3$.

11. 已知 $\boldsymbol{\alpha}=(1,2,3)$, $\boldsymbol{\beta}=\left(1,\dfrac{1}{2},\dfrac{1}{3}\right)$, 设矩阵 $\boldsymbol{A}=\boldsymbol{\alpha}^{\mathrm{T}}\boldsymbol{\beta}$, 其中 $\boldsymbol{\alpha}^{\mathrm{T}}$ 是 $\boldsymbol{\alpha}$ 的转置, 求 $\boldsymbol{A}^n$ (n 为正整数).

12. 设 $\boldsymbol{A}, \boldsymbol{B}$ 都是 n 阶对称矩阵, 证明 $\boldsymbol{AB}$ 为对称矩阵的充分必要条件是 $\boldsymbol{AB}=\boldsymbol{BA}$.

13. 设 $\boldsymbol{A}=\begin{pmatrix}a_{11}&a_{12}&a_{13}\\&a_{22}&a_{23}\\&&a_{33}\end{pmatrix}$, $\boldsymbol{B}=\begin{pmatrix}b_{11}&b_{12}&b_{13}\\&b_{22}&b_{23}\\&&b_{33}\end{pmatrix}$, 验证 $a\boldsymbol{A}$, $\boldsymbol{A}+\boldsymbol{B}$, $\boldsymbol{AB}$ 仍为同阶且同结构的上三角形矩阵(其中 a 为实数).

14. 设矩阵 $\boldsymbol{A}$ 为三阶矩阵, 且已知 $|\boldsymbol{A}|=m$, 求 $|-m\boldsymbol{A}|$.

§2.3 逆 矩 阵

一、逆矩阵的概念

回顾一下实数的乘法逆元, 对于数 $a\neq 0$, 总存在唯一乘法逆元 a^{-1}, 使得

$$a\cdot a^{-1}=1 \text{ 且 } a^{-1}\cdot a=1. \tag{3.1}$$

数的逆在解方程中起着重要作用, 例如, 解一元线性方程 $ax=b$, 当 $a\neq 0$ 时, 其解为

$$x=a^{-1}b.$$

由于矩阵乘法不满足交换律, 因此将逆元概念推广到矩阵时, 式 (3.1) 中的两个方程需同时满足. 此外, 根据两矩阵乘积的定义, 仅当我们所讨论的矩阵是方阵时, 才有可能得到一个完全的推广.

定义 1 对于 n 阶矩阵 $\boldsymbol{A}$, 如果存在一个 n 阶矩阵 $\boldsymbol{B}$, 使得 $\boldsymbol{AB}=\boldsymbol{BA}=\boldsymbol{E}$, 则称矩阵 $\boldsymbol{A}$ 为**可逆矩阵**, 而称矩阵 $\boldsymbol{B}$ 为 $\boldsymbol{A}$ 的**逆矩阵**.

注: (1) 从上述定义可见, 其中的“n 阶矩阵”即为“n 阶方阵”(以下同).

(2) 对于 n 阶矩阵 $\boldsymbol{A}$ 与 $\boldsymbol{B}$, 若 $\boldsymbol{AB}=\boldsymbol{BA}=\boldsymbol{E}$, 则称矩阵 $\boldsymbol{A}$ 与 $\boldsymbol{B}$ 互为**逆**矩阵, 又称矩阵 $\boldsymbol{A}$ 与 $\boldsymbol{B}$ 是**互逆**的.

例如, 矩阵 $\begin{pmatrix}1&2&4\\0&1&2\\1&0&1\end{pmatrix}$ 和 $\begin{pmatrix}1&-2&0\\2&-3&-2\\-1&2&1\end{pmatrix}$ 是互逆的, 因为

$$\begin{pmatrix}1&2&4\\0&1&2\\1&0&1\end{pmatrix}\begin{pmatrix}1&-2&0\\2&-3&-2\\-1&2&1\end{pmatrix}=\begin{pmatrix}1&0&0\\0&1&0\\0&0&1\end{pmatrix},$$

$$\begin{pmatrix}1&-2&0\\2&-3&-2\\-1&2&1\end{pmatrix}\begin{pmatrix}1&2&4\\0&1&2\\1&0&1\end{pmatrix}=\begin{pmatrix}1&0&0\\0&1&0\\0&0&1\end{pmatrix}.$$

命题 1　若矩阵 $\boldsymbol{A}$ 是可逆的，则 $\boldsymbol{A}$ 的逆矩阵是唯一的.

事实上，设 $\boldsymbol{B}$ 和 $\boldsymbol{C}$ 都是 $\boldsymbol{A}$ 的逆矩阵，则有

$$\boldsymbol{AB}=\boldsymbol{BA}=\boldsymbol{E},\quad \boldsymbol{AC}=\boldsymbol{CA}=\boldsymbol{E},$$

$$\boldsymbol{B}=\boldsymbol{EB}=(\boldsymbol{CA})\boldsymbol{B}=\boldsymbol{C}(\boldsymbol{AB})=\boldsymbol{CE}=\boldsymbol{C}.$$

故 $\boldsymbol{A}$ 的逆矩阵唯一，记为 $\boldsymbol{A}^{-1}$.

定义 2　如果 n 阶矩阵 $\boldsymbol{A}$ 的行列式 $|\boldsymbol{A}|\neq 0$，则称 $\boldsymbol{A}$ 为**非奇异的**，否则称 $\boldsymbol{A}$ 为**奇异的**.

例 1　如果 $\boldsymbol{A}=\begin{pmatrix}a_1&0&\cdots&0\\0&a_2&\cdots&0\\\vdots&\vdots&&\vdots\\0&0&\cdots&a_n\end{pmatrix}$，其中 $a_i\neq 0\ (i=1,2,\cdots,n)$，试验证

$$\boldsymbol{A}^{-1}=\begin{pmatrix}1/a_1&0&\cdots&0\\0&1/a_2&\cdots&0\\\vdots&\vdots&&\vdots\\0&0&\cdots&1/a_n\end{pmatrix}.$$

证明　因为 $\begin{pmatrix}a_1&0&\cdots&0\\0&a_2&\cdots&0\\\vdots&\vdots&&\vdots\\0&0&\cdots&a_n\end{pmatrix}\begin{pmatrix}1/a_1&0&\cdots&0\\0&1/a_2&\cdots&0\\\vdots&\vdots&&\vdots\\0&0&\cdots&1/a_n\end{pmatrix}$

$$=\begin{pmatrix}1/a_1&0&\cdots&0\\0&1/a_2&\cdots&0\\\vdots&\vdots&&\vdots\\0&0&\cdots&1/a_n\end{pmatrix}\begin{pmatrix}a_1&0&\cdots&0\\0&a_2&\cdots&0\\\vdots&\vdots&&\vdots\\0&0&\cdots&a_n\end{pmatrix}=\boldsymbol{E}_n,$$

所以

$$\boldsymbol{A}^{-1}=\begin{pmatrix}1/a_1&0&\cdots&0\\0&1/a_2&\cdots&0\\\vdots&\vdots&&\vdots\\0&0&\cdots&1/a_n\end{pmatrix}.$$

■

二、伴随矩阵及其与逆矩阵的关系

定义 3 行列式 $|\boldsymbol{A}|$ 的各个元素的代数余子式 A_{ij} 所构成的矩阵

$$\boldsymbol{A}^*=\begin{pmatrix} A_{11} & A_{21} & \cdots & A_{n1} \\ A_{12} & A_{22} & \cdots & A_{n2} \\ \vdots & \vdots & & \vdots \\ A_{1n} & A_{2n} & \cdots & A_{nn} \end{pmatrix} \tag{3.2}$$

称为矩阵 $\boldsymbol{A}$ 的**伴随矩阵**.

例 2 设矩阵 $\boldsymbol{A}=\begin{pmatrix} 1 & 0 & 1 \\ 2 & 1 & 0 \\ -3 & 2 & -5 \end{pmatrix}$，求矩阵 $\boldsymbol{A}$ 的伴随矩阵 $\boldsymbol{A}^*$.

解 按定义，因为

$$A_{11}=-5,\quad A_{12}=10,\quad A_{13}=7,\quad A_{21}=2,\quad A_{22}=-2,$$
$$A_{23}=-2,\quad A_{31}=-1,\quad A_{32}=2,\quad A_{33}=1,$$

所以 $\boldsymbol{A}^*=\begin{pmatrix} -5 & 2 & -1 \\ 10 & -2 & 2 \\ 7 & -2 & 1 \end{pmatrix}$. ■

定理 1 n 阶矩阵 $\boldsymbol{A}$ 可逆的充分必要条件是其行列式 $|\boldsymbol{A}|\neq 0$，且当 $\boldsymbol{A}$ 可逆时，有

$$\boldsymbol{A}^{-1}=\frac{1}{|\boldsymbol{A}|}\boldsymbol{A}^*, \tag{3.3}$$

其中 $\boldsymbol{A}^*$ 为 $\boldsymbol{A}$ 的伴随矩阵.

证明 必要性．由 $\boldsymbol{A}$ 可逆知，存在 n 阶矩阵 $\boldsymbol{B}$ 满足 $\boldsymbol{AB}=\boldsymbol{E}$，从而

$$|\boldsymbol{A}||\boldsymbol{B}|=|\boldsymbol{AB}|=|\boldsymbol{E}|=1\neq 0.$$

因此 $|\boldsymbol{A}|\neq 0$，同时 $|\boldsymbol{B}|\neq 0$.

充分性．设 $\boldsymbol{A}=(a_{ij})_{n\times n}$，则

$$\boldsymbol{AA}^*=\begin{pmatrix} a_{11} & a_{12} & \cdots & a_{1n} \\ a_{21} & a_{22} & \cdots & a_{2n} \\ \vdots & \vdots & & \vdots \\ a_{n1} & a_{n2} & \cdots & a_{nn} \end{pmatrix}\begin{pmatrix} A_{11} & A_{21} & \cdots & A_{n1} \\ A_{12} & A_{22} & \cdots & A_{n2} \\ \vdots & \vdots & & \vdots \\ A_{1n} & A_{2n} & \cdots & A_{nn} \end{pmatrix}=\begin{pmatrix} |\boldsymbol{A}| & 0 & \cdots & 0 \\ 0 & |\boldsymbol{A}| & \cdots & 0 \\ \vdots & \vdots & & \vdots \\ 0 & 0 & \cdots & |\boldsymbol{A}| \end{pmatrix}$$
$$=|\boldsymbol{A}|\boldsymbol{E}.$$

且当 $|\boldsymbol{A}|\neq 0$ 时，有 $\boldsymbol{A}\left(\dfrac{1}{|\boldsymbol{A}|}\boldsymbol{A}^*\right)=\boldsymbol{E}$.

类似地，可得 $\boldsymbol{A}^*\boldsymbol{A}=|\boldsymbol{A}|\boldsymbol{E}$，且当 $|\boldsymbol{A}|\neq 0$ 时，有 $\left(\dfrac{1}{|\boldsymbol{A}|}\boldsymbol{A}^*\right)\boldsymbol{A}=\boldsymbol{E}$.

由定义 1 知，矩阵 $\boldsymbol{A}$ 可逆，且 $\boldsymbol{A}^{-1}=\dfrac{1}{|\boldsymbol{A}|}\boldsymbol{A}^*$. ■

注: 利用定理 1 求逆矩阵的方法称为**伴随矩阵法**.

由定理 1 的证明得到伴随矩阵的一个**基本性质**:

$$\boldsymbol{A}\boldsymbol{A}^*=\boldsymbol{A}^*\boldsymbol{A}=|\boldsymbol{A}|\boldsymbol{E}. \tag{3.4}$$

推论 1　若 $\boldsymbol{AB}=\boldsymbol{E}$ (或 $\boldsymbol{BA}=\boldsymbol{E}$), 则 $\boldsymbol{B}=\boldsymbol{A}^{-1}$.

证明　由 $\boldsymbol{AB}=\boldsymbol{E}$, 得 $|\boldsymbol{A}||\boldsymbol{B}|=1$, $|\boldsymbol{A}|\neq 0$, 故 $\boldsymbol{A}^{-1}$ 存在, 且

$$\boldsymbol{B}=\boldsymbol{EB}=(\boldsymbol{A}^{-1}\boldsymbol{A})\boldsymbol{B}=\boldsymbol{A}^{-1}(\boldsymbol{AB})=\boldsymbol{A}^{-1}\boldsymbol{E}=\boldsymbol{A}^{-1}.$$ ■

例 3　求例 2 中矩阵 $\boldsymbol{A}$ 的逆矩阵 $\boldsymbol{A}^{-1}$.

解　因

$$|\boldsymbol{A}|=\begin{vmatrix}1&0&1\\2&1&0\\-3&2&-5\end{vmatrix}=2\neq 0,$$

故矩阵 $\boldsymbol{A}$ 可逆，由例 2 的结果，已知 $\boldsymbol{A}^*=\begin{pmatrix}-5&2&-1\\10&-2&2\\7&-2&1\end{pmatrix}$. 于是

$$\boldsymbol{A}^{-1}=\frac{1}{|\boldsymbol{A}|}\boldsymbol{A}^*=\frac{1}{2}\begin{pmatrix}-5&2&-1\\10&-2&2\\7&-2&1\end{pmatrix}=\begin{pmatrix}-5/2&1&-1/2\\5&-1&1\\7/2&-1&1/2\end{pmatrix}.$$ ■

例 4　已知 $\boldsymbol{A}=\begin{pmatrix}1&0&0&0&0\\0&2&0&0&0\\0&0&3&0&0\\0&0&0&4&0\\0&0&0&0&5\end{pmatrix}$, 试用伴随矩阵法求 $\boldsymbol{A}^{-1}$.

解　因 $|\boldsymbol{A}|=5!\neq 0$, 故 $\boldsymbol{A}^{-1}$存在 . 由伴随矩阵法 , 得

$$\boldsymbol{A}^{-1}=\frac{\boldsymbol{A}^*}{|\boldsymbol{A}|}=\frac{1}{5!}\begin{pmatrix}2\cdot3\cdot4\cdot5&0&0&0&0\\0&1\cdot3\cdot4\cdot5&0&0&0\\0&0&1\cdot2\cdot4\cdot5&0&0\\0&0&0&1\cdot2\cdot3\cdot5&0\\0&0&0&0&1\cdot2\cdot3\cdot4\end{pmatrix}$$

$$=\begin{pmatrix}1&0&0&0&0\\0&1/2&0&0&0\\0&0&1/3&0&0\\0&0&0&1/4&0\\0&0&0&0&1/5\end{pmatrix}.$$ ■

***数学实验**

实验 2.5 试用伴随矩阵法，求下列矩阵的逆矩阵.

(1) $\begin{pmatrix} 4&7&1&2&1&1&2&7\\ 6&7&6&3&0&1&3&1\\ 1&1&3&2&1&3&1&2\\ 6&8&7&1&4&3&2&1\\ 2&7&2&2&2&1&2&3\\ 1&2&0&1&1&2&1&1\\ 1&4&4&2&7&1&1&2\\ 2&1&6&0&0&2&2&2 \end{pmatrix}$； (2) $\begin{pmatrix} 8&8&2&2&4&1&2&1\\ 9&2&8&4&3&5&8&9\\ 4&8&4&1&0&2&1&0\\ 1&2&4&1&2&6&8&8\\ 1&1&8&4&1&6&4&8\\ 2&2&2&8&8&7&9&8\\ 8&5&8&8&2&3&1&1\\ 2&3&8&1&4&1&3&2 \end{pmatrix}$.

计算实验

微信扫描右侧的二维码即可进行计算实验(详见教材配套的网络学习空间).

三、逆矩阵的运算性质

(1) 若矩阵 $\boldsymbol{A}$ 可逆，则 $\boldsymbol{A}^{-1}$ 也可逆，且 $(\boldsymbol{A}^{-1})^{-1}=\boldsymbol{A}$.

(2) 若矩阵 $\boldsymbol{A}$ 可逆，数 $k\neq 0$，则 $(k\boldsymbol{A})^{-1}=\dfrac{1}{k}\boldsymbol{A}^{-1}$.

(3) 两个同阶可逆矩阵 $\boldsymbol{A},\boldsymbol{B}$ 的乘积是可逆矩阵，且 $(\boldsymbol{AB})^{-1}=\boldsymbol{B}^{-1}\boldsymbol{A}^{-1}$.

证明 因 $\boldsymbol{AB}(\boldsymbol{B}^{-1}\boldsymbol{A}^{-1})=\boldsymbol{A}(\boldsymbol{BB}^{-1})\boldsymbol{A}^{-1}=\boldsymbol{AEA}^{-1}=\boldsymbol{AA}^{-1}=\boldsymbol{E}$，故

$$(\boldsymbol{AB})^{-1}=\boldsymbol{B}^{-1}\boldsymbol{A}^{-1}.$$ ■

注：此性质可推广至任意有限个同阶可逆矩阵的情形，即若 $\boldsymbol{A}_1,\boldsymbol{A}_2,\cdots,\boldsymbol{A}_n$ 均是 n 阶可逆矩阵，则 $\boldsymbol{A}_1\boldsymbol{A}_2\cdots\boldsymbol{A}_n$ 也可逆，且

$$(\boldsymbol{A}_1\boldsymbol{A}_2\cdots\boldsymbol{A}_n)^{-1}=\boldsymbol{A}_n^{-1}\cdots\boldsymbol{A}_2^{-1}\boldsymbol{A}_1^{-1}.$$

(4) 若矩阵 $\boldsymbol{A}$ 可逆，则 $\boldsymbol{A}^{\mathrm{T}}$ 也可逆，且有 $(\boldsymbol{A}^{\mathrm{T}})^{-1}=(\boldsymbol{A}^{-1})^{\mathrm{T}}$.

证明 因 $\boldsymbol{A}^{\mathrm{T}}(\boldsymbol{A}^{-1})^{\mathrm{T}}=(\boldsymbol{A}^{-1}\boldsymbol{A})^{\mathrm{T}}=\boldsymbol{E}^{\mathrm{T}}=\boldsymbol{E}$，故 $(\boldsymbol{A}^{\mathrm{T}})^{-1}=(\boldsymbol{A}^{-1})^{\mathrm{T}}$. ■

(5) 若矩阵 $\boldsymbol{A}$ 可逆，则 $|\boldsymbol{A}^{-1}|=|\boldsymbol{A}|^{-1}$.

证明 因 $\boldsymbol{AA}^{-1}=\boldsymbol{E}$，故 $|\boldsymbol{A}||\boldsymbol{A}^{-1}|=1$，从而 $|\boldsymbol{A}^{-1}|=|\boldsymbol{A}|^{-1}$. ■

四、矩阵方程

对标准矩阵方程

$$\boldsymbol{AX}=\boldsymbol{B},\quad \boldsymbol{XA}=\boldsymbol{B},\quad \boldsymbol{AXB}=\boldsymbol{C},$$

利用矩阵乘法的运算规律和逆矩阵的运算性质，通过在方程两边左乘或右乘相应矩阵的逆矩阵，可求出其解分别为

$$\boldsymbol{X}=\boldsymbol{A}^{-1}\boldsymbol{B},\quad \boldsymbol{X}=\boldsymbol{BA}^{-1},\quad \boldsymbol{X}=\boldsymbol{A}^{-1}\boldsymbol{CB}^{-1},$$

而其他形式的矩阵方程，则可通过矩阵的有关运算性质转化为标准矩阵方程后进行求解.

例 5 设 $\boldsymbol{A},\boldsymbol{B},\boldsymbol{C}$ 是同阶矩阵，且 $\boldsymbol{A}$ 可逆. 下列结论如果正确，试证明之；如果

不正确，试举反例说明之．

(1) 若 $\boldsymbol{AB}=\boldsymbol{AC}$，则 $\boldsymbol{B}=\boldsymbol{C}$； (2) 若 $\boldsymbol{AB}=\boldsymbol{CB}$，则 $\boldsymbol{A}=\boldsymbol{C}$.

解 (1) 正确．由 $\boldsymbol{AB}=\boldsymbol{AC}$ 及 $\boldsymbol{A}$ 可逆，在等式两边左乘 $\boldsymbol{A}^{-1}$，得

$$\boldsymbol{A}^{-1}\boldsymbol{AB}=\boldsymbol{A}^{-1}\boldsymbol{AC},$$

从而有 $\boldsymbol{EB}=\boldsymbol{EC}$，即 $\boldsymbol{B}=\boldsymbol{C}$.

(2) 不正确．例如，设

$$\boldsymbol{A}=\begin{pmatrix}1&2\\0&1\end{pmatrix},\quad \boldsymbol{B}=\begin{pmatrix}1&1\\1&1\end{pmatrix},\quad \boldsymbol{C}=\begin{pmatrix}3&0\\0&1\end{pmatrix},$$

则
$$\boldsymbol{AB}=\begin{pmatrix}1&2\\0&1\end{pmatrix}\begin{pmatrix}1&1\\1&1\end{pmatrix}=\begin{pmatrix}3&3\\1&1\end{pmatrix},\quad \boldsymbol{CB}=\begin{pmatrix}3&0\\0&1\end{pmatrix}\begin{pmatrix}1&1\\1&1\end{pmatrix}=\begin{pmatrix}3&3\\1&1\end{pmatrix},$$

显然有 $\boldsymbol{AB}=\boldsymbol{CB}$，但 $\boldsymbol{A}\neq\boldsymbol{C}$. ■

例 6 设 $\boldsymbol{A}=\begin{pmatrix}1&2&3\\2&2&1\\3&4&3\end{pmatrix}$，$\boldsymbol{B}=\begin{pmatrix}2&1\\5&3\end{pmatrix}$，$\boldsymbol{C}=\begin{pmatrix}1&3\\2&0\\3&1\end{pmatrix}$，求矩阵 $\boldsymbol{X}$，使其满足 $\boldsymbol{AXB}=\boldsymbol{C}$.

解 因为 $|\boldsymbol{A}|=\begin{vmatrix}1&2&3\\2&2&1\\3&4&3\end{vmatrix}=2\neq0$，$|\boldsymbol{B}|=\begin{vmatrix}2&1\\5&3\end{vmatrix}=1\neq0$，所以 $\boldsymbol{A}^{-1}$，$\boldsymbol{B}^{-1}$ 都存在，

且
$$\boldsymbol{A}^{-1}=\begin{pmatrix}1&3&-2\\-3/2&-3&5/2\\1&1&-1\end{pmatrix},\quad \boldsymbol{B}^{-1}=\begin{pmatrix}3&-1\\-5&2\end{pmatrix}.$$

又由 $\boldsymbol{AXB}=\boldsymbol{C}$ 得到 $\boldsymbol{A}^{-1}\boldsymbol{AXBB}^{-1}=\boldsymbol{A}^{-1}\boldsymbol{CB}^{-1}$，即

$$\boldsymbol{X}=\boldsymbol{A}^{-1}\boldsymbol{CB}^{-1}=\begin{pmatrix}1&3&-2\\-3/2&-3&5/2\\1&1&-1\end{pmatrix}\begin{pmatrix}1&3\\2&0\\3&1\end{pmatrix}\begin{pmatrix}3&-1\\-5&2\end{pmatrix}=\begin{pmatrix}-2&1\\10&-4\\-10&4\end{pmatrix}.$$ ■

例 7 设方阵 $\boldsymbol{A}$ 满足方程 $a\boldsymbol{A}^2+b\boldsymbol{A}+c\boldsymbol{E}=\boldsymbol{O}$，证明 $\boldsymbol{A}$ 为可逆矩阵，并求 $\boldsymbol{A}^{-1}$（a，b，c 为常数，$c\neq0$）.

证明 由 $a\boldsymbol{A}^2+b\boldsymbol{A}+c\boldsymbol{E}=\boldsymbol{O}$，得 $a\boldsymbol{A}^2+b\boldsymbol{A}=-c\boldsymbol{E}$，因 $c\neq0$，故

$$-\frac{a}{c}\boldsymbol{A}^2-\frac{b}{c}\boldsymbol{A}=\boldsymbol{E},$$

即
$$\left(-\frac{a}{c}\boldsymbol{A}-\frac{b}{c}\boldsymbol{E}\right)\boldsymbol{A}=\boldsymbol{E},$$

由定理 1 的推论知，$\boldsymbol{A}$ 可逆，且 $\boldsymbol{A}^{-1}=-\frac{a}{c}\boldsymbol{A}-\frac{b}{c}\boldsymbol{E}$. ■

习题 2-3

1. 求下列矩阵的逆矩阵：

(1) $\begin{pmatrix} 1 & 2 \\ 2 & 5 \end{pmatrix}$； (2) $\begin{pmatrix} 1 & 2 & -1 \\ 3 & 4 & -2 \\ 5 & -4 & 1 \end{pmatrix}$； (3) $\begin{pmatrix} 1 & 2 & 3 & 4 \\ 0 & 1 & 2 & 3 \\ 0 & 0 & 1 & 2 \\ 0 & 0 & 0 & 1 \end{pmatrix}$.

2. 用逆矩阵解下列矩阵方程：

(1) $\begin{pmatrix} 2 & 5 \\ 1 & 3 \end{pmatrix}\boldsymbol{X}=\begin{pmatrix} 4 & -6 \\ 2 & 1 \end{pmatrix}$； (2) $\begin{pmatrix} 1 & 4 \\ -1 & 2 \end{pmatrix}\boldsymbol{X}\begin{pmatrix} 2 & 0 \\ -1 & 1 \end{pmatrix}=\begin{pmatrix} 3 & 1 \\ 0 & -1 \end{pmatrix}$；

(3) $\begin{pmatrix} 0 & 1 & 0 \\ 1 & 0 & 0 \\ 0 & 0 & 1 \end{pmatrix}\boldsymbol{X}\begin{pmatrix} 1 & 0 & 0 \\ 0 & 0 & 1 \\ 0 & 1 & 0 \end{pmatrix}=\begin{pmatrix} 1 & -4 & 3 \\ 2 & 0 & -1 \\ 1 & -2 & 0 \end{pmatrix}$.

3. 已知线性变换 $\begin{cases} x_1=2y_1+2y_2+y_3 \\ x_2=3y_1+y_2+5y_3 \\ x_3=3y_1+2y_2+3y_3 \end{cases}$，求从变量 x_1, x_2, x_3 到变量 y_1, y_2, y_3 的线性变换.

4. 利用逆矩阵解下列线性方程组：

(1) $\begin{cases} x_1+2x_2+3x_3=1 \\ 2x_1+2x_2+5x_3=2 \\ 3x_1+5x_2+x_3=3 \end{cases}$； (2) $\begin{cases} x_1-x_2-x_3=2 \\ 2x_1-x_2-3x_3=1 \\ 3x_1+2x_2-5x_3=0 \end{cases}$.

5. 设 $\boldsymbol{A}=\begin{pmatrix} 1 & 0 & 0 \\ 0 & 1/2 & 3/2 \\ 0 & 1 & 5/2 \end{pmatrix}$，$\boldsymbol{A}^*$ 是 $\boldsymbol{A}$ 的伴随矩阵，求 $[(\boldsymbol{A}^*)^{\mathrm{T}}]^{-1}$.

6. 设 $\boldsymbol{A}$ 为 3×3 矩阵，$\boldsymbol{A}^*$ 是 $\boldsymbol{A}$ 的伴随矩阵，若 $|\boldsymbol{A}|=2$，求 $|\boldsymbol{A}^*|$.

7. (1) 设 $\boldsymbol{A}=\begin{pmatrix} 0 & 3 & 3 \\ 1 & 1 & 0 \\ -1 & 2 & 3 \end{pmatrix}$，$\boldsymbol{AB}=\boldsymbol{A}+2\boldsymbol{B}$，求 $\boldsymbol{B}$；

(2) 设 $\boldsymbol{A}=\begin{pmatrix} 1 & 0 & 1 \\ 0 & 2 & 0 \\ 1 & 0 & 1 \end{pmatrix}$，$\boldsymbol{AB}+\boldsymbol{E}=\boldsymbol{A}^2+\boldsymbol{B}$，求 $\boldsymbol{B}$.

§2.4 分 块 矩 阵

一、分块矩阵的概念

对于行数和列数较高的矩阵，为了简化运算，经常采用分块法，使大矩阵的运算化成若干小矩阵间的运算，同时也使原矩阵的结构显得简单而清晰．具体做法是：将大矩阵 $\boldsymbol{A}$ 用若干条纵线和横线分成多个小矩阵．每个小矩阵称为 $\boldsymbol{A}$ 的**子块**，以子块为元素的形式上的矩阵称为**分块矩阵**．分块矩阵出现在线性代数的很多现代应用中，因为这种表示方法突出了矩阵分析中的基本结构．当今高性能的数值线性代数专业软件，其算法设计中均广泛利用了分块矩阵的运算．

矩阵的分块有多种方式，可根据具体需要而定．例如，矩阵

$$\boldsymbol{A}=\begin{pmatrix}1&0&0&3\\0&1&0&-1\\0&0&1&0\\0&0&0&1\end{pmatrix}$$

可分成 $\boldsymbol{A}=\left(\begin{array}{ccc:c}1&0&0&3\\0&1&0&-1\\0&0&1&0\\\hdashline 0&0&0&1\end{array}\right)=\begin{pmatrix}\boldsymbol{E}_3&\boldsymbol{B}\\\boldsymbol{O}&\boldsymbol{E}_1\end{pmatrix}$，其中 $\boldsymbol{B}=\begin{pmatrix}3\\-1\\0\end{pmatrix}$；

也可分成 $\boldsymbol{A}=\left(\begin{array}{cc:cc}1&0&0&3\\0&1&0&-1\\\hdashline 0&0&1&0\\0&0&0&1\end{array}\right)=\begin{pmatrix}\boldsymbol{E}_2&\boldsymbol{C}\\\boldsymbol{O}&\boldsymbol{E}_2\end{pmatrix}$，其中 $\boldsymbol{C}=\begin{pmatrix}0&3\\0&-1\end{pmatrix}$．

此外，$\boldsymbol{A}$ 还可按如下方式分块：

$$\boldsymbol{A}=\left(\begin{array}{c:c:c:c}1&0&0&3\\0&1&0&-1\\0&0&1&0\\0&0&0&1\end{array}\right),\quad \boldsymbol{A}=\left(\begin{array}{cccc}1&0&0&3\\\hdashline 0&1&0&-1\\\hdashline 0&0&1&0\\\hdashline 0&0&0&1\end{array}\right),\text{等等．}$$

注：一个矩阵也可看作以 $m\times n$ 个元素为 1 阶子块的分块矩阵．

二、分块矩阵的运算

分块矩阵的运算与普通矩阵的运算规则相似．分块时要注意，运算的两矩阵按块能运算，并且参与运算的子块也能运算，即内外都能运算．

(1) 加法运算：设矩阵 $\boldsymbol{A}$ 与 $\boldsymbol{B}$ 的行数相同、列数相同，并采用相同的分块法，则 $\boldsymbol{A}+\boldsymbol{B}$ 的每个分块是 $\boldsymbol{A}$ 与 $\boldsymbol{B}$ 中对应分块之和．

(2) 数乘运算：设 $\boldsymbol{A}$ 是一个分块矩阵，k 为一实数，则 $k\boldsymbol{A}$ 的每个子块是 k 与 $\boldsymbol{A}$ 中相应子块的数乘．

(3) 乘法运算：两分块矩阵 $\boldsymbol{A}$ 与 $\boldsymbol{B}$ 的乘积依然按照普通矩阵的乘积进行运算，即把矩阵 $\boldsymbol{A}$ 与 $\boldsymbol{B}$ 中的子块当作数量一样来对待，但对于乘积 $\boldsymbol{AB}$，$\boldsymbol{A}$ 的列的划分必须与 $\boldsymbol{B}$ 的行的划分一致．

例 1 设矩阵 $\boldsymbol{A}=\begin{pmatrix}1&0&1&3\\0&1&2&4\\0&0&-1&0\\0&0&0&-1\end{pmatrix}$, $\boldsymbol{B}=\begin{pmatrix}1&2&0&0\\2&0&0&0\\6&3&1&0\\0&-2&0&1\end{pmatrix}$, 用分块矩阵计算 $k\boldsymbol{A}$, $\boldsymbol{A}+\boldsymbol{B}$.

解 将矩阵 $\boldsymbol{A},\boldsymbol{B}$ 分块如下：

$$\boldsymbol{A}=\left(\begin{array}{cc:cc}1&0&1&3\\0&1&2&4\\\hdashline 0&0&-1&0\\0&0&0&-1\end{array}\right)=\begin{pmatrix}\boldsymbol{E}&\boldsymbol{C}\\\boldsymbol{O}&-\boldsymbol{E}\end{pmatrix},\quad \boldsymbol{B}=\left(\begin{array}{cc:cc}1&2&0&0\\2&0&0&0\\\hdashline 6&3&1&0\\0&-2&0&1\end{array}\right)=\begin{pmatrix}\boldsymbol{D}&\boldsymbol{O}\\\boldsymbol{F}&\boldsymbol{E}\end{pmatrix},$$

则

$$k\boldsymbol{A}=k\begin{pmatrix}\boldsymbol{E}&\boldsymbol{C}\\\boldsymbol{O}&-\boldsymbol{E}\end{pmatrix}=\begin{pmatrix}k\boldsymbol{E}&k\boldsymbol{C}\\\boldsymbol{O}&-k\boldsymbol{E}\end{pmatrix}=\begin{pmatrix}k&0&k&3k\\0&k&2k&4k\\0&0&-k&0\\0&0&0&-k\end{pmatrix},$$

$$\boldsymbol{A}+\boldsymbol{B}=\begin{pmatrix}\boldsymbol{E}&\boldsymbol{C}\\\boldsymbol{O}&-\boldsymbol{E}\end{pmatrix}+\begin{pmatrix}\boldsymbol{D}&\boldsymbol{O}\\\boldsymbol{F}&\boldsymbol{E}\end{pmatrix}=\begin{pmatrix}\boldsymbol{E}+\boldsymbol{D}&\boldsymbol{C}\\\boldsymbol{F}&\boldsymbol{O}\end{pmatrix}=\begin{pmatrix}2&2&1&3\\2&1&2&4\\6&3&0&0\\0&-2&0&0\end{pmatrix}.$$ ■

例 2 设 $\boldsymbol{A}=\begin{pmatrix}1&0&0&0\\0&1&0&0\\-1&2&1&0\\1&1&0&1\end{pmatrix}$, $\boldsymbol{B}=\begin{pmatrix}1&0&1&0\\-1&2&0&1\\1&0&4&1\\-1&-1&2&0\end{pmatrix}$, 用分块矩阵计算 $\boldsymbol{AB}$.

解 把 $\boldsymbol{A},\boldsymbol{B}$ 分块成

$$\boldsymbol{A}=\left(\begin{array}{cc:cc}1&0&0&0\\0&1&0&0\\\hdashline -1&2&1&0\\1&1&0&1\end{array}\right)=\begin{pmatrix}\boldsymbol{E}&\boldsymbol{O}\\\boldsymbol{A}_1&\boldsymbol{E}\end{pmatrix},\quad \boldsymbol{B}=\left(\begin{array}{cc:cc}1&0&1&0\\-1&2&0&1\\\hdashline 1&0&4&1\\-1&-1&2&0\end{array}\right)=\begin{pmatrix}\boldsymbol{B}_{11}&\boldsymbol{E}\\\boldsymbol{B}_{21}&\boldsymbol{B}_{22}\end{pmatrix},$$

则

$$\boldsymbol{AB}=\begin{pmatrix}\boldsymbol{E}&\boldsymbol{O}\\\boldsymbol{A}_1&\boldsymbol{E}\end{pmatrix}\begin{pmatrix}\boldsymbol{B}_{11}&\boldsymbol{E}\\\boldsymbol{B}_{21}&\boldsymbol{B}_{22}\end{pmatrix}=\begin{pmatrix}\boldsymbol{B}_{11}&\boldsymbol{E}\\\boldsymbol{A}_1\boldsymbol{B}_{11}+\boldsymbol{B}_{21}&\boldsymbol{A}_1+\boldsymbol{B}_{22}\end{pmatrix},$$

而

$$\begin{aligned}\boldsymbol{A}_1\boldsymbol{B}_{11}+\boldsymbol{B}_{21}&=\begin{pmatrix}-1&2\\1&1\end{pmatrix}\begin{pmatrix}1&0\\-1&2\end{pmatrix}+\begin{pmatrix}1&0\\-1&-1\end{pmatrix}\\&=\begin{pmatrix}-3&4\\0&2\end{pmatrix}+\begin{pmatrix}1&0\\-1&-1\end{pmatrix}=\begin{pmatrix}-2&4\\-1&1\end{pmatrix},\end{aligned}$$

$$A_1+B_{22}=\begin{pmatrix}-1&2\\1&1\end{pmatrix}+\begin{pmatrix}4&1\\2&0\end{pmatrix}=\begin{pmatrix}3&3\\3&1\end{pmatrix},$$

于是
$$AB=\begin{pmatrix}1&0&1&0\\-1&2&0&1\\-2&4&3&3\\-1&1&3&1\end{pmatrix}.$$ ■

例 3　如果将矩阵 $A_{m\times n}$，E_n 分块为

$$A=\left(\begin{array}{c:c:c:c}a_{11}&a_{12}&\cdots&a_{1n}\\a_{21}&a_{22}&\cdots&a_{2n}\\\vdots&\vdots&&\vdots\\a_{m1}&a_{m2}&\cdots&a_{mn}\end{array}\right)=(A_1,A_2,\cdots,A_n),$$

$$E_n=\left(\begin{array}{c:c:c:c}1&0&\cdots&0\\0&1&\cdots&0\\\vdots&\vdots&&\vdots\\0&0&\cdots&1\end{array}\right)=(\varepsilon_1,\varepsilon_2,\cdots,\varepsilon_n),$$

则
$$AE_n=A(\varepsilon_1,\varepsilon_2,\cdots,\varepsilon_n)=(A\varepsilon_1,A\varepsilon_2,\cdots,A\varepsilon_n)=(A_1,A_2,\cdots,A_n),$$

即有
$$A\varepsilon_j=A_j\ \ (j=1,\ 2,\ \cdots,\ n).$$ ■

(4) 分块矩阵的转置：

设 $A=\begin{pmatrix}A_{11}&\cdots&A_{1t}\\\vdots&&\vdots\\A_{s1}&\cdots&A_{st}\end{pmatrix}$，则 $A^{\mathrm T}=\begin{pmatrix}A_{11}^{\mathrm T}&\cdots&A_{s1}^{\mathrm T}\\\vdots&&\vdots\\A_{1t}^{\mathrm T}&\cdots&A_{st}^{\mathrm T}\end{pmatrix}$.

(5) 设 A 为 n 阶矩阵，若 A 的分块矩阵只在对角线上有非零子块，其余子块都为零矩阵，且在对角线上的子块都是方阵，即

$$A=\begin{pmatrix}A_1&&&O\\&A_2&&\\&&\ddots&\\O&&&A_s\end{pmatrix},$$

其中 $A_i\,(i=1,2,\cdots,s)$ 都是方阵，则称 A 为**分块对角矩阵**.

分块对角矩阵具有以下性质：

(i) 若 $|A_i|\neq 0\ (i=1,2,\cdots,s)$，则 $|A|\neq 0$，且 $|A|=|A_1||A_2|\cdots|A_s|$；

(ii) $A^{-1}=\begin{pmatrix}A_1^{-1}&&&O\\&A_2^{-1}&&\\&&\ddots&\\O&&&A_s^{-1}\end{pmatrix}$；

(iii) 同结构的分块对角矩阵的和、差、积、数乘及逆仍是分块对角矩阵，且运算表现为对应子块的运算.

(6) 形如

$$\begin{pmatrix} \boldsymbol{A}_{11} & \boldsymbol{A}_{12} & \cdots & \boldsymbol{A}_{1s} \\ \boldsymbol{O} & \boldsymbol{A}_{22} & \cdots & \boldsymbol{A}_{2s} \\ \vdots & \vdots & & \vdots \\ \boldsymbol{O} & \boldsymbol{O} & \cdots & \boldsymbol{A}_{ss} \end{pmatrix} \text{或} \begin{pmatrix} \boldsymbol{A}_{11} & \boldsymbol{O} & \cdots & \boldsymbol{O} \\ \boldsymbol{A}_{21} & \boldsymbol{A}_{22} & \cdots & \boldsymbol{O} \\ \vdots & \vdots & & \vdots \\ \boldsymbol{A}_{s1} & \boldsymbol{A}_{s2} & \cdots & \boldsymbol{A}_{ss} \end{pmatrix}$$

的分块矩阵，分别称为**分块上三角形矩阵**或**分块下三角形矩阵**，其中 $\boldsymbol{A}_{ii}\ (i=1,2,\cdots,s)$ 是方阵. 同结构的分块上(下)三角形矩阵的和、差、积、数乘及逆仍是分块上(下)三角形矩阵.

例 4 设 $\boldsymbol{A}=\begin{pmatrix} 5 & 0 & 0 \\ 0 & 3 & 1 \\ 0 & 2 & 1 \end{pmatrix}$，求 $\boldsymbol{A}^{-1}$.

解

$$\boldsymbol{A}=\left(\begin{array}{c|cc} 5 & 0 & 0 \\ \hline 0 & 3 & 1 \\ 0 & 2 & 1 \end{array}\right)=\begin{pmatrix} \boldsymbol{A}_1 & \boldsymbol{O} \\ \boldsymbol{O} & \boldsymbol{A}_2 \end{pmatrix}.$$

$$\boldsymbol{A}_1=(5),\quad \boldsymbol{A}_1^{-1}=\left(\frac{1}{5}\right),\quad \boldsymbol{A}_2=\begin{pmatrix} 3 & 1 \\ 2 & 1 \end{pmatrix},\quad \boldsymbol{A}_2^{-1}=\frac{\boldsymbol{A}_2^*}{|\boldsymbol{A}_2|}=\begin{pmatrix} 1 & -1 \\ -2 & 3 \end{pmatrix}.$$

所以

$$\boldsymbol{A}^{-1}=\begin{pmatrix} \boldsymbol{A}_1^{-1} & \boldsymbol{O} \\ \boldsymbol{O} & \boldsymbol{A}_2^{-1} \end{pmatrix}=\begin{pmatrix} 1/5 & 0 & 0 \\ 0 & 1 & -1 \\ 0 & -2 & 3 \end{pmatrix}.$$

■

***例 5** 设 $\boldsymbol{A}^{\mathrm{T}}\boldsymbol{A}=\boldsymbol{O}$，证明 $\boldsymbol{A}=\boldsymbol{O}$.

证明 设 $\boldsymbol{A}=(a_{ij})_{m\times n}$，将 $\boldsymbol{A}$ 按列分块为 $\boldsymbol{A}=(\boldsymbol{a}_1, \boldsymbol{a}_2, \cdots, \boldsymbol{a}_n)$，则

$$\boldsymbol{A}^{\mathrm{T}}\boldsymbol{A}=\begin{pmatrix} \boldsymbol{a}_1^{\mathrm{T}} \\ \boldsymbol{a}_2^{\mathrm{T}} \\ \vdots \\ \boldsymbol{a}_n^{\mathrm{T}} \end{pmatrix}(\boldsymbol{a}_1, \boldsymbol{a}_2, \cdots, \boldsymbol{a}_n)=\begin{pmatrix} \boldsymbol{a}_1^{\mathrm{T}}\boldsymbol{a}_1 & \boldsymbol{a}_1^{\mathrm{T}}\boldsymbol{a}_2 & \cdots & \boldsymbol{a}_1^{\mathrm{T}}\boldsymbol{a}_n \\ \boldsymbol{a}_2^{\mathrm{T}}\boldsymbol{a}_1 & \boldsymbol{a}_2^{\mathrm{T}}\boldsymbol{a}_2 & \cdots & \boldsymbol{a}_2^{\mathrm{T}}\boldsymbol{a}_n \\ \vdots & \vdots & & \vdots \\ \boldsymbol{a}_n^{\mathrm{T}}\boldsymbol{a}_1 & \boldsymbol{a}_n^{\mathrm{T}}\boldsymbol{a}_2 & \cdots & \boldsymbol{a}_n^{\mathrm{T}}\boldsymbol{a}_n \end{pmatrix},$$

即 $\boldsymbol{A}^{\mathrm{T}}\boldsymbol{A}$ 的 (i, j) 元为 $\boldsymbol{a}_i^{\mathrm{T}}\boldsymbol{a}_j$，因 $\boldsymbol{A}^{\mathrm{T}}\boldsymbol{A}=\boldsymbol{O}$，故

$$\boldsymbol{a}_i^{\mathrm{T}}\boldsymbol{a}_j=0\ \ (i, j=1, 2, \cdots, n).$$

特别地，有

$$\boldsymbol{a}_j^{\mathrm{T}}\boldsymbol{a}_j=0\ \ (j=1, 2, \cdots, n),$$

而

$$\boldsymbol{a}_j^{\mathrm{T}}\boldsymbol{a}_j=(a_{1j}, a_{2j}, \cdots, a_{mj})\begin{pmatrix} a_{1j} \\ a_{2j} \\ \vdots \\ a_{mj} \end{pmatrix}=a_{1j}^2+a_{2j}^2+\cdots+a_{mj}^2,$$

由 $a_{1j}^2+a_{2j}^2+\cdots+a_{mj}^2=0$, (因 a_{ij} 为实数) 得

$$a_{1j}=a_{2j}=\cdots=a_{mj}=0\ \ (j=1,2,\cdots,n),$$

即

$$\boldsymbol{A}=\boldsymbol{O}.$$ ■

习题 2-4

1. 按指定分块的方法，用分块矩阵乘法求下列矩阵的乘积:

(1) $\left(\begin{array}{ccc}2&1&-1\\ \hdashline 3&0&-2\\ \hdashline 1&-1&1\end{array}\right)\left(\begin{array}{c:c:c}1&1&0\\0&0&-1\\-1&2&1\end{array}\right)$;　　(2) $\left(\begin{array}{cc:cc}a&0&0&0\\0&a&0&0\\ \hdashline 1&0&b&0\\0&1&0&b\end{array}\right)\left(\begin{array}{cc:cc}1&0&c&0\\0&1&0&c\\ \hdashline 0&0&d&0\\0&0&0&d\end{array}\right)$.

2. 计算 $\begin{pmatrix}1&2&1&0\\0&1&0&1\\0&0&2&1\\0&0&0&3\end{pmatrix}\begin{pmatrix}1&0&3&0\\0&1&2&-1\\0&0&-2&3\\0&0&0&-3\end{pmatrix}$.

3. 设 n 阶矩阵 $\boldsymbol{A}$ 及 s 阶矩阵 $\boldsymbol{B}$ 都可逆，求 $\begin{pmatrix}\boldsymbol{O}&\boldsymbol{A}\\\boldsymbol{B}&\boldsymbol{O}\end{pmatrix}^{-1}$.

4. 用矩阵的分块求下列矩阵的逆矩阵:

(1) $\begin{pmatrix}0&0&2\\1&2&0\\3&4&0\end{pmatrix}$;　(2) $\begin{pmatrix}5&2&0&0\\2&1&0&0\\0&0&8&3\\0&0&5&2\end{pmatrix}$;　(3) $\begin{pmatrix}0&a_1&0&\cdots&0\\0&0&a_2&\cdots&0\\\vdots&\vdots&\vdots&&\vdots\\0&0&0&\cdots&a_{n-1}\\a_n&0&0&\cdots&0\end{pmatrix}$ $(a_1a_2\cdots a_n\neq 0)$.

5. 设 $\boldsymbol{A}$ 为 3×3 矩阵，$|\boldsymbol{A}|=-2$，把 $\boldsymbol{A}$ 按列分块为 $\boldsymbol{A}=(\boldsymbol{A}_1,\boldsymbol{A}_2,\boldsymbol{A}_3)$，其中 $\boldsymbol{A}_j\ (j=1,2,3)$ 为 $\boldsymbol{A}$ 的第 j 列. 求: (1) $|(\boldsymbol{A}_1,2\boldsymbol{A}_2,\boldsymbol{A}_3)|$;　(2) $|(\boldsymbol{A}_3-2\boldsymbol{A}_1,3\boldsymbol{A}_2,\boldsymbol{A}_1)|$.

6. 设 $\boldsymbol{A}$ 为 n 阶矩阵，$\boldsymbol{\beta}_1,\boldsymbol{\beta}_2,\cdots,\boldsymbol{\beta}_n$ 为 $\boldsymbol{A}$ 的列子块，试用 $\boldsymbol{\beta}_1,\boldsymbol{\beta}_2,\cdots,\boldsymbol{\beta}_n$ 表示 $\boldsymbol{A}^{\mathrm{T}}\boldsymbol{A}$.

§2.5　矩阵的初等变换

一、矩阵的初等变换

在计算行列式时，利用行列式的性质可以将给定的行列式化为上 (下) 三角形行列式，从而简化行列式的计算，把行列式的某些性质引用到矩阵上，会给我们研究矩阵带来很大的方便，这些性质反映到矩阵上就是矩阵的初等变换.

定义 1　矩阵的下列三种变换称为矩阵的**初等行变换**:

(1) 交换矩阵的两行 (交换 i, j 两行，记作 $r_i\leftrightarrow r_j$);

(2) 以一个非零的数 k 乘矩阵的某一行 (第 i 行乘数 k, 记作 kr_i 或 $r_i\times k$);

(3) 把矩阵的某一行的 k 倍加到另一行 (第 j 行乘数 k 加到第 i 行, 记为 r_i+kr_j).

把定义中的“行”换成“列”, 即得矩阵的**初等列变换**的定义 (相应记号中把 r 换成 c). 初等行变换与初等列变换统称为**初等变换**.

注: 初等变换的逆变换仍是初等变换, 且变换类型相同.

例如, 变换 $r_i \leftrightarrow r_j$ 的逆变换即为其本身; 变换 $r_i \times k$ 的逆变换为 $r_i \times \dfrac{1}{k}$; 变换 r_i+kr_j 的逆变换为 $r_i+(-k)r_j$ 或 r_i-kr_j.

定义 2 若矩阵 $\boldsymbol{A}$ 经过有限次初等变换变成矩阵 $\boldsymbol{B}$, 则称矩阵 $\boldsymbol{A}$ 与 $\boldsymbol{B}$ **等价**, 记为 $\boldsymbol{A} \to \boldsymbol{B}$ 或 $\boldsymbol{A} \sim \boldsymbol{B}$.

矩阵之间的等价关系具有下列**基本性质**:

(1) 自反性 $\boldsymbol{A} \sim \boldsymbol{A}$; (2) 对称性 若 $\boldsymbol{A} \sim \boldsymbol{B}$, 则 $\boldsymbol{B} \sim \boldsymbol{A}$;

(3) 传递性 若 $\boldsymbol{A} \sim \boldsymbol{B}$, $\boldsymbol{B} \sim \boldsymbol{C}$, 则 $\boldsymbol{A} \sim \boldsymbol{C}$.

例 1 已知矩阵 $\boldsymbol{A}=\begin{pmatrix} 3 & 2 & 9 & 6 \\ -1 & -3 & 4 & -17 \\ 1 & 4 & -7 & 3 \\ -1 & -4 & 7 & -3 \end{pmatrix}$, 对其作如下初等行变换:

$$\boldsymbol{A}=\begin{pmatrix} 3 & 2 & 9 & 6 \\ -1 & -3 & 4 & -17 \\ 1 & 4 & -7 & 3 \\ -1 & -4 & 7 & -3 \end{pmatrix} \xrightarrow{r_1 \leftrightarrow r_3} \begin{pmatrix} 1 & 4 & -7 & 3 \\ -1 & -3 & 4 & -17 \\ 3 & 2 & 9 & 6 \\ -1 & -4 & 7 & -3 \end{pmatrix}$$

$$\xrightarrow[\substack{r_3-3r_1 \\ r_4+r_1}]{r_2+r_1} \begin{pmatrix} 1 & 4 & -7 & 3 \\ 0 & 1 & -3 & -14 \\ 0 & -10 & 30 & -3 \\ 0 & 0 & 0 & 0 \end{pmatrix} \xrightarrow{r_3+10r_2} \begin{pmatrix} 1 & 4 & -7 & 3 \\ 0 & 1 & -3 & -14 \\ 0 & 0 & 0 & -143 \\ 0 & 0 & 0 & 0 \end{pmatrix}=\boldsymbol{B}.$$

这里的矩阵 $\boldsymbol{B}$ 依其形状的特征称为行阶梯形矩阵. ■

一般地, 称满足下列条件的矩阵为**行阶梯形矩阵**:

(1) 零行 (元素全为零的行) 位于矩阵的下方;

(2) 各非零行的首非零元 (从左至右的第一个不为零的元素) 的列标随着行标的增大而严格增大 (或说其列标一定不小于行标).

*数学实验

实验 2.6 试利用初等行变换将下列矩阵化为右侧的行阶梯形矩阵.

$$(1) \begin{pmatrix} 2 & 1 & 2 & 3 & 4 & 5 \\ 4 & 2 & 4 & 6 & 8 & 10 \\ 10 & 5 & 10 & 15 & 20 & 25 \\ 6 & 3 & 6 & 9 & 12 & 15 \\ 12 & 6 & 12 & 18 & 24 & 30 \end{pmatrix} \to \begin{pmatrix} 2 & 1 & 2 & 3 & 4 & 5 \\ 0 & 0 & 0 & 0 & 0 & 0 \\ 0 & 0 & 0 & 0 & 0 & 0 \\ 0 & 0 & 0 & 0 & 0 & 0 \\ 0 & 0 & 0 & 0 & 0 & 0 \end{pmatrix};$$

(2) $\begin{pmatrix} 10 & 24 & -26 & -24 & 34 & 48 \\ 18 & 45 & -45 & -45 & 63 & 90 \\ 14 & 35 & -35 & -35 & 49 & 70 \\ 12 & 31 & -29 & -31 & 43 & 62 \\ 8 & 20 & -20 & -20 & 28 & 40 \end{pmatrix} \to \begin{pmatrix} 1 & 2 & -3 & -2 & 3 & 4 \\ 0 & 1 & 1 & -1 & 1 & 2 \\ 0 & 0 & 0 & 0 & 0 & 0 \\ 0 & 0 & 0 & 0 & 0 & 0 \\ 0 & 0 & 0 & 0 & 0 & 0 \end{pmatrix}$;

(3) $\begin{pmatrix} 5 & 18 & 9 & 16 & 35 & 110 \\ 9 & 36 & 12 & 31 & 67 & 211 \\ 11 & 44 & 15 & 38 & 82 & 259 \\ 6 & 26 & 6 & 22 & 47 & 149 \\ 4 & 16 & 6 & 14 & 30 & 96 \end{pmatrix} \to \begin{pmatrix} 1 & 2 & 3 & 2 & 5 & 14 \\ 0 & 2 & -3 & 1 & 2 & 5 \\ 0 & 0 & 3 & 1 & 1 & 10 \\ 0 & 0 & 0 & 0 & 0 & 0 \\ 0 & 0 & 0 & 0 & 0 & 0 \end{pmatrix}$;

(4) $\begin{pmatrix} 10 & 24 & 24 & 31 & 74 & 20 \\ 14 & 34 & 33 & 44 & 103 & 35 \\ 22 & 55 & 49 & 71 & 157 & 83 \\ 12 & 31 & 25 & 39 & 85 & 59 \\ 8 & 20 & 18 & 26 & 58 & 30 \end{pmatrix} \to \begin{pmatrix} 2 & 4 & 6 & 5 & 16 & -10 \\ 0 & 2 & -3 & 3 & -3 & 35 \\ 0 & 0 & 1 & 1 & 5 & -1 \\ 0 & 0 & 0 & 1 & -2 & 4 \\ 0 & 0 & 0 & 0 & 0 & 0 \end{pmatrix}$;

(5) $\begin{pmatrix} 5 & 18 & 9 & 16 & 25 & 43 \\ 13 & 52 & 18 & 100 & 71 & 149 \\ 11 & 44 & 15 & 88 & 60 & 129 \\ 16 & 62 & 24 & 100 & 85 & 169 \\ 4 & 16 & 6 & 32 & 22 & 47 \end{pmatrix} \to \begin{pmatrix} 1 & 2 & 3 & -16 & 3 & -4 \\ 0 & 2 & -3 & 20 & 2 & 12 \\ 0 & 0 & 3 & 4 & 1 & 4 \\ 0 & 0 & 0 & 4 & 0 & 3 \\ 0 & 0 & 0 & 0 & 0 & 1 \end{pmatrix}$;

(6) $\begin{pmatrix} 10 & 28 & -12 & 60 & 10 & 72 \\ 26 & 78 & -21 & 208 & 10 & 214 \\ 22 & 66 & -18 & 180 & 10 & 183 \\ 32 & 94 & -30 & 236 & 20 & 253 \\ 8 & 24 & -6 & 64 & 5 & 67 \end{pmatrix} \to \begin{pmatrix} 2 & 4 & -6 & -4 & 5 & 5 \\ 0 & 2 & 3 & 20 & -10 & 8 \\ 0 & 0 & 3 & -4 & 10 & 5 \\ 0 & 0 & 0 & 4 & 0 & 2 \\ 0 & 0 & 0 & 0 & 5 & 1 \end{pmatrix}$.

计算实验

微信扫描右侧的二维码即可进行计算实验(详见教材配套的网络学习空间).

对例 1 中的矩阵 $\boldsymbol{B}=\begin{pmatrix} 1 & 4 & -7 & 3 \\ 0 & 1 & -3 & -14 \\ 0 & 0 & 0 & -143 \\ 0 & 0 & 0 & 0 \end{pmatrix}$ 再作初等行变换:

$$\boldsymbol{B} \xrightarrow{r_3\times\left(-\frac{1}{143}\right)} \begin{pmatrix} 1 & 4 & -7 & 3 \\ 0 & 1 & -3 & -14 \\ 0 & 0 & 0 & 1 \\ 0 & 0 & 0 & 0 \end{pmatrix} \xrightarrow[r_1-3r_3]{r_2+14r_3} \begin{pmatrix} 1 & 4 & -7 & 0 \\ 0 & 1 & -3 & 0 \\ 0 & 0 & 0 & 1 \\ 0 & 0 & 0 & 0 \end{pmatrix} \xrightarrow{r_1-4r_2} \begin{pmatrix} 1 & 0 & 5 & 0 \\ 0 & 1 & -3 & 0 \\ 0 & 0 & 0 & 1 \\ 0 & 0 & 0 & 0 \end{pmatrix}$$

$$=\boldsymbol{C},$$

称这种特殊形状的阶梯形矩阵 $\boldsymbol{C}$ 为行最简形矩阵.

一般地，称满足下列条件的阶梯形矩阵为**行最简形矩阵**:

(1) 各非零行的首非零元都是 1；

(2) 每个首非零元所在列的其余元素都是零.

如果对上述矩阵 $C=\begin{pmatrix}1&0&5&0\\0&1&-3&0\\0&0&0&1\\0&0&0&0\end{pmatrix}$ 再作初等列变换, 可得:

$$C\xrightarrow[c_3+3c_2]{c_3-5c_1}\begin{pmatrix}1&0&0&0\\0&1&0&0\\0&0&0&1\\0&0&0&0\end{pmatrix}\xrightarrow{c_3\leftrightarrow c_4}\begin{pmatrix}1&0&0&0\\0&1&0&0\\0&0&1&0\\0&0&0&0\end{pmatrix}=D.$$

这里的矩阵 D 称为原矩阵 A 的**标准形**. 一般地，矩阵 A 的标准形 D 具有如下特点: D 的左上角是一个单位矩阵，其余元素全为 0.

定理 1 任意一个矩阵 $A=(a_{ij})_{m\times n}$ 经过有限次初等变换, 可以化为下列标准形矩阵

$$D=\underbrace{\begin{pmatrix}1&&&&&\\&\ddots&&&&\\&&1&&&\\&&&0&&\\&&&&\ddots&\\&&&&&0\end{pmatrix}}_{r\text{ 列}}r\text{ 行}=\begin{pmatrix}E_r&O_{r\times(n-r)}\\O_{(m-r)\times r}&O_{(m-r)\times(n-r)}\end{pmatrix}.$$

证明 如果所有的 a_{ij} 都等于 0, 则 A 已经是 D 的形式 ($r=0$); 如果至少有一个元素不等于 0, 不妨设 $a_{11}\neq 0$ (否则总可通过第一种初等变换, 使左上角元素不等于 0), 以 $-a_{i1}/a_{11}$ 乘第 1 行加至第 i 行 ($i=2,\cdots,m$), 以 $-a_{1j}/a_{11}$ 乘所得矩阵的第 1 列加至第 j 列 ($j=2,\cdots,n$), 然后以 $1/a_{11}$ 乘第 1 行, 于是, 矩阵 A 化为

$$\begin{pmatrix}E_1&O_{1\times(n-1)}\\O_{(m-1)\times 1}&B_1\end{pmatrix}.$$

如果 $B_1=O$, 则 A 已化为 D 的形式，否则按上述方法对矩阵 B_1 继续进行下去，可证得结论. ■

注: 定理 1 的证明实质上给出了定理 1′ 的结论.

定理 1′ 任一矩阵 A 总可以经过有限次初等行变换化为行阶梯形矩阵, 进而化为行最简形矩阵.

根据定理 1 的证明及初等变换的可逆性，有如下推论 1.

推论 1 如果 A 为 n 阶可逆矩阵，则矩阵 A 经过有限次初等变换可化为单位矩阵 E, 即 $A\to E$.

例2 将矩阵 $A=\begin{pmatrix}2&1&2&3\\4&1&3&5\\2&0&1&2\end{pmatrix}$ 化为标准形.

解

$$A=\begin{pmatrix}2&1&2&3\\4&1&3&5\\2&0&1&2\end{pmatrix}\to\begin{pmatrix}2&1&2&3\\0&-1&-1&-1\\0&-1&-1&-1\end{pmatrix}\to\begin{pmatrix}2&0&0&0\\0&-1&-1&-1\\0&-1&-1&-1\end{pmatrix}$$

$$\to\begin{pmatrix}1&0&0&0\\0&-1&-1&-1\\0&0&0&0\end{pmatrix}\to\begin{pmatrix}1&0&0&0\\0&-1&0&0\\0&0&0&0\end{pmatrix}\to\begin{pmatrix}1&0&0&0\\0&1&0&0\\0&0&0&0\end{pmatrix}.\quad\blacksquare$$

*数学实验

实验2.7 试利用初等行变换将下列矩阵化为右侧的标准形矩阵.

(1) $$\begin{pmatrix}10&24&24&31&74&20\\14&34&33&44&103&35\\22&55&49&71&157&83\\12&31&25&39&85&59\\8&20&18&26&58&30\end{pmatrix}\to\begin{pmatrix}1&0&0&0&0&0\\0&1&0&0&0&0\\0&0&1&0&0&0\\0&0&0&1&0&0\\0&0&0&0&0&0\end{pmatrix};$$

(2) $$\begin{pmatrix}5&18&9&16&25&43\\13&52&18&100&71&149\\11&44&15&88&60&129\\16&62&24&100&85&169\\4&16&6&32&22&47\end{pmatrix}\to\begin{pmatrix}1&0&0&0&0&0\\0&1&0&0&0&0\\0&0&1&0&0&0\\0&0&0&1&0&0\\0&0&0&0&1&0\end{pmatrix};$$

(3) $$\begin{pmatrix}10&28&-12&60&10&72\\26&78&-21&208&10&214\\22&66&-18&180&10&183\\32&94&-30&236&20&253\\8&24&-6&64&5&67\end{pmatrix}\to\begin{pmatrix}1&0&0&0&0&0\\0&1&0&0&0&0\\0&0&1&0&0&0\\0&0&0&1&0&0\\0&0&0&0&1&0\end{pmatrix};$$

(4) $$\begin{pmatrix}3&14&-11&-9&20&-18\\2&10&-8&-6&14&-12\\-2&-8&7&6&-13&12\\-3&-12&9&10&-18&18\\4&17&-13&-12&26&-24\\-5&-20&15&15&-30&31\end{pmatrix}\to\begin{pmatrix}1&0&0&0&0&0\\0&1&0&0&0&0\\0&0&1&0&0&0\\0&0&0&1&0&0\\0&0&0&0&1&0\\0&0&0&0&0&1\end{pmatrix}.$$

计算实验

其中, 题(1)、(2)、(3)可借助第58页实验2.6(4)、(5)、(6)右侧的行阶梯形矩阵进一步作初等列变换得到. 微信扫描右侧的二维码即可进行计算实验(详见教材配套的网络学习空间).

二、初等矩阵

定义3 对单位矩阵 $\boldsymbol{E}$ 施以一次初等变换得到的矩阵称为**初等矩阵**. 三种初等变换分别对应着三种初等矩阵.

(1) $\boldsymbol{E}$ 的第 i, j 行(列)互换得到的矩阵

$$\boldsymbol{E}(i,j)=\begin{pmatrix}1 & & & & & & & & \\ & \ddots & & & & & & & \\ & & 1 & & & & & & \\ & & & 0 & \cdots & 1 & & & \\ & & & & 1 & & & & \\ & & & \vdots & \ddots & \vdots & & & \\ & & & & & 1 & & & \\ & & & 1 & \cdots & 0 & & & \\ & & & & & & 1 & & \\ & & & & & & & \ddots & \\ & & & & & & & & 1\end{pmatrix}\begin{matrix} \\ \\ \\ i\text{行} \\ \\ \\ \\ j\text{行} \\ \\ \\ \\ \end{matrix};$$

$$\qquad\qquad\qquad i\text{列} \qquad\qquad j\text{列}$$

(2) $\boldsymbol{E}$ 的第 i 行(列)乘以非零数 k 得到的矩阵

$$\boldsymbol{E}(i(k))=\begin{pmatrix}1 & & & & \\ & \ddots & & & \\ & & k & & \\ & & & \ddots & \\ & & & & 1\end{pmatrix}i\text{行};$$

$$i\text{列}$$

(3) $\boldsymbol{E}$ 的第 j 行乘以数 k 加到第 i 行上，或 $\boldsymbol{E}$ 的第 i 列乘以数 k 加到第 j 列上得到的矩阵

$$\boldsymbol{E}(i\ j(k))=\begin{pmatrix}1 & & & & & & \\ & \ddots & & & & & \\ & & 1 & \cdots & k & & \\ & & & \ddots & \vdots & & \\ & & & & 1 & & \\ & & & & & \ddots & \\ & & & & & & 1\end{pmatrix}\begin{matrix} \\ \\ i\text{行} \\ \\ j\text{行} \\ \\ \\ \end{matrix}.$$

$$i\text{列} \qquad j\text{列}$$

命题 1 初等矩阵有下列基本性质：

(1) $\boldsymbol{E}(i,j)^{-1}=\boldsymbol{E}(i,j)$; $\boldsymbol{E}(i(k))^{-1}=\boldsymbol{E}(i(k^{-1}))$; $\boldsymbol{E}(i\ j(k))^{-1}=\boldsymbol{E}(i\ j(-k))$.

(2) $|\boldsymbol{E}(i,j)|=-1$； $|\boldsymbol{E}(i(k))|=k$； $|\boldsymbol{E}(i\ j(k))|=1$.

定理 2 设 $\boldsymbol{A}$ 是一个 $m\times n$ 矩阵, 对 $\boldsymbol{A}$ 施行一次某种初等行(列)变换, 相当于用同种的 $m(n)$ 阶初等矩阵左(右)乘 $\boldsymbol{A}$.

证明 现证明交换 $\boldsymbol{A}$ 的第 i 行与第 j 行等于用 $\boldsymbol{E}_m(i,j)$ 左乘 $\boldsymbol{A}$. 将 $\boldsymbol{A}$ 与 $\boldsymbol{E}$ 分块

为 $$\boldsymbol{A}=\begin{pmatrix}\boldsymbol{A}_1\\ \boldsymbol{A}_2\\ \vdots\\ \boldsymbol{A}_i\\ \vdots\\ \boldsymbol{A}_j\\ \vdots\\ \boldsymbol{A}_m\end{pmatrix},\ \boldsymbol{E}=\begin{pmatrix}\boldsymbol{\varepsilon}_1\\ \boldsymbol{\varepsilon}_2\\ \vdots\\ \boldsymbol{\varepsilon}_i\\ \vdots\\ \boldsymbol{\varepsilon}_j\\ \vdots\\ \boldsymbol{\varepsilon}_m\end{pmatrix},\ \text{则}\ \boldsymbol{E}_m(i,j)\boldsymbol{A}=\begin{pmatrix}\boldsymbol{\varepsilon}_1\\ \boldsymbol{\varepsilon}_2\\ \vdots\\ \boldsymbol{\varepsilon}_j\\ \vdots\\ \boldsymbol{\varepsilon}_i\\ \vdots\\ \boldsymbol{\varepsilon}_m\end{pmatrix}\boldsymbol{A}=\begin{pmatrix}\boldsymbol{\varepsilon}_1\boldsymbol{A}\\ \boldsymbol{\varepsilon}_2\boldsymbol{A}\\ \vdots\\ \boldsymbol{\varepsilon}_j\boldsymbol{A}\\ \vdots\\ \boldsymbol{\varepsilon}_i\boldsymbol{A}\\ \vdots\\ \boldsymbol{\varepsilon}_m\boldsymbol{A}\end{pmatrix}=\begin{pmatrix}\boldsymbol{A}_1\\ \boldsymbol{A}_2\\ \vdots\\ \boldsymbol{A}_j\\ \vdots\\ \boldsymbol{A}_i\\ \vdots\\ \boldsymbol{A}_m\end{pmatrix},$$

其中 $\boldsymbol{A}_k=(a_{k1}\ \ a_{k2}\ \cdots\ a_{kn}),\ \boldsymbol{\varepsilon}_k=(0,0,\cdots,\underbrace{1}_{k},\cdots,0)\ (k=1,2,\cdots,m).$

由此可见，$\boldsymbol{E}_m(i,j)\boldsymbol{A}$ 恰好等于矩阵 $\boldsymbol{A}$ 第 i 行与第 j 行互换得到的矩阵. 同理可证其他变换的情况. ■

例3 设有矩阵 $\boldsymbol{A}=\begin{pmatrix}3&0&1\\1&-1&2\\0&1&1\end{pmatrix}$，而

$$\boldsymbol{E}_3(1,2)=\begin{pmatrix}0&1&0\\1&0&0\\0&0&1\end{pmatrix},\quad \boldsymbol{E}_3(3\ 1(2))=\begin{pmatrix}1&0&0\\0&1&0\\2&0&1\end{pmatrix},$$

则 $$\boldsymbol{E}_3(1,2)\boldsymbol{A}=\begin{pmatrix}0&1&0\\1&0&0\\0&0&1\end{pmatrix}\begin{pmatrix}3&0&1\\1&-1&2\\0&1&1\end{pmatrix}=\begin{pmatrix}1&-1&2\\3&0&1\\0&1&1\end{pmatrix},$$

即用 $\boldsymbol{E}_3(1,2)$ 左乘 $\boldsymbol{A}$，相当于交换矩阵 $\boldsymbol{A}$ 的第 1 行与第 2 行，又

$$\boldsymbol{A}\boldsymbol{E}_3(3\ 1(2))=\begin{pmatrix}3&0&1\\1&-1&2\\0&1&1\end{pmatrix}\begin{pmatrix}1&0&0\\0&1&0\\2&0&1\end{pmatrix}=\begin{pmatrix}5&0&1\\5&-1&2\\2&1&1\end{pmatrix},$$

即用 $\boldsymbol{E}_3(3\ 1(2))$ 右乘 $\boldsymbol{A}$，相当于将矩阵 $\boldsymbol{A}$ 的第 3 列乘 2 加到第 1 列. ■

*数学实验

实验2.8 试利用计算软件验证(详见教材配套的网络学习空间).

(1) 对矩阵 $\boldsymbol{A}$ 分别施行如下初等行变换与列变换后化为对角矩阵 $\boldsymbol{A}_1$，

$$\boldsymbol{A}=\begin{pmatrix}1&0&0&0&0\\2&1&0&2&0\\0&0&2&0&0\\0&3&0&2&4\\0&0&0&0&1\end{pmatrix}\xrightarrow[r_4-3r_2]{r_2-2r_1}\begin{pmatrix}1&0&0&0&0\\0&1&0&2&0\\0&0&2&0&0\\0&0&0&-4&4\\0&0&0&0&1\end{pmatrix}\xrightarrow[c_5+c_4]{c_4-2c_2}\begin{pmatrix}1&0&0&0&0\\0&1&0&0&0\\0&0&2&0&0\\0&0&0&-4&0\\0&0&0&0&1\end{pmatrix}=\boldsymbol{A}_1,$$

计算实验

将与两次初等行变换和列变换对应的初等矩阵标记如下:

$$\boldsymbol{P}_1=E_{行}(2\ 1(-2))=\begin{pmatrix}1&0&0&0&0\\-2&1&0&0&0\\0&0&1&0&0\\0&0&0&1&0\\0&0&0&0&1\end{pmatrix},\ \boldsymbol{P}_2=E_{行}(4\ 2(-3))=\begin{pmatrix}1&0&0&0&0\\0&1&0&0&0\\0&0&1&0&0\\0&-3&0&1&0\\0&0&0&0&1\end{pmatrix},$$

$$\boldsymbol{Q}_1=E_{列}(2\ 4(-2))=\begin{pmatrix}1&0&0&0&0\\0&1&0&-2&0\\0&0&1&0&0\\0&0&0&1&0\\0&0&0&0&1\end{pmatrix},\ \boldsymbol{Q}_2=E_{列}(4\ 5(1))=\begin{pmatrix}1&0&0&0&0\\0&1&0&0&0\\0&0&1&0&0\\0&0&0&1&1\\0&0&0&0&1\end{pmatrix}.$$

试验证$\boldsymbol{P}_2\boldsymbol{P}_1\boldsymbol{A}\boldsymbol{Q}_1\boldsymbol{Q}_2=\boldsymbol{A}_1$.

(2)对矩阵$\boldsymbol{B}$分别施行如下初等行变换与列变换后化为对角矩阵$\boldsymbol{B}_1$,

$$\boldsymbol{B}=\begin{pmatrix}1&0&0&0&6\\0&2&0&2&0\\0&0&1&0&0\\0&6&0&2&0\\4&0&0&0&1\end{pmatrix}\xrightarrow[c_4-c_2]{c_5-6c_1}\begin{pmatrix}1&0&0&0&0\\0&2&0&0&0\\0&0&1&0&0\\0&6&0&-4&0\\4&0&0&0&-23\end{pmatrix}\xrightarrow[r_4-3r_2]{r_5-4r_1}\begin{pmatrix}1&0&0&0&0\\0&2&0&0&0\\0&0&1&0&0\\0&0&0&-4&0\\0&0&0&0&-23\end{pmatrix}=\boldsymbol{B}_1,$$

计算实验

将与两次初等行变换和列变换对应的初等矩阵标记如下:

$$\boldsymbol{Q}_3=E_{列}(1\ 5(-6))=\begin{pmatrix}1&0&0&0&-6\\0&1&0&0&0\\0&0&1&0&0\\0&0&0&1&0\\0&0&0&0&1\end{pmatrix},\ \boldsymbol{Q}_4=E_{列}(2\ 4(-1))=\begin{pmatrix}1&0&0&0&0\\0&1&0&-1&0\\0&0&1&0&0\\0&0&0&1&0\\0&0&0&0&1\end{pmatrix},$$

$$\boldsymbol{P}_3=E_{行}(5\ 1(-4))=\begin{pmatrix}1&0&0&0&0\\0&1&0&0&0\\0&0&1&0&0\\0&0&0&1&0\\-4&0&0&0&1\end{pmatrix},\ \boldsymbol{P}_4=E_{行}(4\ 2(-3))=\begin{pmatrix}1&0&0&0&0\\0&1&0&0&0\\0&0&1&0&0\\0&-3&0&1&0\\0&0&0&0&1\end{pmatrix}.$$

试验证$\boldsymbol{P}_4\boldsymbol{P}_3\boldsymbol{B}\boldsymbol{Q}_3\boldsymbol{Q}_4=\boldsymbol{B}_1$.

三、求逆矩阵的初等变换法

在§2.3中, 给出矩阵$\boldsymbol{A}$可逆的充分必要条件的同时, 也给出了利用伴随矩阵求逆矩阵$\boldsymbol{A}^{-1}$的一种方法——伴随矩阵法, 即

$$\boldsymbol{A}^{-1}=\frac{1}{|\boldsymbol{A}|}\boldsymbol{A}^*.$$

对于较高阶的矩阵, 用伴随矩阵法求逆矩阵计算量太大, 下面介绍一种较为简便的方法——初等变换法.

定理3 n阶矩阵$\boldsymbol{A}$可逆的充分必要条件是$\boldsymbol{A}$可以表示为若干初等矩阵的乘积.

证明 因为初等矩阵是可逆的, 故充分条件是显然的.

必要性. 设矩阵$\boldsymbol{A}$可逆, 则由定理1的推论知, $\boldsymbol{A}$可以经过有限次初等变换化为单位矩阵$\boldsymbol{E}$, 即存在初等矩阵$\boldsymbol{P}_1,\boldsymbol{P}_2,\cdots,\boldsymbol{P}_s,\boldsymbol{Q}_1,\boldsymbol{Q}_2,\cdots,\boldsymbol{Q}_t$, 使得

$$P_s \cdots P_2 P_1 A Q_1 Q_2 \cdots Q_t = E.$$

所以　$A = P_1^{-1} P_2^{-1} \cdots P_s^{-1} E Q_t^{-1} \cdots Q_2^{-1} Q_1^{-1} = P_1^{-1} P_2^{-1} \cdots P_s^{-1} Q_t^{-1} \cdots Q_2^{-1} Q_1^{-1}$，

即矩阵 A 可表示为若干初等矩阵的乘积. ■

注意到若 A 可逆，则 A^{-1} 也可逆，根据定理 3，存在初等矩阵 $G_1, G_2, \cdots, G_k$，使得 $A^{-1} = G_1 G_2 \cdots G_k$. 在上式两边右乘矩阵 A，得

$$A^{-1} A = G_1 G_2 \cdots G_k A,$$

即

$$E = G_1 G_2 \cdots G_k A, \tag{5.1}$$

$$A^{-1} = G_1 G_2 \cdots G_k E. \tag{5.2}$$

式(5.1)表示对 A 施以若干次初等行变换可化为 E；式(5.2)表示对 E 施以相同的若干次初等行变换可化为 A^{-1}.

因此，求矩阵 A 的逆矩阵 A^{-1} 时，可构造 $n \times 2n$ 矩阵 $(A\ \ E)$，然后对其施以初等行变换将矩阵 A 化为单位矩阵 E，则上述初等行变换同时也将其中的单位矩阵 E 化为 A^{-1}，即

$$(A\ \ E) \xrightarrow{\text{初等行变换}} (E\ \ A^{-1}).$$

这就是求逆矩阵的**初等变换法**.

例 4　设 $A = \begin{pmatrix} 1 & 2 & 3 \\ 2 & 2 & 1 \\ 3 & 4 & 3 \end{pmatrix}$，求 A^{-1}.

解　
$$(A\ \ E) = \begin{pmatrix} 1 & 2 & 3 & 1 & 0 & 0 \\ 2 & 2 & 1 & 0 & 1 & 0 \\ 3 & 4 & 3 & 0 & 0 & 1 \end{pmatrix} \xrightarrow[r_3 - 3r_1]{r_2 - 2r_1} \begin{pmatrix} 1 & 2 & 3 & 1 & 0 & 0 \\ 0 & -2 & -5 & -2 & 1 & 0 \\ 0 & -2 & -6 & -3 & 0 & 1 \end{pmatrix}$$

$$\xrightarrow[r_3 - r_2]{r_1 + r_2} \begin{pmatrix} 1 & 0 & -2 & -1 & 1 & 0 \\ 0 & -2 & -5 & -2 & 1 & 0 \\ 0 & 0 & -1 & -1 & -1 & 1 \end{pmatrix} \xrightarrow[r_2 - 5r_3]{r_1 - 2r_3} \begin{pmatrix} 1 & 0 & 0 & 1 & 3 & -2 \\ 0 & -2 & 0 & 3 & 6 & -5 \\ 0 & 0 & -1 & -1 & -1 & 1 \end{pmatrix}$$

$$\xrightarrow[r_3 \div (-1)]{r_2 \div (-2)} \begin{pmatrix} 1 & 0 & 0 & 1 & 3 & -2 \\ 0 & 1 & 0 & -3/2 & -3 & 5/2 \\ 0 & 0 & 1 & 1 & 1 & -1 \end{pmatrix},$$

所以

$$A^{-1} = \begin{pmatrix} 1 & 3 & -2 \\ -3/2 & -3 & 5/2 \\ 1 & 1 & -1 \end{pmatrix}.$$ ■

例 5　已知矩阵 $A = \begin{pmatrix} 1 & 0 & 1 \\ 2 & 1 & 0 \\ -3 & 2 & -5 \end{pmatrix}$，求 $(E - A)^{-1}$.

解 $E-A=\begin{pmatrix} 0 & 0 & -1 \\ -2 & 0 & 0 \\ 3 & -2 & 6 \end{pmatrix}$.

$$(E-A \quad E)=\begin{pmatrix} 0 & 0 & -1 & 1 & 0 & 0 \\ -2 & 0 & 0 & 0 & 1 & 0 \\ 3 & -2 & 6 & 0 & 0 & 1 \end{pmatrix} \xrightarrow{r_1 \leftrightarrow r_2} \begin{pmatrix} -2 & 0 & 0 & 0 & 1 & 0 \\ 0 & 0 & -1 & 1 & 0 & 0 \\ 3 & -2 & 6 & 0 & 0 & 1 \end{pmatrix}$$

$$\xrightarrow[r_2 \leftrightarrow r_3]{r_1 \div (-2)} \begin{pmatrix} 1 & 0 & 0 & 0 & -1/2 & 0 \\ 3 & -2 & 6 & 0 & 0 & 1 \\ 0 & 0 & -1 & 1 & 0 & 0 \end{pmatrix} \xrightarrow{r_2 - 3r_1} \begin{pmatrix} 1 & 0 & 0 & 0 & -1/2 & 0 \\ 0 & -2 & 6 & 0 & 3/2 & 1 \\ 0 & 0 & -1 & 1 & 0 & 0 \end{pmatrix}$$

$$\xrightarrow[r_3 \div (-1)]{r_2 \div (-2)} \begin{pmatrix} 1 & 0 & 0 & 0 & -1/2 & 0 \\ 0 & 1 & -3 & 0 & -3/4 & -1/2 \\ 0 & 0 & 1 & -1 & 0 & 0 \end{pmatrix} \xrightarrow{r_2 + 3r_3} \begin{pmatrix} 1 & 0 & 0 & 0 & -1/2 & 0 \\ 0 & 1 & 0 & -3 & -3/4 & -1/2 \\ 0 & 0 & 1 & -1 & 0 & 0 \end{pmatrix},$$

所以 $(E-A)^{-1}=\begin{pmatrix} 0 & -1/2 & 0 \\ -3 & -3/4 & -1/2 \\ -1 & 0 & 0 \end{pmatrix}$. ■

*数学实验

实验2.9 对于下列矩阵, 试用计算软件比较直接求矩阵的逆、伴随矩阵法求逆和初等变换法求逆, 看看结果是否相同(详见教材配套的网络学习空间).

(1) $\begin{pmatrix} 1 & 2 & 3 & 4 & 5 & 6 \\ 3 & 2 & 9 & 18 & 17 & 17 \\ 2 & -2 & 4 & 8 & 6 & 4 \\ 3 & -4 & 8 & 28 & 23 & 16 \\ 4 & 2 & 11 & 20 & 19 & 19 \\ 4 & 0 & 12 & 30 & 26 & 25 \end{pmatrix}$;　(2) $\begin{pmatrix} 2 & -2 & 6 & 2 & -5 & 3 \\ 2 & 2 & 4 & 3 & -4 & 1 \\ 2 & 1 & 4 & 2 & -3 & 1 \\ 2 & 2 & 8 & 10 & -17 & 6 \\ 4 & 0 & 6 & -1 & 1 & -1 \\ 4 & -2 & 16 & 11 & -20 & 10.5 \end{pmatrix}$.

计算实验

四、逆矩阵的应用举例(信息编码)

一个通用的传递信息的方法是，将一个字母与一个整数相对应，然后传输一串整数. 例如, 信息“How are you”可以编码为

$$7,\ 10,\ 6,\ 18,\ 5,\ 21,\ 8,\ 10,\ 9,$$

其中H表示为7, E表示为21, 等等. 但是这种编码很容易被破译. 在一段较长的信息中, 我们可以根据数字出现的相对频率猜测每个数字表示的字母. 例如, 若21为编码信息中最常出现的数字, 则它最有可能表示字母E, 因为E在英文中是最常出现的字母.

但我们可以用矩阵乘法对信息进行进一步的伪装. 设 A 是所有元素均为整数的矩阵, 且 $|A|=\pm 1$, 此时 A^{-1} 的元素也是整数. 我们可以用这个矩阵对信息进行变换.

变换后的信息将很难被破译. 为演示这个技术, 令

$$A=\begin{pmatrix}1&2&1\\1&3&1\\2&5&3\end{pmatrix},\quad A^{-1}=\begin{pmatrix}4&-1&-1\\-1&1&0\\-1&-1&1\end{pmatrix},$$

现将需要编码的信息放置在三阶矩阵 B 的各个列上, 即

$$B=\begin{pmatrix}7&18&8\\10&5&10\\6&21&9\end{pmatrix},$$

通过乘积可以得到伪码, 即

$$AB=\begin{pmatrix}1&2&1\\1&3&1\\2&5&3\end{pmatrix}\begin{pmatrix}7&18&8\\10&5&10\\6&21&9\end{pmatrix}=\begin{pmatrix}33&49&37\\43&54&47\\82&124&93\end{pmatrix}.$$

这样, 传输的编码信息就变为

$$33, 43, 82, 49, 54, 124, 37, 47, 93 .$$

接收到信息的人可通过乘以 A^{-1} 进行译码, 即

$$\begin{pmatrix}1&2&1\\1&3&1\\2&5&3\end{pmatrix}^{-1}\begin{pmatrix}33&49&37\\43&54&47\\82&124&93\end{pmatrix}=\begin{pmatrix}7&18&8\\10&5&10\\6&21&9\end{pmatrix}.$$

为构造编码矩阵A, 我们可以从单位矩阵 I 开始, 利用初等行变换或初等列变换, 就得到矩阵A, A将仅有整数元, 且由于 $\det(A)=\pm\det(I)=\pm1$, 因此 A^{-1} 也将仅有整数元.

五、用初等变换法求解矩阵方程 $AX=B$

设矩阵 A 可逆, 则求解矩阵方程 $AX=B$ 等价于求矩阵 $X=A^{-1}B$, 为此, 可采用类似初等行变换求矩阵逆的方法, 构造矩阵$(A\ \ B)$, 对其施以初等行变换将矩阵 A 化为单位矩阵 E, 则上述初等行变换同时也将其中的矩阵 B 化为 $A^{-1}B$, 即

$$(A\ \ B)\xrightarrow{\text{初等行变换}}(E\ \ A^{-1}B).$$

这样就给出了用初等行变换求解矩阵方程 $AX=B$ 的方法.

同理, 求解矩阵方程 $XA=B$, 等价于计算矩阵 BA^{-1}, 亦可利用初等列变换求矩阵 BA^{-1}, 即

$$\begin{pmatrix}A\\B\end{pmatrix}\xrightarrow{\text{初等列变换}}\begin{pmatrix}E\\BA^{-1}\end{pmatrix}.$$

例6 求矩阵 X, 使 $AX=B$, 其中 $A=\begin{pmatrix}1&2&3\\2&2&1\\3&4&3\end{pmatrix}$, $B=\begin{pmatrix}2&5\\3&1\\4&3\end{pmatrix}$.

解　若 $\boldsymbol{A}$ 可逆，则 $\boldsymbol{X}=\boldsymbol{A}^{-1}\boldsymbol{B}$.

$$(\boldsymbol{A}\ \boldsymbol{B})=\begin{pmatrix}1&2&3&2&5\\2&2&1&3&1\\3&4&3&4&3\end{pmatrix}\xrightarrow[r_3-3r_1]{r_2-2r_1}\begin{pmatrix}1&2&3&2&5\\0&-2&-5&-1&-9\\0&-2&-6&-2&-12\end{pmatrix}$$

$$\xrightarrow[r_3-r_2]{r_1+r_2}\begin{pmatrix}1&0&-2&1&-4\\0&-2&-5&-1&-9\\0&0&-1&-1&-3\end{pmatrix}\xrightarrow[r_2-5r_3]{r_1-2r_3}\begin{pmatrix}1&0&0&3&2\\0&-2&0&4&6\\0&0&-1&-1&-3\end{pmatrix}$$

$$\xrightarrow[r_3\div(-1)]{r_2\div(-2)}\begin{pmatrix}1&0&0&3&2\\0&1&0&-2&-3\\0&0&1&1&3\end{pmatrix},$$

即得
$$\boldsymbol{X}=\begin{pmatrix}3&2\\-2&-3\\1&3\end{pmatrix}.$$ ■

例 7　求解矩阵方程 $\boldsymbol{AX}=\boldsymbol{A}+\boldsymbol{X}$，其中 $\boldsymbol{A}=\begin{pmatrix}2&2&0\\2&1&3\\0&1&0\end{pmatrix}$.

解　把所给方程变形为 $(\boldsymbol{A}-\boldsymbol{E})\boldsymbol{X}=\boldsymbol{A}$，则 $\boldsymbol{X}=(\boldsymbol{A}-\boldsymbol{E})^{-1}\boldsymbol{A}$.

$$(\boldsymbol{A}-\boldsymbol{E}\quad \boldsymbol{A})=\begin{pmatrix}1&2&0&2&2&0\\2&0&3&2&1&3\\0&1&-1&0&1&0\end{pmatrix}\xrightarrow[r_2\leftrightarrow r_3]{r_2-2r_1}\begin{pmatrix}1&2&0&2&2&0\\0&1&-1&0&1&0\\0&-4&3&-2&-3&3\end{pmatrix}$$

$$\xrightarrow[r_3\div(-1)]{r_3+4r_2}\begin{pmatrix}1&2&0&2&2&0\\0&1&-1&0&1&0\\0&0&1&2&-1&-3\end{pmatrix}\xrightarrow{r_2+r_3}\begin{pmatrix}1&2&0&2&2&0\\0&1&0&2&0&-3\\0&0&1&2&-1&-3\end{pmatrix}$$

$$\xrightarrow{r_1-2r_2}\begin{pmatrix}1&0&0&-2&2&6\\0&1&0&2&0&-3\\0&0&1&2&-1&-3\end{pmatrix}，即得 \boldsymbol{X}=\begin{pmatrix}-2&2&6\\2&0&-3\\2&-1&-3\end{pmatrix}.$$ ■

*数学实验

实验 2.10　试用计算软件求解下列矩阵方程.

$$\boldsymbol{A}=\begin{pmatrix}1&2&3&4&5&6&3\\0&2&1&2&2&4&0\\1&2&4&6&5&6&3\\1&2&3&6&5&6&3\\0&2&1&2&3&4&0\\0&6&6&6&6&8&1\\0&4&5&4&3&2&1\end{pmatrix},\boldsymbol{B}=\begin{pmatrix}-1&1&-3&2&-5&3&-3\\0&1&-1&1&-2&2&0\\-1&1&-4&3&-5&3&-3\\-1&1&-3&3&-5&3&-3\\0&1&-1&1&-3&2&0\\0&3&-6&3&-6&4&-1\\0&2&-5&2&-3&1&-1\end{pmatrix},\boldsymbol{C}=\begin{pmatrix}8&4&8&0&6&8&8\\8&9&1&8&1&6&8\\1&9&3&8&7&2&1\\8&1&8&6&0&9&3\\5&9&8&8&2&0&3\\1&9&9&7&0&3&5\\2&3&6&2&1&2&7\end{pmatrix}.$$

(1) $AXB = C$;

(2) $AX = C + BX$.

微信扫描右侧的二维码即可进行计算实验(详见教材配套的网络学习空间).

计算实验

习题 2-5

1. 选择题.

(1) 设矩阵

$$A=\begin{pmatrix} a_{11} & a_{12} & a_{13} & a_{14} \\ a_{21} & a_{22} & a_{23} & a_{24} \\ a_{31} & a_{32} & a_{33} & a_{34} \\ a_{41} & a_{42} & a_{43} & a_{44} \end{pmatrix},\ B=\begin{pmatrix} a_{14} & a_{13} & a_{12} & a_{11} \\ a_{24} & a_{23} & a_{22} & a_{21} \\ a_{34} & a_{33} & a_{32} & a_{31} \\ a_{44} & a_{43} & a_{42} & a_{41} \end{pmatrix},\ P_1=\begin{pmatrix} 0 & 0 & 0 & 1 \\ 0 & 1 & 0 & 0 \\ 0 & 0 & 1 & 0 \\ 1 & 0 & 0 & 0 \end{pmatrix},\ P_2=\begin{pmatrix} 1 & 0 & 0 & 0 \\ 0 & 0 & 1 & 0 \\ 0 & 1 & 0 & 0 \\ 0 & 0 & 0 & 1 \end{pmatrix},$$

其中 A 可逆, 则 B^{-1} 等于( ).

(A) $A^{-1}P_1P_2$; (B) $P_1A^{-1}P_2$; (C) $P_1P_2A^{-1}$; (D) $P_2A^{-1}P_1$.

(2) 设矩阵

$$A=\begin{pmatrix} a_{11} & a_{12} & a_{13} \\ a_{21} & a_{22} & a_{23} \\ a_{31} & a_{32} & a_{33} \end{pmatrix},\ B=\begin{pmatrix} a_{21} & a_{22} & a_{23} \\ a_{11} & a_{12} & a_{13} \\ a_{31}+a_{11} & a_{32}+a_{12} & a_{33}+a_{13} \end{pmatrix},\ P_1=\begin{pmatrix} 0 & 1 & 0 \\ 1 & 0 & 0 \\ 0 & 0 & 1 \end{pmatrix},\ P_2=\begin{pmatrix} 1 & 0 & 0 \\ 0 & 1 & 0 \\ 1 & 0 & 1 \end{pmatrix},$$

则必有( ).

(A) $AP_1P_2 = B$; (B) $AP_2P_1 = B$;

(C) $P_1P_2A = B$; (D) $P_2P_1A = B$.

(3) 设矩阵

$$A=\begin{pmatrix} a_{11} & a_{12} & a_{13} \\ a_{21} & a_{22} & a_{23} \\ a_{31} & a_{32} & a_{33} \end{pmatrix},\ B=\begin{pmatrix} a_{21} & a_{22}+ka_{23} & a_{23} \\ a_{31} & a_{32}+ka_{33} & a_{33} \\ a_{11} & a_{12}+ka_{13} & a_{13} \end{pmatrix},\ P_1=\begin{pmatrix} 0 & 1 & 0 \\ 0 & 0 & 1 \\ 1 & 0 & 0 \end{pmatrix},\ P_2=\begin{pmatrix} 1 & 0 & 0 \\ 0 & 1 & 0 \\ 0 & k & 1 \end{pmatrix},$$

则 A 等于( ).

(A) $P_1^{-1}BP_2^{-1}$; (B) $P_2^{-1}BP_1^{-1}$;

(C) $P_1^{-1}P_2^{-1}B$; (D) $BP_1^{-1}P_2^{-1}$.

2. 设 $\begin{pmatrix} 0 & 1 & 0 \\ 1 & 0 & 0 \\ 0 & 0 & 1 \end{pmatrix} A \begin{pmatrix} 1 & 0 & 1 \\ 0 & 1 & 0 \\ 0 & 0 & 1 \end{pmatrix} = \begin{pmatrix} 1 & 2 & 3 \\ 4 & 5 & 6 \\ 7 & 8 & 9 \end{pmatrix}$, 求 A.

3. 把下列矩阵化为标准形矩阵 $D=\begin{pmatrix} E_r & O \\ O & O \end{pmatrix}$.

(1) $\begin{pmatrix} 1 & -1 & 2 \\ 3 & 2 & 1 \\ 1 & -2 & 0 \end{pmatrix}$; (2) $\begin{pmatrix} 1 & -1 & 2 \\ 3 & -3 & 1 \\ -2 & 2 & -4 \end{pmatrix}$; (3) $\begin{pmatrix} 1 & 0 & 2 & -1 \\ 2 & 0 & 3 & 1 \\ 3 & 0 & 4 & -3 \end{pmatrix}$;

(4) $\begin{pmatrix} 1 & -1 & 3 & -4 & 3 \\ 3 & -3 & 5 & -4 & 1 \\ 2 & -2 & 3 & -2 & 0 \\ 3 & -3 & 4 & -2 & -1 \end{pmatrix}$; (5) $\begin{pmatrix} 2 & 3 & 1 & -3 & -7 \\ 1 & 2 & 0 & -2 & -4 \\ 3 & -2 & 8 & 3 & 0 \\ 2 & -3 & 7 & 4 & 3 \end{pmatrix}$.

4. 用初等变换法判定下列矩阵是否可逆, 如可逆, 求其逆矩阵.

(1) $\begin{pmatrix} 1 & 0 & 0 \\ 1 & 2 & 0 \\ 1 & 2 & 3 \end{pmatrix}$; (2) $\begin{pmatrix} 2 & 2 & -1 \\ 1 & -2 & 4 \\ 5 & 8 & 2 \end{pmatrix}$; (3) $\begin{pmatrix} 3 & 2 & 1 \\ 3 & 1 & 5 \\ 3 & 2 & 3 \end{pmatrix}$; (4) $\begin{pmatrix} 3 & -2 & 0 & -1 \\ 0 & 2 & 2 & 1 \\ 1 & -2 & -3 & -2 \\ 0 & 1 & 2 & 1 \end{pmatrix}$.

5. 解下列矩阵方程:

(1) 设 $\boldsymbol{A}=\begin{pmatrix} 4 & 1 & -2 \\ 2 & 2 & 1 \\ 3 & 1 & -1 \end{pmatrix}$, $\boldsymbol{B}=\begin{pmatrix} 1 & -3 \\ 2 & 2 \\ 3 & -1 \end{pmatrix}$, 求 $\boldsymbol{X}$ 使 $\boldsymbol{AX}=\boldsymbol{B}$.

(2) 设 $\boldsymbol{A}=\begin{pmatrix} 0 & 2 & 1 \\ 2 & -1 & 3 \\ -3 & 3 & -4 \end{pmatrix}$, $\boldsymbol{B}=\begin{pmatrix} 1 & 2 & 3 \\ 2 & -3 & 1 \end{pmatrix}$, 求 $\boldsymbol{X}$ 使 $\boldsymbol{XA}=\boldsymbol{B}$.

(3) 设 $\boldsymbol{A}=\begin{pmatrix} 1 & -1 & 0 \\ 0 & 1 & -1 \\ -1 & 0 & 1 \end{pmatrix}$, $\boldsymbol{AX}=2\boldsymbol{X}+\boldsymbol{A}$, 求 $\boldsymbol{X}$.

(4) 设 $\begin{pmatrix} 0 & 1 & 0 \\ 1 & 0 & 0 \\ 0 & 0 & 1 \end{pmatrix}\boldsymbol{X}\begin{pmatrix} 1 & 0 & 0 \\ -2 & 1 & 0 \\ 0 & 0 & 1 \end{pmatrix}=\begin{pmatrix} 1 & -4 & 3 \\ 2 & 0 & -1 \\ 0 & -2 & 1 \end{pmatrix}$, 求 $\boldsymbol{X}$.

6. 设矩阵 $\boldsymbol{A}=\begin{pmatrix} 1 & 0 & 0 \\ 1 & 1 & 0 \\ 1 & 1 & 1 \end{pmatrix}$, $\boldsymbol{B}=\begin{pmatrix} 0 & 1 & 1 \\ 1 & 0 & 1 \\ 1 & 1 & 0 \end{pmatrix}$, 矩阵 $\boldsymbol{X}$ 满足 $\boldsymbol{AXA}+\boldsymbol{BXB}=\boldsymbol{AXB}+\boldsymbol{BXA}+\boldsymbol{E}$, 其中 $\boldsymbol{E}$ 是三阶单位矩阵, 试求矩阵 $\boldsymbol{X}$.

§2.6 矩 阵 的 秩

一、矩阵的秩

矩阵的秩的概念是讨论向量组的线性相关性、线性方程组解的存在性等问题的重要工具. 从 §2.5 已看到, 矩阵可经初等行变换化为行阶梯形矩阵, 且行阶梯形矩阵所含非零行的行数是唯一确定的, 这个数实质上就是矩阵的“秩”. 鉴于这个数的唯一性尚未证明, 在本节中, 我们首先利用行列式来定义矩阵的秩, 然后给出利用初等变换求矩阵的秩的方法.

定义1 在 $m\times n$ 矩阵 $\boldsymbol{A}$ 中, 任取 k 行 k 列 $(1\le k\le m, 1\le k\le n)$, 位于这些行列交叉处的 k^2 个元素, 不改变它们在 $\boldsymbol{A}$ 中所处的位置次序而得到的 k 阶行列式, 称为矩阵 $\boldsymbol{A}$ 的 **k 阶子式**.

注: $m\times n$ 矩阵 $\boldsymbol{A}$ 的 k 阶子式共有 $C_m^k\cdot C_n^k$ 个.

例如，设矩阵 $\boldsymbol{A}=\begin{pmatrix}1&3&4&5\\-1&0&2&3\\0&1&-1&0\end{pmatrix}$，则由1、3两行与2、4两列交叉处的元素构成的二阶子式为 $\begin{vmatrix}3&5\\1&0\end{vmatrix}$.

设 $\boldsymbol{A}$ 为 $m\times n$ 矩阵，当 $\boldsymbol{A}=\boldsymbol{O}$ 时，它的任何子式都为零．当 $\boldsymbol{A}\neq\boldsymbol{O}$ 时，它至少有一个元素不为零，即它至少有一个一阶子式不为零．再考察二阶子式，若 $\boldsymbol{A}$ 中有一个二阶子式不为零，则往下考察三阶子式，如此进行下去，最后必达到 $\boldsymbol{A}$ 中有 r 阶子式不为零，而再没有比 r 更高阶的不为零的子式．这个不为零的子式的最高阶数 r 反映了矩阵 $\boldsymbol{A}$ 内在的重要特征，在矩阵的理论与应用中都有重要意义．

定义2 设 $\boldsymbol{A}$ 为 $m\times n$ 矩阵，如果存在 $\boldsymbol{A}$ 的 r 阶子式不为零，而任何 $r+1$ 阶子式（如果存在的话）皆为零，则称数 r 为矩阵 $\boldsymbol{A}$ 的**秩**，记为 $\mathrm{r}(\boldsymbol{A})$（或 $\mathrm{R}(\boldsymbol{A})$），并规定零矩阵的秩等于零．

例1 求矩阵 $\boldsymbol{A}=\begin{pmatrix}1&2&3\\2&3&-5\\4&7&1\end{pmatrix}$ 的秩．

解 在 $\boldsymbol{A}$ 中，$\begin{vmatrix}1&3\\2&-5\end{vmatrix}\neq 0$. 又 $\boldsymbol{A}$ 的三阶子式只有一个 $|\boldsymbol{A}|$，且

$$|\boldsymbol{A}|=\begin{vmatrix}1&2&3\\2&3&-5\\4&7&1\end{vmatrix}=\begin{vmatrix}1&2&3\\0&-1&-11\\0&-1&-11\end{vmatrix}=0,$$

故 $\mathrm{r}(\boldsymbol{A})=2$. ■

例2 求矩阵 $\boldsymbol{B}=\begin{pmatrix}2&-1&0&3&-2\\0&3&1&-2&5\\0&0&0&4&-3\\0&0&0&0&0\end{pmatrix}$ 的秩．

解 因 $\boldsymbol{B}$ 是一个行阶梯形矩阵，其非零行只有3行，故知 $\boldsymbol{B}$ 的所有四阶子式全为零．此外，又存在 $\boldsymbol{B}$ 的一个三阶子式

$$\begin{vmatrix}2&-1&3\\0&3&-2\\0&0&4\end{vmatrix}=24\neq 0,$$

所以 $\mathrm{r}(\boldsymbol{B})=3$. ■

注：下列矩阵分别是第57～58页实验2.6(1)至(6)右侧的行阶梯形矩阵：

(1) $\boldsymbol{A}=\begin{pmatrix}2&1&2&3&4&5\\0&0&0&0&0&0\\0&0&0&0&0&0\\0&0&0&0&0&0\\0&0&0&0&0&0\end{pmatrix}$；　(2) $\boldsymbol{A}=\begin{pmatrix}1&2&-3&-2&3&4\\0&1&1&-1&1&2\\0&0&0&0&0&0\\0&0&0&0&0&0\\0&0&0&0&0&0\end{pmatrix}$；

(3) $A=\begin{pmatrix}1&2&3&2&5&14\\0&2&-3&1&2&5\\0&0&3&1&1&10\\0&0&0&0&0&0\\0&0&0&0&0&0\end{pmatrix}$；　(4) $A=\begin{pmatrix}2&4&6&5&16&-10\\0&2&-3&3&-3&35\\0&0&1&1&5&-1\\0&0&0&1&-2&4\\0&0&0&0&0&0\end{pmatrix}$；

(5) $A=\begin{pmatrix}1&2&3&-16&3&-4\\0&2&-3&20&2&12\\0&0&3&4&1&4\\0&0&0&4&0&3\\0&0&0&0&0&1\end{pmatrix}$；　(6) $A=\begin{pmatrix}2&4&-6&-4&5&5\\0&2&3&20&-10&8\\0&0&3&-4&10&5\\0&0&0&4&0&2\\0&0&0&0&5&1\end{pmatrix}$.

这里，我们可以根据矩阵秩的定义直接给出上述矩阵的秩.

(1) 根据矩阵秩的定义知，$r(A)=1$，因为存在一阶子式 $|2|=2\neq 0$，而矩阵A中任何二阶以上的子式均为0.

(2) $r(A)=2$，因为存在二阶子式$\begin{vmatrix}1&2\\0&1\end{vmatrix}=1\neq 0$，而矩阵$A$中任何三阶以上的子式均为 0.

用(1)、(2)的方法可以得出：

(3) $r(A)=3$.

(4) $r(A)=4$.

(5) 显然存在五阶子式$\begin{vmatrix}1&2&3&-16&-4\\0&2&-3&20&12\\0&0&3&4&4\\0&0&0&4&3\\0&0&0&0&1\end{vmatrix}=24\neq 0$，且本矩阵的最大行数为5，故必有$r(A)=5$.

运用同样的思路可以得到：

(6) $r(A)=5$.

显然，矩阵的秩具有下列性质：

(1) 若矩阵 A 中有某个 s 阶子式不为 0，则 $r(A)\geq s$；

(2) 若 A 中所有 t 阶子式全为 0，则 $r(A)<t$；

(3) 若 A 为 $m\times n$ 矩阵，则 $0\leq r(A)\leq \min\{m, n\}$；

(4) $r(A)=r(A^{\mathrm{T}})$.

当 $r(A)=\min\{m, n\}$时，称矩阵 A 为**满秩矩阵**，否则称矩阵A为**降秩矩阵**.

例如，对矩阵 $A=\begin{pmatrix}1&3&4&5\\0&1&0&3\\0&0&1&0\end{pmatrix}$，$0\leq r(A)\leq 3$，又存在三阶子式

$$\begin{vmatrix} 1 & 3 & 4 \\ 0 & 1 & 0 \\ 0 & 0 & 1 \end{vmatrix} = 1 \neq 0,$$

所以 $\mathrm{r}(\boldsymbol{A}) \geq 3$，从而 $\mathrm{r}(\boldsymbol{A}) = 3$，故 $\boldsymbol{A}$ 为满秩矩阵．

由上面的例子可知，利用定义计算矩阵的秩，需要由高阶到低阶考虑矩阵的子式．当矩阵的行数与列数较高时，按定义求秩是非常麻烦的．

由于行阶梯形矩阵的秩很容易判断，而任意矩阵都可以经过有限次初等行变换化为行阶梯形矩阵，因而可考虑借助初等变换法求矩阵的秩．

二、矩阵的秩的求法

定理 1 若 $\boldsymbol{A} \to \boldsymbol{B}$，则 $\mathrm{r}(\boldsymbol{A}) = \mathrm{r}(\boldsymbol{B})$．

证明 略． ■

根据这个定理，我们得到利用初等变换求矩阵的秩的方法：用初等行变换把矩阵变成行阶梯形矩阵，行阶梯形矩阵中非零行的行数就是该矩阵的秩．

例 3 求矩阵 $\boldsymbol{A} = \begin{pmatrix} 1 & 0 & 0 & 1 \\ 1 & 2 & 0 & -1 \\ 3 & -1 & 0 & 4 \\ 1 & 4 & 5 & 1 \end{pmatrix}$ 的秩．

解 $$\boldsymbol{A} \xrightarrow[r_4 - r_1]{\substack{r_2 - r_1 \\ r_3 - 3r_1}} \begin{pmatrix} 1 & 0 & 0 & 1 \\ 0 & 2 & 0 & -2 \\ 0 & -1 & 0 & 1 \\ 0 & 4 & 5 & 0 \end{pmatrix} \xrightarrow[r_3 \leftrightarrow r_4]{r_2 \div 2} \begin{pmatrix} 1 & 0 & 0 & 1 \\ 0 & 1 & 0 & -1 \\ 0 & 4 & 5 & 0 \\ 0 & -1 & 0 & 1 \end{pmatrix} \xrightarrow{\substack{r_3 - 4r_2 \\ r_4 + r_2}} \begin{pmatrix} 1 & 0 & 0 & 1 \\ 0 & 1 & 0 & -1 \\ 0 & 0 & 5 & 4 \\ 0 & 0 & 0 & 0 \end{pmatrix}.$$

所以 $\mathrm{r}(\boldsymbol{A}) = 3$. ■

例 4 设 $\boldsymbol{A} = \begin{pmatrix} 3 & 2 & 0 & 5 & 0 \\ 3 & -2 & 3 & 6 & -1 \\ 2 & 0 & 1 & 5 & -3 \\ 1 & 6 & -4 & -1 & 4 \end{pmatrix}$，求矩阵 $\boldsymbol{A}$ 的秩，并求 $\boldsymbol{A}$ 的一个最高阶非零子式．

解 对 $\boldsymbol{A}$ 作初等变换，变成行阶梯形矩阵．

$$\boldsymbol{A} \xrightarrow{r_1 \leftrightarrow r_4} \begin{pmatrix} 1 & 6 & -4 & -1 & 4 \\ 3 & -2 & 3 & 6 & -1 \\ 2 & 0 & 1 & 5 & -3 \\ 3 & 2 & 0 & 5 & 0 \end{pmatrix} \xrightarrow{r_2 - r_4} \begin{pmatrix} 1 & 6 & -4 & -1 & 4 \\ 0 & -4 & 3 & 1 & -1 \\ 2 & 0 & 1 & 5 & -3 \\ 3 & 2 & 0 & 5 & 0 \end{pmatrix}$$

$$\xrightarrow[r_4 - 3r_1]{r_3 - 2r_1} \begin{pmatrix} 1 & 6 & -4 & -1 & 4 \\ 0 & -4 & 3 & 1 & -1 \\ 0 & -12 & 9 & 7 & -11 \\ 0 & -16 & 12 & 8 & -12 \end{pmatrix} \xrightarrow[r_4 - 4r_2]{r_3 - 3r_2} \begin{pmatrix} 1 & 6 & -4 & -1 & 4 \\ 0 & -4 & 3 & 1 & -1 \\ 0 & 0 & 0 & 4 & -8 \\ 0 & 0 & 0 & 4 & -8 \end{pmatrix}$$

$$\xrightarrow{r_4-r_3}\begin{pmatrix}1 & 6 & -4 & -1 & 4\\ 0 & -4 & 3 & 1 & -1\\ 0 & 0 & 0 & 4 & -8\\ 0 & 0 & 0 & 0 & 0\end{pmatrix}.$$

由行阶梯形矩阵有三个非零行知 $\mathrm{r}(\boldsymbol{A})=3$.

再求$\boldsymbol{A}$的一个最高阶非零子式. 由 $\mathrm{r}(\boldsymbol{A})=3$ 知，$\boldsymbol{A}$的最高阶非零子式为三阶. 而矩阵$\boldsymbol{A}$的三阶子式共有 $\mathrm{C}_4^3\cdot\mathrm{C}_5^3=40$ 个. 根据对矩阵$\boldsymbol{A}$实行初等行变换最后的结果，易见由第1、2、3 行与第1、2、4 列组成的三阶子式就是所求矩阵$\boldsymbol{A}$的一个最高阶非零子式，即

$$\begin{vmatrix}3 & 2 & 5\\ 3 & -2 & 6\\ 2 & 0 & 5\end{vmatrix}=\begin{vmatrix}3 & 2 & 5\\ 6 & 0 & 11\\ 2 & 0 & 5\end{vmatrix}=-2\begin{vmatrix}6 & 11\\ 2 & 5\end{vmatrix}=-16\neq 0.$$ ■

注: 在实验2.6中, 我们已经利用计算软件, 将下列各题左侧矩阵利用初等变换化为右侧相应矩阵:

(1) $\begin{pmatrix}2 & 1 & 2 & 3 & 4 & 5\\ 4 & 2 & 4 & 6 & 8 & 10\\ 10 & 5 & 10 & 15 & 20 & 25\\ 6 & 3 & 6 & 9 & 12 & 15\\ 12 & 6 & 12 & 18 & 24 & 30\end{pmatrix}\to\begin{pmatrix}2 & 1 & 2 & 3 & 4 & 5\\ 0 & 0 & 0 & 0 & 0 & 0\\ 0 & 0 & 0 & 0 & 0 & 0\\ 0 & 0 & 0 & 0 & 0 & 0\\ 0 & 0 & 0 & 0 & 0 & 0\end{pmatrix}$;

(2) $\begin{pmatrix}10 & 24 & -26 & -24 & 34 & 48\\ 18 & 45 & -45 & -45 & 63 & 90\\ 14 & 35 & -35 & -35 & 49 & 70\\ 12 & 31 & -29 & -31 & 43 & 62\\ 8 & 20 & -20 & -20 & 28 & 40\end{pmatrix}\to\begin{pmatrix}1 & 2 & -3 & -2 & 3 & 4\\ 0 & 1 & 1 & -1 & 1 & 2\\ 0 & 0 & 0 & 0 & 0 & 0\\ 0 & 0 & 0 & 0 & 0 & 0\\ 0 & 0 & 0 & 0 & 0 & 0\end{pmatrix}$;

(3) $\begin{pmatrix}5 & 18 & 9 & 16 & 35 & 110\\ 9 & 36 & 12 & 31 & 67 & 211\\ 11 & 44 & 15 & 38 & 82 & 259\\ 6 & 26 & 6 & 22 & 47 & 149\\ 4 & 16 & 6 & 14 & 30 & 96\end{pmatrix}\to\begin{pmatrix}1 & 2 & 3 & 2 & 5 & 14\\ 0 & 2 & -3 & 1 & 2 & 5\\ 0 & 0 & 3 & 1 & 1 & 10\\ 0 & 0 & 0 & 0 & 0 & 0\\ 0 & 0 & 0 & 0 & 0 & 0\end{pmatrix}$;

(4) $\begin{pmatrix}10 & 24 & 24 & 31 & 74 & 20\\ 14 & 34 & 33 & 44 & 103 & 35\\ 22 & 55 & 49 & 71 & 157 & 83\\ 12 & 31 & 25 & 39 & 85 & 59\\ 8 & 20 & 18 & 26 & 58 & 30\end{pmatrix}\to\begin{pmatrix}2 & 4 & 6 & 5 & 16 & -10\\ 0 & 2 & -3 & 3 & -3 & 35\\ 0 & 0 & 1 & 1 & 5 & -1\\ 0 & 0 & 0 & 1 & -2 & 4\\ 0 & 0 & 0 & 0 & 0 & 0\end{pmatrix}$;

$$(5)\begin{pmatrix} 5 & 18 & 9 & 16 & 25 & 43 \\ 13 & 52 & 18 & 100 & 71 & 149 \\ 11 & 44 & 15 & 88 & 60 & 129 \\ 16 & 62 & 24 & 100 & 85 & 169 \\ 4 & 16 & 6 & 32 & 22 & 47 \end{pmatrix} \to \begin{pmatrix} 1 & 2 & 3 & -16 & 3 & -4 \\ 0 & 2 & -3 & 20 & 2 & 12 \\ 0 & 0 & 3 & 4 & 1 & 4 \\ 0 & 0 & 0 & 4 & 0 & 3 \\ 0 & 0 & 0 & 0 & 0 & 1 \end{pmatrix};$$

$$(6)\begin{pmatrix} 10 & 28 & -12 & 60 & 10 & 72 \\ 26 & 78 & -21 & 208 & 10 & 214 \\ 22 & 66 & -18 & 180 & 10 & 183 \\ 32 & 94 & -30 & 236 & 20 & 253 \\ 8 & 24 & -6 & 64 & 5 & 67 \end{pmatrix} \to \begin{pmatrix} 2 & 4 & -6 & -4 & 5 & 5 \\ 0 & 2 & 3 & 20 & -10 & 8 \\ 0 & 0 & 3 & -4 & 10 & 5 \\ 0 & 0 & 0 & 4 & 0 & 2 \\ 0 & 0 & 0 & 0 & 5 & 1 \end{pmatrix}.$$

而在第70页的注中，我们已经知道(1)、(2)、(3)、(4)、(5)、(6)题右侧行阶梯形矩阵的秩分别为1、2、3、4、5、5，故根据本节定理1的结论，(1)、(2)、(3)、(4)、(5)、(6)题左侧矩阵的秩也分别为1、2、3、4、5、5.

例5 设 $\boldsymbol{A}$ 为 n 阶非奇异矩阵，$\boldsymbol{B}$ 为 $n\times m$ 矩阵．试证：$\boldsymbol{A}$ 与 $\boldsymbol{B}$ 之积的秩等于 $\boldsymbol{B}$ 的秩，即 $\mathrm{r}(\boldsymbol{AB})=\mathrm{r}(\boldsymbol{B})$.

证明 因为 $\boldsymbol{A}$ 非奇异，故可表示成若干初等矩阵之积，

$$\boldsymbol{A}=\boldsymbol{P}_1\boldsymbol{P}_2\cdots\boldsymbol{P}_s,$$

其中 $\boldsymbol{P}_i\,(i=1,2,\cdots,s)$ 皆为初等矩阵.

$$\boldsymbol{AB}=\boldsymbol{P}_1\boldsymbol{P}_2\cdots\boldsymbol{P}_s\boldsymbol{B},$$

即 $\boldsymbol{AB}$ 是 $\boldsymbol{B}$ 经 s 次初等行变换后得出的，因而

$$\mathrm{r}(\boldsymbol{AB})=\mathrm{r}(\boldsymbol{B}).$$ ■

注：由矩阵的秩及满秩矩阵的定义，显然，若一个 n 阶矩阵 $\boldsymbol{A}$ 是满秩的，则 $|\boldsymbol{A}|\neq 0$，因而非奇异；反之亦然.

例6 设 $\boldsymbol{A}=\begin{pmatrix} 1 & -1 & 1 & 2 \\ 3 & \lambda & -1 & 2 \\ 5 & 3 & \mu & 6 \end{pmatrix}$，已知 $\mathrm{r}(\boldsymbol{A})=2$，求 λ 与 μ 的值.

解 $$\boldsymbol{A}\xrightarrow[r_3-5r_1]{r_2-3r_1}\begin{pmatrix} 1 & -1 & 1 & 2 \\ 0 & \lambda+3 & -4 & -4 \\ 0 & 8 & \mu-5 & -4 \end{pmatrix}\xrightarrow{r_3-r_2}\begin{pmatrix} 1 & -1 & 1 & 2 \\ 0 & \lambda+3 & -4 & -4 \\ 0 & 5-\lambda & \mu-1 & 0 \end{pmatrix},$$

因 $\mathrm{r}(\boldsymbol{A})=2$，故 $5-\lambda=0$，$\mu-1=0$，即 $\lambda=5$，$\mu=1$. ■

习题 2-6

1. 设矩阵 $\boldsymbol{A}=\begin{pmatrix} 1 & -5 & 6 & -2 \\ 2 & -1 & 3 & -2 \\ -1 & -4 & 3 & 0 \end{pmatrix}$，试计算 $\boldsymbol{A}$ 的全部三阶子式，并求 $\mathrm{r}(\boldsymbol{A})$.

2. 设$\boldsymbol{A}$为$m\times n$矩阵，$\boldsymbol{b}$为$m\times 1$矩阵，试说明$\mathrm{r}(\boldsymbol{A})$与$\mathrm{r}(\boldsymbol{A}\ \boldsymbol{b})$的大小关系.

3. 在秩是r的矩阵中，有没有等于0的$r-1$阶子式？有没有等于0的r阶子式？

4. 从矩阵$\boldsymbol{A}$中划去一行得到矩阵$\boldsymbol{B}$，问$\boldsymbol{A}, \boldsymbol{B}$的秩的关系怎样？

5. 求下列矩阵的秩，并求一个最高阶非零子式：

(1) $\begin{pmatrix} 3 & 1 & 0 & 2 \\ 1 & -1 & 2 & -1 \\ 1 & 3 & -4 & 4 \end{pmatrix}$；　(2) $\begin{pmatrix} 3 & 2 & -1 & -3 & -2 \\ 2 & -1 & 3 & 1 & -3 \\ 7 & 0 & 5 & -1 & -8 \end{pmatrix}$；　(3) $\begin{pmatrix} 1 & -1 & 2 & 1 & 0 \\ 2 & -2 & 4 & 2 & 0 \\ 3 & 0 & 6 & -1 & 1 \\ 0 & 3 & 0 & 0 & 1 \end{pmatrix}$.

6. 设矩阵$\boldsymbol{A}=\begin{pmatrix} 1 & \lambda & -1 & 2 \\ 2 & -1 & \lambda & 5 \\ 1 & 10 & -6 & 1 \end{pmatrix}$，其中$\lambda$为参数，求矩阵$\boldsymbol{A}$的秩.

总 习 题 二

1. 设有四个城市a, b, c, d，其城市之间有航班$a\to b$，$b\to d$，$c\to a$，$d\to c$，问至多经过两次中转能否从一个城市到达其他三个城市？

2. 设$\boldsymbol{A}=\begin{pmatrix} x & 0 \\ 7 & y \end{pmatrix}$，$\boldsymbol{B}=\begin{pmatrix} u & v \\ y & 2 \end{pmatrix}$，$\boldsymbol{C}=\begin{pmatrix} 3 & -4 \\ x & v \end{pmatrix}$，且$\boldsymbol{A}+2\boldsymbol{B}-\boldsymbol{C}=\boldsymbol{O}$，求$x, y, u, v$的值.

3. 设$\boldsymbol{A}, \boldsymbol{B}$均为$n$阶方阵，证明下列命题等价：

(1) $\boldsymbol{AB}=\boldsymbol{BA}$；　(2) $(\boldsymbol{A}\pm\boldsymbol{B})^2=\boldsymbol{A}^2\pm 2\boldsymbol{AB}+\boldsymbol{B}^2$；　(3) $(\boldsymbol{A}+\boldsymbol{B})(\boldsymbol{A}-\boldsymbol{B})=\boldsymbol{A}^2-\boldsymbol{B}^2$.

4. 已知$\boldsymbol{A}$与$\boldsymbol{B}$及$\boldsymbol{A}$与$\boldsymbol{C}$都可交换，证明$\boldsymbol{A}, \boldsymbol{B}, \boldsymbol{C}$是同阶矩阵，且$\boldsymbol{A}$与$\boldsymbol{BC}$可交换.

5. 设$\boldsymbol{A}, \boldsymbol{B}$为$n$阶矩阵，且$\boldsymbol{A}$为对称矩阵，证明$\boldsymbol{B}^{\mathrm{T}}\boldsymbol{AB}$也是对称矩阵.

6. 设$\boldsymbol{A}$为n阶矩阵，n为奇数，且$\boldsymbol{AA}^{\mathrm{T}}=\boldsymbol{E}_n$，$|\boldsymbol{A}|=1$，求$|\boldsymbol{A}-\boldsymbol{E}_n|$.

7. 设$\boldsymbol{A}, \boldsymbol{B}$均为$n$阶方阵，且$\boldsymbol{A}=\dfrac{1}{2}(\boldsymbol{B}+\boldsymbol{E})$，证明：$\boldsymbol{A}^2=\boldsymbol{A}$当且仅当$\boldsymbol{B}^2=\boldsymbol{E}$.

8. 已知$\boldsymbol{A}=\begin{pmatrix} 1 & 1 & 1 \\ 2 & 2 & 2 \\ 3 & 3 & 3 \end{pmatrix}$，求$\boldsymbol{A}^2$，$\boldsymbol{A}^4$，$\boldsymbol{A}^{100}$.

9. 已知$\boldsymbol{A}=\begin{pmatrix} -1 & 1 & 1 & -1 \\ 1 & -1 & -1 & 1 \\ 1 & -1 & -1 & 1 \\ -1 & 1 & 1 & -1 \end{pmatrix}$，求$\boldsymbol{A}^6$.

10. 设矩阵$\boldsymbol{A}=\begin{pmatrix} 1 & 0 & 1 \\ 0 & 2 & 0 \\ 1 & 0 & 1 \end{pmatrix}$，正整数$n\geq 2$. 求$\boldsymbol{A}^n-2\boldsymbol{A}^{n-1}$.

11. 设$\boldsymbol{A}, \boldsymbol{B}, \boldsymbol{C}$是$n$阶矩阵，且$\boldsymbol{ABC}=\boldsymbol{E}$，则必有（　）.

(A) $\boldsymbol{CBA}=\boldsymbol{E}$；　(B) $\boldsymbol{BCA}=\boldsymbol{E}$；　(C) $\boldsymbol{BAC}=\boldsymbol{E}$；　(D) $\boldsymbol{ACB}=\boldsymbol{E}$.

12. 设方阵$\boldsymbol{A}$满足$\boldsymbol{A}^2-\boldsymbol{A}-2\boldsymbol{E}=\boldsymbol{O}$，证明$\boldsymbol{A}$及$\boldsymbol{A}+2\boldsymbol{E}$都可逆.

13. 设 $A=\frac{1}{2}\begin{pmatrix}0&0&2\\1&3&0\\2&5&0\end{pmatrix}$，则 $A^{-1}=$______.

14. 设 $A=\begin{pmatrix}1&1&-1\\2&1&0\\1&-1&0\end{pmatrix}$，试用伴随矩阵法求 A^{-1}.

15. 设 $A=\begin{pmatrix}0&2&-1\\1&1&2\\-1&-1&-1\end{pmatrix}$，试用初等变换法求矩阵 A^{-1}.

16. 设 $P^{-1}AP=\Lambda$，其中 $P=\begin{pmatrix}-1&-4\\1&1\end{pmatrix}$，$\Lambda=\begin{pmatrix}-1&0\\0&2\end{pmatrix}$，求 A^{11}.

17. 设 $A=\operatorname{diag}(1,-2,1)$，$A^*BA=2BA-8E$，求 B.

18. 若三阶矩阵 A 的伴随矩阵为 A^*，已知 $|A|=\frac{1}{2}$，求 $|(3A)^{-1}-2A^*|$.

19. 设 n 阶矩阵 A 的伴随矩阵为 A^*，证明：

(1) 若 $|A|=0$，则 $|A^*|=0$；　　(2) $|A^*|=|A|^{n-1}$.

20. 设 n 阶矩阵 A 及 s 阶矩阵 B 都可逆，求：

(1) $\begin{pmatrix}A&O\\C&B\end{pmatrix}^{-1}$；　　(2) $\begin{pmatrix}A&C\\O&B\end{pmatrix}^{-1}$.

21. 用矩阵的分块求下列矩阵的逆矩阵：

(1) $\begin{pmatrix}1&0&0&0\\1&2&0&0\\2&1&3&0\\1&2&1&4\end{pmatrix}$；　　(2) $\begin{pmatrix}1&1&0&0&0\\-1&3&0&0&0\\0&0&-2&0&0\\0&0&0&1&2\\0&0&0&0&1\end{pmatrix}$.

22. 设 $A=\begin{pmatrix}3&4&&\\4&-3&&\\&&2&0\\&&2&2\end{pmatrix}$（空白处为 O），求 $|A^8|$ 及 A^4.

23. 设 A,B 为 n 阶方阵，证明：

(1) $\begin{vmatrix}A&B\\B&A\end{vmatrix}=|A+B||A-B|$；

(2) $\begin{pmatrix}A&B\\B&A\end{pmatrix}$ 可逆的充要条件为 $A+B$，$A-B$ 均可逆.

24. 设 A 为 n 阶矩阵，$\boldsymbol{\alpha}_1,\boldsymbol{\alpha}_2,\cdots,\boldsymbol{\alpha}_n$ 为 A 的行子块，试用 $\boldsymbol{\alpha}_1,\boldsymbol{\alpha}_2,\cdots,\boldsymbol{\alpha}_n$ 表示 $AA^{\mathrm{T}}=E$.

25. 填空：$\begin{pmatrix}0&0&1\\0&1&0\\1&0&0\end{pmatrix}^{2\,000}\begin{pmatrix}1&2&3\\4&5&6\\7&8&9\end{pmatrix}\begin{pmatrix}1&0&0\\0&0&1\\0&1&0\end{pmatrix}^{2\,001}=$______.

26. 设 A 是 n 阶可逆方阵，互换 A 中第 i 行和第 j 行得到矩阵 B，求 AB^{-1}.

27. 设 A,B 为 n 阶矩阵，$2A-B-AB=E$，$A^2=A$，其中 E 为 n 阶单位矩阵，

(1) 证明：$\boldsymbol{A}-\boldsymbol{B}$ 为可逆矩阵，并求 $(\boldsymbol{A}-\boldsymbol{B})^{-1}$；(2) 已知 $\boldsymbol{A}=\begin{pmatrix}1&0&0\\0&3&-1\\0&6&-2\end{pmatrix}$，试求矩阵 $\boldsymbol{B}$.

28. 已知 $\boldsymbol{A},\boldsymbol{B}$ 均是三阶矩阵，将 $\boldsymbol{A}$ 中第 3 行的 -2 倍加至第 2 行得到矩阵 $\boldsymbol{A}_1$，将$\boldsymbol{B}$中第2 列加至第 1 列得到矩阵 $\boldsymbol{B}_1$，又知 $\boldsymbol{A}_1\boldsymbol{B}_1=\begin{pmatrix}1&1&1\\0&2&2\\0&0&3\end{pmatrix}$，求 $\boldsymbol{AB}$.

29. 设矩阵 $\boldsymbol{A}=\begin{pmatrix}1&0&1\\0&2&6\\1&6&1\end{pmatrix}$ 满足 $\boldsymbol{AX}+\boldsymbol{E}=\boldsymbol{A}^2+\boldsymbol{X}$，求矩阵 $\boldsymbol{X}$.

30. 已知 $\boldsymbol{A}=\begin{pmatrix}1&1&-1\\-1&1&1\\1&-1&1\end{pmatrix}$，矩阵 $\boldsymbol{X}$ 满足 $\boldsymbol{A}^*\boldsymbol{X}=\boldsymbol{A}^{-1}+2\boldsymbol{X}$，其中$\boldsymbol{A}^*$是$\boldsymbol{A}$的伴随矩阵，求矩阵 $\boldsymbol{X}$.

31. 设三阶矩阵 $\boldsymbol{A}=\begin{pmatrix}x&1&1\\1&x&1\\1&1&x\end{pmatrix}$，试求矩阵 $\boldsymbol{A}$ 的秩.

32. 设 $\boldsymbol{A}$ 为 5×4 矩阵，$\boldsymbol{A}=\begin{pmatrix}1&2&3&1\\2&-1&k&2\\0&1&1&3\\1&-1&0&4\\2&0&2&5\end{pmatrix}$，且 $\boldsymbol{A}$ 的秩为 3，求 k.

33. 证明 $\mathrm{r}\begin{pmatrix}\boldsymbol{A}&\boldsymbol{O}\\\boldsymbol{O}&\boldsymbol{B}\end{pmatrix}=\mathrm{r}(\boldsymbol{A})+\mathrm{r}(\boldsymbol{B})$.

34. 设 $\boldsymbol{A}$ 为 n 阶矩阵，$\mathrm{r}(\boldsymbol{A})=1$，证明：

(1) $\boldsymbol{A}=\begin{pmatrix}a_1\\a_2\\\vdots\\a_n\end{pmatrix}(b_1,b_2,\cdots,b_n)$；　(2) $\boldsymbol{A}^2=k\boldsymbol{A}$ (k 为一常数).

第 3 章　线性方程组

为了设计新一代的民用或军用飞机，在正式建造飞机的物理模型之前，工程师们首先会利用数值模拟技术在计算机虚拟仿真系统中构建出飞机的三维模型，并通过虚拟飞机飞行过程研究飞机周围气流的变化，以解决飞机结构设计中的重大问题．这在很大程度上缩短了设计周期、节省了设计成本并降低了试验风险，尤其是彻底打破了时间与空间的限制，这其中线性代数发挥了至关重要的作用．

虽然最后制造完成的飞机表面相当平滑，但其几何结构实际上是错综复杂的 (见图 1)，除了机翼和机身，一架飞机还包括发动机舱、水平尾翼、活动辅助翼和副翼．飞机飞行时空气在这些部件周围的流动方式决定了飞机在空中的飞行方式．描述这些气流的方程非常复杂．因此，为了研究气流对飞机飞行的影响，工程师们需要高度精确地描述飞机的表面．

图 1　波音 777 飞机的模型

为了得到飞机结构的数值模型，典型的做法是向飞机的虚拟实体模型中添加一个三维的立方体网格．每个小网格中的立方体称为三维单元，它们或者完全位于飞机内部，或者完全位于飞机外部，或者与飞机表面相交 (见图 2)．一个典型的三维网格可能包含几十万甚至上百万个三维单元．可以想象的是，网格细分的程度越高，它包含的三维单元的个数就越多，虚拟系统的仿真程度也就越高．当网格的细分使得相关的三维单元足够小时，则在该单元上描述气流的复杂方程可被简单的线性方程 (组) 近似代替．因此，计算飞机表面的气流实质上需要反复求解包含多达数百万个线性方程和未知量的线性方程组．即使利用目前市场上运算速度最快的的计算机，工程师们建立并求解一个气流问题也要花费几小时到几天的计算时间．而整个虚拟仿真过程可能要处理上千个这样的问题．

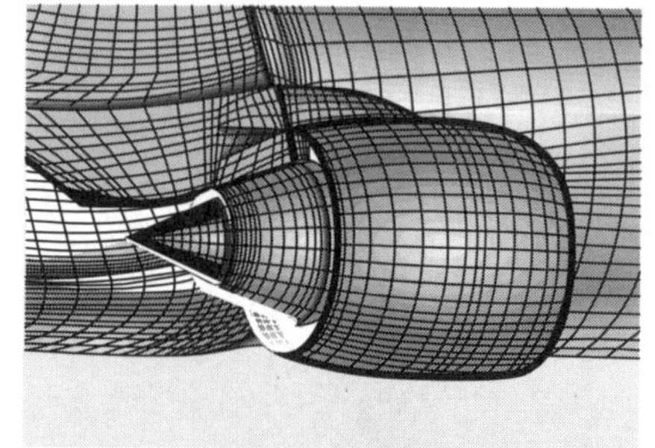

图 2　机翼部分的网格划分示例

上一段中描述的将一个实体模型划分为有限个单元以及在充分小的单元上将复杂方程近似线性化的思想就是目前在许多计算与仿真软件系统中广泛采用的“有限

单元法”的基本思想，它自20世纪80年代起迅速发展，目前已成为众多计算与仿真软件系统的算法基础.

线性代数在应用上的重要性与计算机的计算性能成正比例增长，而这一性能伴随着计算机软硬件的创新在不断提升. 最终，计算机并行处理和大规模计算的迅猛发展将会把计算机科学与线性代数紧密地联系在一起,并广泛应用于解决飞机制造、桥梁设计、交通规划、石油勘探、经济管理等领域的科学问题.

科学家和工程师如今处理的问题远比几十年前想象的要复杂得多. 今天，对于理工科和经济管理学科专业的大学生来说，线性代数比其他大学数学课程具有更大的潜在应用价值.

线性方程组是线性代数的核心，本章将借助线性方程组简单而具体地介绍线性代数的核心概念，深入理解它们将有助于我们感受线性代数的力与美.

§3.1 消 元 法

引例 用消元法求解线性方程组:

$$\begin{cases} 2x_1+2x_2-x_3=6 \\ x_1-2x_2+4x_3=3 \\ 5x_1+7x_2+x_3=28 \end{cases}.$$

解 为观察消元过程，我们将消元过程中每个步骤的方程组及与其对应的矩阵一并列出:

$$\begin{cases} 2x_1+2x_2-x_3=6 \\ x_1-2x_2+4x_3=3 \\ 5x_1+7x_2+x_3=28 \end{cases} \text{①} \overset{\text{对应}}{\longleftrightarrow} \begin{pmatrix} 2 & 2 & -1 & 6 \\ 1 & -2 & 4 & 3 \\ 5 & 7 & 1 & 28 \end{pmatrix} \text{①}$$

$$\to \begin{cases} 2x_1+2x_2-x_3=6 \\ -3x_2+\frac{9}{2}x_3=0 \\ 2x_2+\frac{7}{2}x_3=13 \end{cases} \text{②} \longleftrightarrow \begin{pmatrix} 2 & 2 & -1 & 6 \\ 0 & -3 & \frac{9}{2} & 0 \\ 0 & 2 & \frac{7}{2} & 13 \end{pmatrix} \text{②}$$

$$\to \begin{cases} 2x_1+2x_2-x_3=6 \\ -3x_2+\frac{9}{2}x_3=0 \\ \frac{13}{2}x_3=13 \end{cases} \text{③} \longleftrightarrow \begin{pmatrix} 2 & 2 & -1 & 6 \\ 0 & -3 & \frac{9}{2} & 0 \\ 0 & 0 & \frac{13}{2} & 13 \end{pmatrix} \text{③}$$

$$\to \begin{cases} 2x_1+2x_2-x_3=6 \\ -3x_2+\frac{9}{2}x_3=0 \\ x_3=2 \end{cases} \text{④} \longleftrightarrow \begin{pmatrix} 2 & 2 & -1 & 6 \\ 0 & -3 & \frac{9}{2} & 0 \\ 0 & 0 & 1 & 2 \end{pmatrix} \text{④}$$

从最后一个方程得到 $x_3=2$，将其代入第二个方程可得到 $x_2=3$，再将 $x_3=2$ 与

$x_2=3$ 一起代入第一个方程得到 $x_1=1$. 因此, 所求方程组的解为 $x_1=1, x_2=3, x_3=2$. ■

通常把过程 ① 至 ④ 称为**消元过程**, 矩阵 ④ 是行阶梯形矩阵, 与之对应的方程组 ④ 则称为**行阶梯形方程组**.

从上述解题过程可以看出, 用消元法求解线性方程组的具体做法就是对方程组反复实施以下三种变换:

(1) 交换某两个方程的位置;

(2) 用一个非零数乘某一个方程的两边;

(3) 将一个方程的倍数加到另一个方程上.

以上这三种变换称为**线性方程组的初等变换**. 而消元法的目的就是利用方程组的初等变换将原方程组化为阶梯形方程组. 显然这个阶梯形方程组与原线性方程组同解, 解这个阶梯形方程组得到原方程组的解. 如果用矩阵表示其系数及常数项, 则将原方程组化为行阶梯形方程组的过程就是将对应矩阵化为行阶梯形矩阵的过程.

将一个方程组化为行阶梯形方程组的步骤并不是唯一的, 所以, 同一个方程组的行阶梯形方程组也不是唯一的. 特别地, 我们还可以将一个一般的行阶梯形方程组化为行最简形方程组, 从而使我们能直接“读”出该线性方程组的解.

对本例, 我们还可以利用线性方程组的初等行变换继续化简线性方程组 ④:

$$\to\begin{cases}2x_1+2x_2 & =8\\ \quad -3x_2 & =-9\\ \qquad x_3 & =2\end{cases} \quad ⑤ \longleftrightarrow \begin{pmatrix}2 & 2 & 0 & 8\\0 & -3 & 0 & -9\\0 & 0 & 1 & 2\end{pmatrix} \quad ⑤$$

$$\to\begin{cases}2x_1+2x_2 & =8\\ \qquad x_2 & =3\\ \qquad x_3 & =2\end{cases} \quad ⑥ \longleftrightarrow \begin{pmatrix}2 & 2 & 0 & 8\\0 & 1 & 0 & 3\\0 & 0 & 1 & 2\end{pmatrix} \quad ⑥$$

$$\to\begin{cases}2x_1 & =2\\ \qquad x_2 & =3\\ \qquad x_3 & =2\end{cases} \quad ⑦ \longleftrightarrow \begin{pmatrix}2 & 0 & 0 & 2\\0 & 1 & 0 & 3\\0 & 0 & 1 & 2\end{pmatrix} \quad ⑦$$

$$\to\begin{cases}x_1 & =1\\ \qquad x_2 & =3\\ \qquad x_3 & =2\end{cases} \quad ⑧ \longleftrightarrow \begin{pmatrix}1 & 0 & 0 & 1\\0 & 1 & 0 & 3\\0 & 0 & 1 & 2\end{pmatrix} \quad ⑧$$

从方程组 ⑧, 我们可以一目了然地看出

$$x_1=1,\ x_2=3,\ x_3=2.$$

通常把过程 ⑤ 至 ⑧ 称为**回代过程**.

从引例中我们可得到如下启示: 用消元法解三元线性方程组的过程, 相当于对该方程组的系数与右端常数项按对应位置构成的矩阵作初等行变换. 对一般线性方程组是否有同样的结论? 答案是肯定的. 以下就一般线性方程组求解的问题进行讨论.

设有线性方程组

$$\begin{cases} a_{11}x_1+a_{12}x_2+\cdots+a_{1n}x_n=b_1 \\ a_{21}x_1+a_{22}x_2+\cdots+a_{2n}x_n=b_2 \\ \cdots\cdots \\ a_{m1}x_1+a_{m2}x_2+\cdots+a_{mn}x_n=b_m \end{cases}, \tag{1.1}$$

其矩阵形式为

$$\boldsymbol{Ax}=\boldsymbol{b}, \tag{1.2}$$

其中

$$\boldsymbol{A}=\begin{pmatrix} a_{11} & a_{12} & \cdots & a_{1n} \\ a_{21} & a_{22} & \cdots & a_{2n} \\ \vdots & \vdots & & \vdots \\ a_{m1} & a_{m2} & \cdots & a_{mn} \end{pmatrix},\quad \boldsymbol{x}=\begin{pmatrix} x_1 \\ x_2 \\ \vdots \\ x_n \end{pmatrix},\quad \boldsymbol{b}=\begin{pmatrix} b_1 \\ b_2 \\ \vdots \\ b_m \end{pmatrix}.$$

称矩阵 $(\boldsymbol{A}\ \ \boldsymbol{b})$（有时记为 $\widetilde{\boldsymbol{A}}$）为线性方程组 (1.1) 的**增广矩阵**.

当 $b_i=0\ (i=1,2,\cdots,m)$ 时，线性方程组 (1.1) 称为齐次的；否则称为非齐次的. 显然，齐次线性方程组的矩阵形式为

$$\boldsymbol{Ax}=\boldsymbol{0}. \tag{1.3}$$

定理 1 设 $\boldsymbol{A}=(a_{ij})_{m\times n}$，$n$ 元齐次线性方程组 $\boldsymbol{Ax}=\boldsymbol{0}$ 有非零解的充要条件是系数矩阵 $\boldsymbol{A}$ 的秩 $\mathrm{r}(\boldsymbol{A})<n$.

证明 必要性. 设方程组 $\boldsymbol{Ax}=\boldsymbol{0}$ 有非零解.

设 $\mathrm{r}(\boldsymbol{A})=n$，则在 $\boldsymbol{A}$ 中应有一个 n 阶非零子式 D_n. 根据克莱姆法则，D_n 所对应的 n 个方程只有零解，与假设矛盾，故 $\mathrm{r}(\boldsymbol{A})<n$.

充分性. 设 $\mathrm{r}(\boldsymbol{A})=s<n$，则 $\boldsymbol{A}$ 的行阶梯形矩阵只含有 s 个非零行，从而知其有 $n-s$ 个**自由未知量**（即可取任意实数的未知量）. 任取一个自由未知量为1，其余自由未知量为 0，即可得到方程组的一个非零解. ■

定理 2 设 $\boldsymbol{A}=(a_{ij})_{m\times n}$，$n$ 元非齐次线性方程组 $\boldsymbol{Ax}=\boldsymbol{b}$ 有解的充要条件是系数矩阵 $\boldsymbol{A}$ 的秩等于增广矩阵 $\widetilde{\boldsymbol{A}}=(\boldsymbol{A}\ \ \boldsymbol{b})$ 的秩，即 $\mathrm{r}(\boldsymbol{A})=\mathrm{r}(\widetilde{\boldsymbol{A}})$.

证明 必要性. 设方程组 $\boldsymbol{Ax}=\boldsymbol{b}$ 有解，但 $\mathrm{r}(\boldsymbol{A})<\mathrm{r}(\widetilde{\boldsymbol{A}})$，则 $\widetilde{\boldsymbol{A}}$ 的行阶梯形矩阵中最后一个非零行是矛盾方程，这与方程组有解矛盾，因此 $\mathrm{r}(\boldsymbol{A})=\mathrm{r}(\widetilde{\boldsymbol{A}})$.

充分性. 设 $\mathrm{r}(\boldsymbol{A})=\mathrm{r}(\widetilde{\boldsymbol{A}})=s\ (s\le n)$，则 $\widetilde{\boldsymbol{A}}$ 的行阶梯形矩阵中含有 s 个非零行，把这 s 行的第一个非零元所对应的未知量作为非自由量，其余 $n-s$ 个作为自由未知量，并令这 $n-s$ 个自由未知量全为零，即可得到方程组的一个解. ■

注：定理 2 的证明实际上给出了求解线性方程组 (1.1) 的方法. 此外，若记 $\widetilde{\boldsymbol{A}}=(\boldsymbol{A}\ \ \boldsymbol{b})$，则上述定理的结果可简要总结如下：

(1) $\mathrm{r}(\boldsymbol{A})=\mathrm{r}(\widetilde{\boldsymbol{A}})=n$，当且仅当 $\boldsymbol{Ax}=\boldsymbol{b}$ 有唯一解；

(2) $\mathrm{r}(\boldsymbol{A})=\mathrm{r}(\widetilde{\boldsymbol{A}})<n$，当且仅当 $\boldsymbol{Ax}=\boldsymbol{b}$ 有无穷多解；

(3) $\mathrm{r}(\boldsymbol{A})\ne\mathrm{r}(\widetilde{\boldsymbol{A}})$，当且仅当 $\boldsymbol{Ax}=\boldsymbol{b}$ 无解；

(4) $\mathrm{r}(\boldsymbol{A})=n$，当且仅当 $\boldsymbol{Ax}=\boldsymbol{0}$ 只有零解；

(5) $r(\boldsymbol{A})<n$，当且仅当 $\boldsymbol{Ax}=\boldsymbol{0}$ 有非零解．

对非齐次线性方程组，将增广矩阵 $\widetilde{\boldsymbol{A}}$ 化为行阶梯形矩阵，便可直接判断其是否有解，若有解，化为行最简形矩阵，便可直接写出其**全部解**．其中要注意，当 $r(\boldsymbol{A})=r(\widetilde{\boldsymbol{A}})=s<n$ 时，$\widetilde{\boldsymbol{A}}$ 的行阶梯形矩阵中含有 s 个非零行，把这 s 行的第一个非零元所对应的未知量作为非自由量，其余 $n-s$ 个作为自由未知量．

对齐次线性方程组，将其系数矩阵化为行最简形矩阵，便可直接写出其全部解．

例 1　求解齐次线性方程组 $\begin{cases} x_1+2x_2+2x_3+x_4=0 \\ 2x_1+x_2-2x_3-2x_4=0 \\ x_1-x_2-4x_3-3x_4=0 \end{cases}$．

解　对系数矩阵 $\boldsymbol{A}$ 施行初等行变换．

$$\boldsymbol{A}=\begin{pmatrix} 1 & 2 & 2 & 1 \\ 2 & 1 & -2 & -2 \\ 1 & -1 & -4 & -3 \end{pmatrix} \xrightarrow[r_3-r_1]{r_2-2r_1} \begin{pmatrix} 1 & 2 & 2 & 1 \\ 0 & -3 & -6 & -4 \\ 0 & -3 & -6 & -4 \end{pmatrix}$$

$$\xrightarrow[r_2\div(-3)]{r_3-r_2} \begin{pmatrix} 1 & 2 & 2 & 1 \\ 0 & 1 & 2 & 4/3 \\ 0 & 0 & 0 & 0 \end{pmatrix} \xrightarrow{r_1-2r_2} \begin{pmatrix} 1 & 0 & -2 & -5/3 \\ 0 & 1 & 2 & 4/3 \\ 0 & 0 & 0 & 0 \end{pmatrix}.$$

即得与原方程组同解的方程组

$$\begin{cases} x_1-2x_3-(5/3)x_4=0 \\ x_2+2x_3+(4/3)x_4=0 \end{cases}，\quad 即 \begin{cases} x_1=2x_3+(5/3)x_4 \\ x_2=-2x_3-(4/3)x_4 \end{cases} \quad (x_3,\ x_4 \text{ 可取任意值}).$$

令 $x_3=c_1$, $x_4=c_2$，将其写成向量形式为

$$\begin{pmatrix} x_1 \\ x_2 \\ x_3 \\ x_4 \end{pmatrix}=c_1\begin{pmatrix} 2 \\ -2 \\ 1 \\ 0 \end{pmatrix}+c_2\begin{pmatrix} 5/3 \\ -4/3 \\ 0 \\ 1 \end{pmatrix} \quad (c_1,\ c_2 \text{ 为任意实数}).$$

即方程组的全部解．■

例 2　解线性方程组 $\begin{cases} x_1+5x_2-x_3-x_4=-1 \\ x_1-2x_2+x_3+3x_4=3 \\ 3x_1+8x_2-x_3+x_4=1 \\ x_1-9x_2+3x_3+7x_4=7 \end{cases}$．

解　对增广矩阵 $(\boldsymbol{A}\ \ \boldsymbol{b})$ 施行初等行变换．

$$(\boldsymbol{A}\ \ \boldsymbol{b})=\begin{pmatrix} 1 & 5 & -1 & -1 & -1 \\ 1 & -2 & 1 & 3 & 3 \\ 3 & 8 & -1 & 1 & 1 \\ 1 & -9 & 3 & 7 & 7 \end{pmatrix} \to \begin{pmatrix} 1 & 5 & -1 & -1 & -1 \\ 0 & -7 & 2 & 4 & 4 \\ 0 & -7 & 2 & 4 & 4 \\ 0 & -14 & 4 & 8 & 8 \end{pmatrix}$$

$$\to\begin{pmatrix}1&5&-1&-1&-1\\0&-7&2&4&4\\0&0&0&0&0\\0&0&0&0&0\end{pmatrix}\to\begin{pmatrix}1&5&-1&-1&-1\\0&1&-2/7&-4/7&-4/7\\0&0&0&0&0\\0&0&0&0&0\end{pmatrix}.$$

因为 $\mathrm{r}(\boldsymbol{A}\ \ \boldsymbol{b})=\mathrm{r}(\boldsymbol{A})=2<4$，故方程组有无穷多解．利用上面最后一个矩阵进行回代得到

$$(\boldsymbol{A}\ \ \boldsymbol{b})\to\begin{pmatrix}1&0&3/7&13/7&13/7\\0&1&-2/7&-4/7&-4/7\\0&0&0&0&0\\0&0&0&0&0\end{pmatrix}.$$

该矩阵对应的方程组为

$$\begin{cases}x_1=\dfrac{13}{7}-\dfrac{3}{7}x_3-\dfrac{13}{7}x_4\\x_2=-\dfrac{4}{7}+\dfrac{2}{7}x_3+\dfrac{4}{7}x_4\end{cases}.$$

取 $x_3=c_1$，$x_4=c_2$ (其中 c_1, c_2 为任意常数)，则方程组的全部解为

$$\begin{cases}x_1=\dfrac{13}{7}-\dfrac{3}{7}c_1-\dfrac{13}{7}c_2\\x_2=-\dfrac{4}{7}+\dfrac{2}{7}c_1+\dfrac{4}{7}c_2\\x_3=c_1\\x_4=c_2\end{cases}.$$

■

例 3 讨论线性方程组

$$\begin{cases}x_1+x_2+2x_3+3x_4=1\\x_1+3x_2+6x_3+x_4=3\\3x_1-x_2-px_3+15x_4=3\\x_1-5x_2-10x_3+12x_4=t\end{cases},$$

当 p, t 取何值时，方程组无解？有唯一解？有无穷多解？在方程组有无穷多解的情况下，求出全部解.

解 $$\widetilde{\boldsymbol{A}}=\begin{pmatrix}1&1&2&3&1\\1&3&6&1&3\\3&-1&-p&15&3\\1&-5&-10&12&t\end{pmatrix}\to\begin{pmatrix}1&1&2&3&1\\0&2&4&-2&2\\0&-4&-p-6&6&0\\0&-6&-12&9&t-1\end{pmatrix}$$

$$\to\begin{pmatrix}1&1&2&3&1\\0&1&2&-1&1\\0&0&-p+2&2&4\\0&0&0&3&t+5\end{pmatrix}.$$

(1) 当 $p\neq 2$ 时，$r(A)=r(\widetilde{A})=4$，方程组有唯一解.

(2) 当 $p=2$ 时，有

$$\widetilde{A}\to\begin{pmatrix}1&1&2&3&1\\0&1&2&-1&1\\0&0&0&2&4\\0&0&0&3&t+5\end{pmatrix}\to\begin{pmatrix}1&1&2&3&1\\0&1&2&-1&1\\0&0&0&1&2\\0&0&0&0&t-1\end{pmatrix}.$$

当 $t\neq 1$ 时，$r(A)=3<r(\widetilde{A})=4$，方程组无解；

当 $t=1$ 时，$r(A)=r(\widetilde{A})=3$，方程组有无穷多解.

$$\widetilde{A}\to\begin{pmatrix}1&1&2&3&1\\0&1&2&-1&1\\0&0&0&1&2\\0&0&0&0&t-1\end{pmatrix}\to\begin{pmatrix}1&1&2&3&1\\0&1&2&-1&1\\0&0&0&1&2\\0&0&0&0&0\end{pmatrix}\to\begin{pmatrix}1&0&0&0&-8\\0&1&2&0&3\\0&0&0&1&2\\0&0&0&0&0\end{pmatrix},$$

从而有 $\begin{cases}x_1=-8\\x_2+2x_3=3\\x_4=2\end{cases}$，令 $x_3=c$，则原方程组的全部解为

$$\begin{pmatrix}x_1\\x_2\\x_3\\x_4\end{pmatrix}=c\begin{pmatrix}0\\-2\\1\\0\end{pmatrix}+\begin{pmatrix}-8\\3\\0\\2\end{pmatrix}\quad(c\text{为任意实数}).$$

■

注：设有下列三元一次线性方程组

$$\begin{cases}A_1x_1+B_1x_2+C_1x_3=D_1\\A_2x_1+B_2x_2+C_2x_3=D_2,\\A_3x_1+B_3x_2+C_3x_3=D_3\end{cases}$$

在高等数学课程空间解析几何的学习中，我们知道，上述线性方程组中的每一个线性方程在几何上都对应空间 $Ox_1x_2x_3$ 中的一个平面，将上述方程组第1、2、3个方程对应的平面分别记为平面 Π_1、Π_2、Π_3，我们来考察其解的几何意义：

(1) 如果上述线性方程组有唯一解，则其几何上对应的三个平面相交于一点(见图3-1-1(a))；

(2) 如果上述线性方程组有无穷多解，则其几何上对应的三个平面相交于一条线(见图3-1-1(b))，也称为三平面共线；

(3) 如果上述线性方程组无解，则其几何上对应的三个平面平行(见图3-1-1(c))，或其中两个平面平行(见图3-1-1(d))，或三个平面两两相交(见图3-1-1(e)).

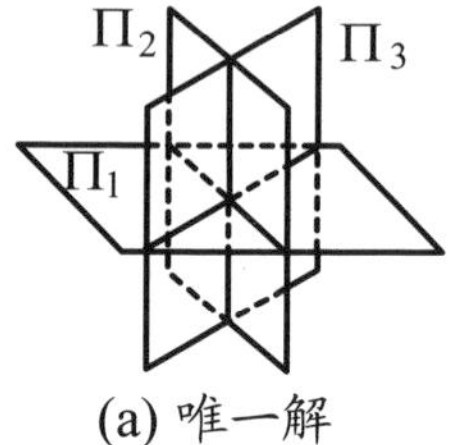

(a) 唯一解

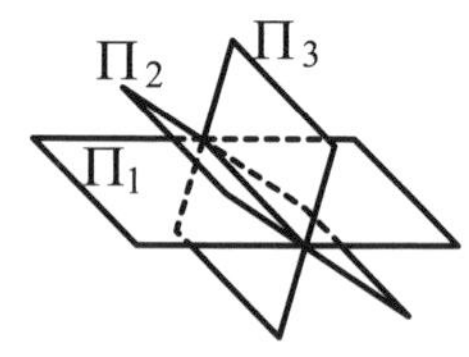

(b) 无穷多解

图3-1-1

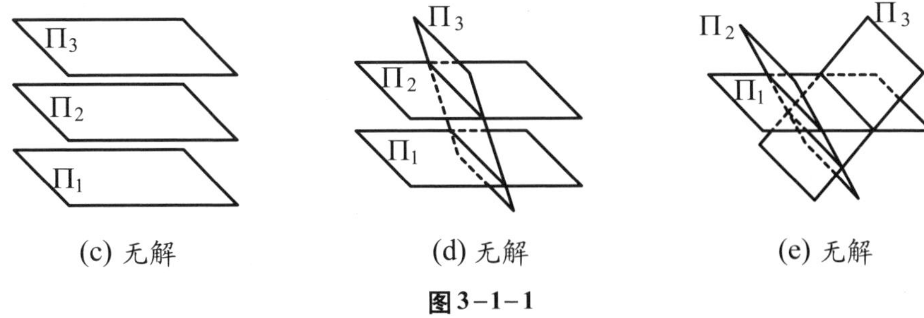

(c) 无解　　(d) 无解　　(e) 无解

图 3－1－1

*数学实验

实验3.1 试用计算软件判断下列方程组是否有解，若有解，试求其全部解．

$$(1)\begin{cases} x_1+2x_2+2x_3+x_5+4x_6=0 \\ 2x_1+5x_2+4x_3+4x_4+2x_5+9x_6=0 \\ -3x_1-6x_2-2x_3+8x_4+x_5+4x_6=0 \\ x_1+2x_2+3x_3+3x_4+3x_5+6x_6=0 \\ x_1+x_2+2x_3-4x_4+x_5+3x_6=0 \\ 2x_1+3x_2+5x_3-x_4+4x_5+9x_6=0 \end{cases};$$

$$(2)\begin{cases} x_1+2x_2+5x_3-7x_4+3x_5+3x_6=8 \\ -2x_1-2x_2-6x_3+3x_4+3x_5+3x_6=9 \\ 6x_1-2x_2-3x_3+39x_4-47x_5-47x_6=-125 \\ 8x_1+34x_2+66x_3-140x_4+98x_5+98x_6=280 \\ 5x_1+32x_2+54x_3-151x_4+112x_5+112x_6=336 \\ 3x_1-2x_2+4x_3+9x_4-7x_5-7x_6=-32 \end{cases};$$

$$(3)\begin{cases} 3x_1+6x_2+15x_3-21x_4+9x_5+135x_6=429 \\ -3x_1-4x_2-11x_3+10x_4-96x_6=-287 \\ 5x_1-4x_2-8x_3+46x_4-50x_5-81x_6=-376 \\ 7x_1+32x_2+61x_3-133x_4+95x_5+585x_6=2\,027 \\ x_1+24x_2+34x_3-123x_4+100x_5+388x_6=1\,468 \\ 3x_1-2x_2+4x_3+9x_4-7x_5+7x_6=-11 \end{cases};$$

$$(4)\begin{cases} 10x_1+6x_2+17x_3+11x_4-35x_5+28x_6=-128 \\ -2x_1-2x_2-6x_3+3x_4+3x_5+4x_6=12 \\ 5x_1-4x_2-8x_3+46x_4-50x_5+88x_6=-183 \\ 9x_1+36x_2+71x_3-147x_4+101x_5-258x_6=389 \\ 21x_1+82x_2+160x_3-347x_4+234x_5-612x_6=914 \\ 3x_1-2x_2+4x_3+9x_4-7x_5+16x_6=-38 \end{cases}.$$

计算实验

微信扫描右侧的二维码即可进行计算实验(详见教材配套的网络学习空间).

习题　3-1

1. 选择题.

(1) 设 $\boldsymbol{A}$ 为 $m\times n$ 矩阵, 齐次线性方程组 $\boldsymbol{Ax}=\boldsymbol{0}$ 仅有零解的充分必要条件是系数矩阵的秩 $\mathrm{r}(\boldsymbol{A})$(　　).

(A) 小于 m;　(B) 小于 n;　(C) 等于 m;　(D) 等于 n.

(2) 设非齐次线性方程组 $\boldsymbol{Ax}=\boldsymbol{b}$ 的导出组为 $\boldsymbol{Ax}=\boldsymbol{0}$. 如果 $\boldsymbol{Ax}=\boldsymbol{0}$ 仅有零解, 则 $\boldsymbol{Ax}=\boldsymbol{b}$(　　).

(A) 必有无穷多解;　(B) 必有唯一解;

(C) 必定无解;　(D) 选项 (A), (B), (C) 均不对.

(3) 设 $\boldsymbol{A}$ 是 $m\times n$ 矩阵, 非齐次线性方程组 $\boldsymbol{Ax}=\boldsymbol{b}$ 的导出组为 $\boldsymbol{Ax}=\boldsymbol{0}$. 如果 $m<n$, 则(　　).

(A) $\boldsymbol{Ax}=\boldsymbol{b}$ 必有无穷多解;　(B) $\boldsymbol{Ax}=\boldsymbol{b}$ 必有唯一解;

(C) $\boldsymbol{Ax}=\boldsymbol{0}$ 必有非零解;　(D) $\boldsymbol{Ax}=\boldsymbol{0}$ 必有唯一解.

2. 用回代法解下列线性方程组, 并写出每一步所对应的矩阵形式.

(1) $\begin{cases}3x_1+2x_2+x_3=-2\\ \qquad x_2-x_3=2\\ \qquad\quad 2x_3=4\end{cases}$;　(2) $\begin{cases}x_1-x_2+3x_3-2x_4=1\\ \qquad x_2-2x_3+3x_4=2\\ \qquad\quad 4x_3+3x_4=3\\ \qquad\qquad 4x_4=4\end{cases}$.

3. 用消元法解下列齐次线性方程组:

(1) $\begin{cases}x_1+2x_2-x_3=0\\ 2x_1+4x_2+7x_3=0\end{cases}$;　(2) $\begin{cases}x_1+2x_2-3x_3=0\\ 2x_1+5x_2+2x_3=0\\ 3x_1-x_2-4x_3=0\end{cases}$;

(3) $\begin{cases}x_1+x_2+2x_3-x_4=0\\ 2x_1+x_2+x_3-x_4=0\\ 2x_1+2x_2+x_3+2x_4=0\end{cases}$;　(4) $\begin{cases}x_1+2x_2+x_3-x_4=0\\ 3x_1+6x_2-x_3-3x_4=0\\ 5x_1+10x_2+x_3-5x_4=0\end{cases}$.

4. 用消元法解下列非齐次线性方程组:

(1) $\begin{cases}4x_1+2x_2-x_3=2\\ 3x_1-x_2+2x_3=10\\ 11x_1+3x_2\qquad=8\end{cases}$;　(2) $\begin{cases}2x+3y+z=4\\ x-2y+4z=-5\\ 3x+8y-2z=13\\ 4x-y+9z=-6\end{cases}$;

(3) $\begin{cases}2x+y-z+w=1\\ 4x+2y-2z+w=2\\ 2x+y-z-w=1\end{cases}$;　(4) $\begin{cases}2x+y-z+w=1\\ 3x-2y+z-3w=4\\ x+4y-3z+5w=-2\end{cases}$.

5. 三个工厂分别有 3 吨、2 吨和 1 吨产品要送到两个仓库储藏, 两个仓库各能储藏产品 4 吨和 2 吨, 用 x_{ij} 表示从第 i 个工厂送到第 j 个仓库的产品数 ($i=1,2,3$; $j=1,2$), 试列出 x_{ij} 所满足的关系式, 并求由此得到的线性方程组的解.

6. 确定 a 的值使下列齐次线性方程组有非零解, 并在有非零解时求其全部解.

(1) $\begin{cases} ax_1+x_2+x_3=0 \\ x_1+ax_2+x_3=0 \\ x_1+x_2+ax_3=0 \end{cases}$；　　(2) $\begin{cases} 2x_1-x_2+3x_3=0 \\ 3x_1-4x_2+7x_3=0 \\ x_1-2x_2+ax_3=0 \end{cases}$.

7. λ 取何值时，下列非齐次线性方程组有唯一解、无解或有无穷多解？并在有无穷多解时求出其解.

(1) $\begin{cases} \lambda x_1+x_2+x_3=1 \\ x_1+\lambda x_2+x_3=\lambda \\ x_1+x_2+\lambda x_3=\lambda^2 \end{cases}$；　　(2) $\begin{cases} -2x_1+x_2+x_3=-2 \\ x_1-2x_2+x_3=\lambda \\ x_1+x_2-2x_3=\lambda^2 \end{cases}$.

8. 研究金属薄板边界温度的变化如何影响薄板内部点的温度.

(1) 先估计图中所示的金属薄板上四点的温度 $T_1,\cdots,T_4$. 在每一种情况下，T_k 的值近似等于周围四个最近节点的平均温度.

(2) 不做任何计算，猜想当边界温度都乘以 3 时，图中内部点的温度. 验证你的猜想.

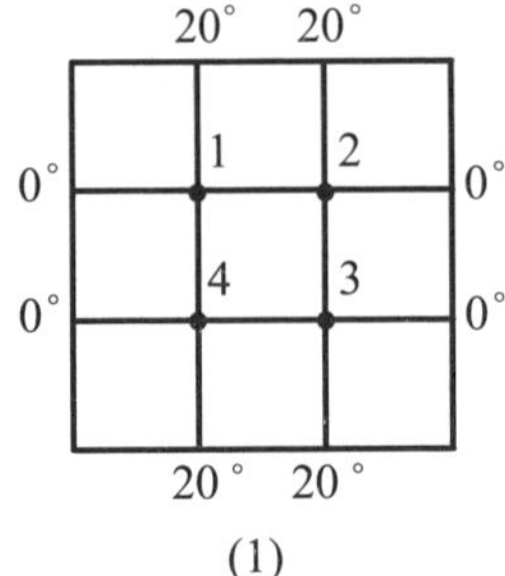

(1)

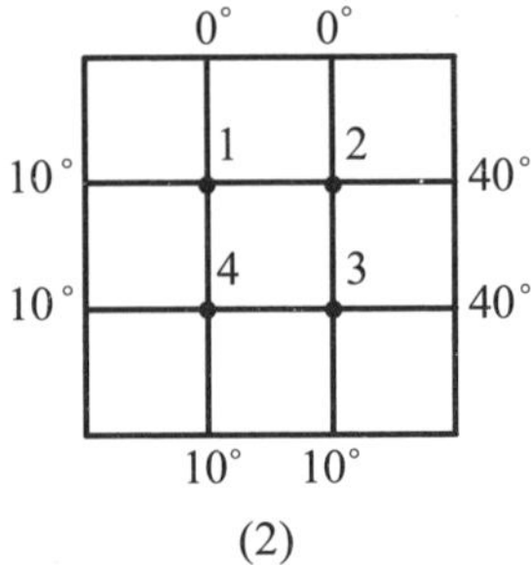

(2)

题 8 图

§3.2　向量组的线性组合

一、n 维向量及其线性运算

定义 1　n 个有次序的数 $a_1, a_2,\cdots, a_n$ 所组成的数组称为 **n 维向量**，这 n 个数称为该向量的 n 个**分量**，第 i 个数 a_i 称为**第 i 个分量**.

分量全为实数的向量称为**实向量**，分量为复数的向量称为**复向量**，除非特别声明，本书一般只讨论实向量.

n 维向量可写成一行，也可写成一列. 按第 2 章的规定，分别称为**行向量**和**列向量**，也就是行矩阵和列矩阵，并规定行向量和列向量都按矩阵的运算法则进行运算.

因此，n 维列向量 $\boldsymbol{\alpha}=\begin{pmatrix} a_1 \\ a_2 \\ \vdots \\ a_n \end{pmatrix}$ 与 n 维行向量 $\boldsymbol{\alpha}^{\mathrm{T}}=(a_1, a_2, \cdots, a_n)$ 总被视为两个不同

的向量(按定义1, $\boldsymbol{\alpha}$ 与 $\boldsymbol{\alpha}^{\mathrm{T}}$ 应是同一个向量).

本书中, 常用黑体小写字母 $\boldsymbol{\alpha}$, $\boldsymbol{\beta}$, $\boldsymbol{a}$, $\boldsymbol{b}$ 等表示列向量, 用 $\boldsymbol{\alpha}^{\mathrm{T}}$, $\boldsymbol{\beta}^{\mathrm{T}}$, $\boldsymbol{a}^{\mathrm{T}}$, $\boldsymbol{b}^{\mathrm{T}}$ 等表示行向量, 所讨论的向量在没有特别指明的情况下都被视为列向量.

注: 在解析几何中, 我们把“既有大小又有方向的量”称为向量, 并把可随意平行移动的有向线段作为向量的几何形象. 引入坐标系后, 又定义了向量的坐标表示式(三个有序实数), 此即上面定义的三维向量. 因此, 当 $n\leq 3$ 时, n 维向量可以把有向线段作为其几何形象. 当 $n>3$ 时, n 维向量没有直观的几何形象.

在空间解析几何中,“空间”通常作为点的集合, 称为点空间. 因为空间中的点 $P(x,y,z)$ 与三维向量 $\boldsymbol{r}=(x,y,z)^{\mathrm{T}}$ 之间有一一对应的关系, 故又把三维向量的全体组成的集合 $\boldsymbol{R}^3=\{\boldsymbol{r}=(x,y,z)^{\mathrm{T}}\mid x,y,z\in\mathbf{R}\}$ 称为**三维向量空间**. 类似地, n 维向量的全体组成的集合 $\boldsymbol{R}^n=\{\boldsymbol{x}=(x_1,x_2,\cdots,x_n)^{\mathrm{T}}\mid x_1,x_2,\cdots,x_n\in\mathbf{R}\}$ 称为 ***n* 维向量空间**.

若干个同维数的列向量(或行向量)所组成的集合称为**向量组**.

例如, 由一个 $m\times n$ 矩阵 $\boldsymbol{A}=\begin{pmatrix} a_{11} & a_{12} & \cdots & a_{1n} \\ a_{21} & a_{22} & \cdots & a_{2n} \\ \vdots & \vdots & & \vdots \\ a_{m1} & a_{m2} & \cdots & a_{mn} \end{pmatrix}$ 的每一列

$$\boldsymbol{\alpha}_j=\begin{pmatrix} a_{1j} \\ a_{2j} \\ \vdots \\ a_{mj} \end{pmatrix}\quad (j=1,2,\cdots,n)$$

组成的向量组 $\boldsymbol{\alpha}_1,\boldsymbol{\alpha}_2,\cdots,\boldsymbol{\alpha}_n$ 称为矩阵 $\boldsymbol{A}$ 的**列向量组**, 而由矩阵 $\boldsymbol{A}$ 的每一行

$$\boldsymbol{\beta}_i=(a_{i1},a_{i2},\cdots,a_{in})\quad (i=1,2,\cdots,m)$$

组成的向量组 $\boldsymbol{\beta}_1,\boldsymbol{\beta}_2,\cdots,\boldsymbol{\beta}_m$ 称为矩阵 $\boldsymbol{A}$ 的**行向量组**.

根据上述讨论, 矩阵 $\boldsymbol{A}$ 可记为

$$\boldsymbol{A}=(\boldsymbol{\alpha}_1,\boldsymbol{\alpha}_2,\cdots,\boldsymbol{\alpha}_n)\ \text{或}\ \boldsymbol{A}=\begin{pmatrix} \boldsymbol{\beta}_1 \\ \boldsymbol{\beta}_2 \\ \vdots \\ \boldsymbol{\beta}_m \end{pmatrix}.$$

这样, 矩阵 $\boldsymbol{A}$ 就与其列向量组或行向量组之间建立了一一对应关系.

定义 2　两个 n 维向量 $\boldsymbol{\alpha}=(a_1,a_2,\cdots,a_n)^{\mathrm{T}}$ 与 $\boldsymbol{\beta}=(b_1,b_2,\cdots,b_n)^{\mathrm{T}}$ 的各对应分量之和组成的向量, 称为**向量 $\boldsymbol{\alpha}$ 与 $\boldsymbol{\beta}$ 的和**, 记为 $\boldsymbol{\alpha}+\boldsymbol{\beta}$, 即

$$\boldsymbol{\alpha}+\boldsymbol{\beta}=(a_1+b_1,a_2+b_2,\cdots,a_n+b_n)^{\mathrm{T}}.$$

由加法和负向量的定义, 可定义**向量的减法**:

$$\boldsymbol{\alpha}-\boldsymbol{\beta}=\boldsymbol{\alpha}+(-\boldsymbol{\beta})=(a_1-b_1,\ a_2-b_2,\ \cdots,\ a_n-b_n)^{\mathrm{T}}.$$

定义 3 n 维向量 $\boldsymbol{\alpha}=(a_1,\ a_2,\ \cdots,\ a_n)^{\mathrm{T}}$ 的各个分量都乘以实数 k 所组成的向量，称为**数 k 与向量 $\boldsymbol{\alpha}$ 的乘积**(又简称为**数乘**)，记为 $k\boldsymbol{\alpha}$，即

$$k\boldsymbol{\alpha}=(ka_1,\ ka_2,\ \cdots,\ ka_n)^{\mathrm{T}}.$$

向量的加法和数乘运算统称为向量的**线性运算**.

注：向量的线性运算与行(列)矩阵的运算规律相同，从而也满足下列运算规律(其中 $\boldsymbol{\alpha},\boldsymbol{\beta},\boldsymbol{\gamma}\in\boldsymbol{R}^n$，$k,\ l\in\mathbf{R}$)：

① $\boldsymbol{\alpha}+\boldsymbol{\beta}=\boldsymbol{\beta}+\boldsymbol{\alpha}$； ② $(\boldsymbol{\alpha}+\boldsymbol{\beta})+\boldsymbol{\gamma}=\boldsymbol{\alpha}+(\boldsymbol{\beta}+\boldsymbol{\gamma})$；

③ $\boldsymbol{\alpha}+\boldsymbol{0}=\boldsymbol{\alpha}$； ④ $\boldsymbol{\alpha}+(-\boldsymbol{\alpha})=\boldsymbol{0}$；

⑤ $1\boldsymbol{\alpha}=\boldsymbol{\alpha}$； ⑥ $k(l\boldsymbol{\alpha})=(kl)\boldsymbol{\alpha}$；

⑦ $k(\boldsymbol{\alpha}+\boldsymbol{\beta})=k\boldsymbol{\alpha}+k\boldsymbol{\beta}$； ⑧ $(k+l)\boldsymbol{\alpha}=k\boldsymbol{\alpha}+l\boldsymbol{\alpha}$.

例 1 设 $\boldsymbol{\alpha}=(2,0,-1,3)^{\mathrm{T}}$，$\boldsymbol{\beta}=(1,7,4,-2)^{\mathrm{T}}$，$\boldsymbol{\gamma}=(0,1,0,1)^{\mathrm{T}}$.

(1) 求 $2\boldsymbol{\alpha}+\boldsymbol{\beta}-3\boldsymbol{\gamma}$；

(2) 若有 $\boldsymbol{x}$，满足 $3\boldsymbol{\alpha}-\boldsymbol{\beta}+5\boldsymbol{\gamma}+2\boldsymbol{x}=\boldsymbol{0}$，求 $\boldsymbol{x}$.

解 (1)

$$\begin{aligned}2\boldsymbol{\alpha}+\boldsymbol{\beta}-3\boldsymbol{\gamma}&=2(2,0,-1,3)^{\mathrm{T}}+(1,7,4,-2)^{\mathrm{T}}-3(0,1,0,1)^{\mathrm{T}}\\&=(5,4,2,1)^{\mathrm{T}}.\end{aligned}$$

(2) 由 $3\boldsymbol{\alpha}-\boldsymbol{\beta}+5\boldsymbol{\gamma}+2\boldsymbol{x}=\boldsymbol{0}$，得

$$\begin{aligned}\boldsymbol{x}&=\frac{1}{2}(-3\boldsymbol{\alpha}+\boldsymbol{\beta}-5\boldsymbol{\gamma})\\&=\frac{1}{2}[-3(2,0,-1,3)^{\mathrm{T}}+(1,7,4,-2)^{\mathrm{T}}-5(0,1,0,1)^{\mathrm{T}}]\\&=\left(-\frac{5}{2},1,\ \frac{7}{2},-8\right)^{\mathrm{T}}.\end{aligned}$$

■

二、向量组的线性组合

考察线性方程组

$$\begin{cases}a_{11}x_1+a_{12}x_2+\cdots+a_{1n}x_n=b_1\\a_{21}x_1+a_{22}x_2+\cdots+a_{2n}x_n=b_2\\\cdots\cdots\\a_{m1}x_1+a_{m2}x_2+\cdots+a_{mn}x_n=b_m\end{cases}. \tag{2.1}$$

令

$$\boldsymbol{\alpha}_j=\begin{pmatrix}a_{1j}\\a_{2j}\\\vdots\\a_{mj}\end{pmatrix}\quad(j=1,\ 2,\ \cdots,\ n),\quad\boldsymbol{\beta}=\begin{pmatrix}b_1\\b_2\\\vdots\\b_m\end{pmatrix}, \tag{2.2}$$

则线性方程组 (2.1) 可表示为如下向量形式:

$$\boldsymbol{\alpha}_1 x_1 + \boldsymbol{\alpha}_2 x_2 + \cdots + \boldsymbol{\alpha}_n x_n = \boldsymbol{\beta}. \tag{2.3}$$

于是，线性方程组 (2.1) 是否有解，就相当于是否存在一组数 $k_1, k_2, \cdots, k_n$ 使得下列线性关系式成立：

$$\boldsymbol{\beta} = k_1\boldsymbol{\alpha}_1 + k_2\boldsymbol{\alpha}_2 + \cdots + k_n\boldsymbol{\alpha}_n.$$

在探讨这一问题之前，我们先介绍几个有关向量组的概念.

定义 4　给定向量组 A: $\boldsymbol{\alpha}_1, \boldsymbol{\alpha}_2, \cdots, \boldsymbol{\alpha}_s$，对于任何一组实数 $k_1, k_2, \cdots, k_s$，表达式 $k_1\boldsymbol{\alpha}_1 + k_2\boldsymbol{\alpha}_2 + \cdots + k_s\boldsymbol{\alpha}_s$ 称为向量组 A 的一个**线性组合**, $k_1, k_2, \cdots, k_s$ 称为这个线性组合的**系数**，也称为该线性组合的**权重**.

定义 5　给定向量组 A: $\boldsymbol{\alpha}_1, \boldsymbol{\alpha}_2, \cdots, \boldsymbol{\alpha}_s$ 和向量 $\boldsymbol{\beta}$, 若存在一组数 $k_1, k_2, \cdots, k_s$, 使

$$\boldsymbol{\beta} = k_1\boldsymbol{\alpha}_1 + k_2\boldsymbol{\alpha}_2 + \cdots + k_s\boldsymbol{\alpha}_s,$$

则称向量 $\boldsymbol{\beta}$ 是向量组 A 的**线性组合**, 又称向量 $\boldsymbol{\beta}$ 能由向量组 A **线性表示** (或**线性表出**).

从线性方程组 (2.1) 的向量形式 (2.3) 可见, 向量 $\boldsymbol{\beta}$ 能否由向量组 $\boldsymbol{\alpha}_1, \boldsymbol{\alpha}_2, \cdots, \boldsymbol{\alpha}_s$ 线性表示的问题等价于线性方程组 $\boldsymbol{\alpha}_1 x_1 + \boldsymbol{\alpha}_2 x_2 + \cdots + \boldsymbol{\alpha}_s x_s = \boldsymbol{\beta}$ 是否有解的问题. 于是，根据§3.1 的定理 2，可得:

定理 1　设向量 $\boldsymbol{\beta}, \boldsymbol{\alpha}_j\ (j=1, 2, \cdots, s)$ 由式 (2.2) 给出，则向量 $\boldsymbol{\beta}$ 能由向量组 $\boldsymbol{\alpha}_1, \boldsymbol{\alpha}_2, \cdots, \boldsymbol{\alpha}_s$ 线性表示的充分必要条件是矩阵

$$\boldsymbol{A} = (\boldsymbol{\alpha}_1, \boldsymbol{\alpha}_2, \cdots, \boldsymbol{\alpha}_s) \text{ 与 } \widetilde{\boldsymbol{A}} = (\boldsymbol{\alpha}_1, \boldsymbol{\alpha}_2, \cdots, \boldsymbol{\alpha}_s, \boldsymbol{\beta})$$

的秩相等.

例如, 设有列向量组

$$\boldsymbol{\alpha}_1 = \begin{pmatrix} 10 \\ 26 \\ 22 \\ 32 \\ 8 \end{pmatrix}, \ \boldsymbol{\alpha}_2 = \begin{pmatrix} 28 \\ 78 \\ 66 \\ 94 \\ 24 \end{pmatrix}, \ \boldsymbol{\alpha}_3 = \begin{pmatrix} -12 \\ -21 \\ -18 \\ -30 \\ -6 \end{pmatrix}, \ \boldsymbol{\alpha}_4 = \begin{pmatrix} 60 \\ 208 \\ 180 \\ 236 \\ 64 \end{pmatrix}, \ \boldsymbol{\alpha}_5 = \begin{pmatrix} 10 \\ 10 \\ 10 \\ 20 \\ 5 \end{pmatrix}, \ \boldsymbol{\beta} = \begin{pmatrix} 72 \\ 214 \\ 183 \\ 253 \\ 67 \end{pmatrix}.$$

根据第 60 页实验 2.7(3) 的结果, 由该列向量组构成矩阵

$$\begin{pmatrix} 10 & 28 & -12 & 60 & 10 & 72 \\ 26 & 78 & -21 & 208 & 10 & 214 \\ 22 & 66 & -18 & 180 & 10 & 183 \\ 32 & 94 & -30 & 236 & 20 & 253 \\ 8 & 24 & -6 & 64 & 5 & 67 \end{pmatrix} \to \begin{pmatrix} 1 & 0 & 0 & 0 & 0 & 13 \\ 0 & 2 & 0 & 0 & 0 & -5 \\ 0 & 0 & 3 & 0 & 0 & 5 \\ 0 & 0 & 0 & 4 & 0 & 2 \\ 0 & 0 & 0 & 0 & 5 & 1 \end{pmatrix}.$$

两矩阵秩相等, 所以, 向量 $\boldsymbol{\beta}$ 可由 $\boldsymbol{\alpha}_1, \boldsymbol{\alpha}_2, \cdots, \boldsymbol{\alpha}_5$ 线性表示, 且由上面右侧的矩阵，可得线性表示式为

$$\boldsymbol{\beta} = 13\boldsymbol{\alpha}_1 - \frac{5}{2}\boldsymbol{\alpha}_2 + \frac{5}{3}\boldsymbol{\alpha}_3 + \frac{1}{2}\boldsymbol{\alpha}_4 + \frac{1}{5}\boldsymbol{\alpha}_5.$$

例 2 任何一个 n 维向量 $\boldsymbol{\alpha}=(a_1, a_2, \cdots, a_n)^{\mathrm{T}}$ 都是 n 维单位向量组 $\boldsymbol{\varepsilon}_1=(1, 0, \cdots, 0)^{\mathrm{T}}$, $\boldsymbol{\varepsilon}_2=(0, 1, 0, \cdots, 0)^{\mathrm{T}}$, $\cdots$, $\boldsymbol{\varepsilon}_n=(0, \cdots, 0, 1)^{\mathrm{T}}$ 的线性组合.

因为
$$\boldsymbol{\alpha}=a_1\boldsymbol{\varepsilon}_1+a_2\boldsymbol{\varepsilon}_2+\cdots+a_n\boldsymbol{\varepsilon}_n.$$
■

例 3 零向量是任何一组向量的线性组合.

因为
$$\boldsymbol{0}=0\cdot\boldsymbol{\alpha}_1+0\cdot\boldsymbol{\alpha}_2+\cdots+0\cdot\boldsymbol{\alpha}_s.$$
■

例 4 向量组 $\boldsymbol{\alpha}_1, \boldsymbol{\alpha}_2, \cdots, \boldsymbol{\alpha}_s$ 中任一向量 $\boldsymbol{\alpha}_j$ $(1\le j\le s)$ 都是此向量组的线性组合.

因为
$$\boldsymbol{\alpha}_j=0\cdot\boldsymbol{\alpha}_1+\cdots+1\cdot\boldsymbol{\alpha}_j+\cdots+0\cdot\boldsymbol{\alpha}_s.$$
■

例 5 判断向量 $\boldsymbol{\beta}=(4, 3, -1, 11)^{\mathrm{T}}$ 是否为向量组 $\boldsymbol{\alpha}_1=(1, 2, -1, 5)^{\mathrm{T}}$, $\boldsymbol{\alpha}_2=(2, -1, 1, 1)^{\mathrm{T}}$ 的线性组合. 若是，写出表示式.

解 设 $k_1\boldsymbol{\alpha}_1+k_2\boldsymbol{\alpha}_2=\boldsymbol{\beta}$, 对矩阵 $(\boldsymbol{\alpha}_1\ \ \boldsymbol{\alpha}_2\ \ \boldsymbol{\beta})$ 施以初等行变换：
$$\begin{pmatrix}1&2&4\\2&-1&3\\-1&1&-1\\5&1&11\end{pmatrix}\to\begin{pmatrix}1&2&4\\0&-5&-5\\0&3&3\\0&-9&-9\end{pmatrix}\to\begin{pmatrix}1&2&4\\0&1&1\\0&0&0\\0&0&0\end{pmatrix}\to\begin{pmatrix}1&0&2\\0&1&1\\0&0&0\\0&0&0\end{pmatrix}.$$
易见，
$$\mathrm{r}(\boldsymbol{\alpha}_1\ \ \boldsymbol{\alpha}_2\ \ \boldsymbol{\beta})=\mathrm{r}(\boldsymbol{\alpha}_1\ \ \boldsymbol{\alpha}_2)=2.$$
故 $\boldsymbol{\beta}$ 可由 $\boldsymbol{\alpha}_1, \boldsymbol{\alpha}_2$ 线性表示，且由上面最后一个矩阵可知，取 $k_1=2$, $k_2=1$ 可使
$$\boldsymbol{\beta}=2\boldsymbol{\alpha}_1+\boldsymbol{\alpha}_2.$$
■

三、向量组间的线性表示

定义 6 设有两向量组
$$\boldsymbol{A}: \boldsymbol{\alpha}_1, \boldsymbol{\alpha}_2, \cdots, \boldsymbol{\alpha}_s;\quad \boldsymbol{B}: \boldsymbol{\beta}_1, \boldsymbol{\beta}_2, \cdots, \boldsymbol{\beta}_t,$$
若向量组 $\boldsymbol{B}$ 中的每一个向量都能由向量组 $\boldsymbol{A}$ 线性表示，则称向量组 $\boldsymbol{B}$ 能由向量组 $\boldsymbol{A}$ **线性表示**. 若向量组 $\boldsymbol{A}$ 与向量组 $\boldsymbol{B}$ 能相互线性表示，则称这两个**向量组等价**.

按定义, 若向量组 $\boldsymbol{B}$ 能由向量组 $\boldsymbol{A}$ 线性表示, 则存在 $k_{1j}, k_{2j}, \cdots, k_{sj}$ $(j=1, 2, \cdots, t)$, 使
$$\boldsymbol{\beta}_j=k_{1j}\boldsymbol{\alpha}_1+k_{2j}\boldsymbol{\alpha}_2+\cdots+k_{sj}\boldsymbol{\alpha}_s=(\boldsymbol{\alpha}_1, \boldsymbol{\alpha}_2, \cdots, \boldsymbol{\alpha}_s)\begin{pmatrix}k_{1j}\\k_{2j}\\\vdots\\k_{sj}\end{pmatrix},$$
故
$$(\boldsymbol{\beta}_1, \boldsymbol{\beta}_2, \cdots, \boldsymbol{\beta}_t)=(\boldsymbol{\alpha}_1, \boldsymbol{\alpha}_2, \cdots, \boldsymbol{\alpha}_s)\begin{pmatrix}k_{11}&k_{12}&\cdots&k_{1t}\\k_{21}&k_{22}&\cdots&k_{2t}\\\vdots&\vdots&&\vdots\\k_{s1}&k_{s2}&\cdots&k_{st}\end{pmatrix},$$
其中矩阵 $\boldsymbol{K}_{s\times t}=(k_{ij})_{s\times t}$ 称为这一线性表示的**系数矩阵**.

例如, 设有两向量组

$$\boldsymbol{A}:\ \boldsymbol{\alpha}_1=\begin{pmatrix}-1\\1\\1\\-1\end{pmatrix},\ \boldsymbol{\alpha}_2=\begin{pmatrix}4\\-8\\2\\1\end{pmatrix},\ \boldsymbol{\alpha}_3=\begin{pmatrix}1\\-4\\4\\-1\end{pmatrix},\ \boldsymbol{\alpha}_4=\begin{pmatrix}-2\\1\\4\\-3\end{pmatrix};$$

$$\boldsymbol{B}:\ \boldsymbol{\beta}_1=\begin{pmatrix}2\\-10\\11\\-4\end{pmatrix},\ \boldsymbol{\beta}_2=\begin{pmatrix}4\\-12\\9\\-2\end{pmatrix},\ \boldsymbol{\beta}_3=\begin{pmatrix}-2\\4\\-1\\0\end{pmatrix},\ \boldsymbol{\beta}_4=\begin{pmatrix}-3\\8\\-5\\1\end{pmatrix},\ \boldsymbol{\beta}_5=\begin{pmatrix}8\\-14\\1\\4\end{pmatrix}.$$

易验证向量组 $\boldsymbol{B}$: $\boldsymbol{\beta}_1, \boldsymbol{\beta}_2, \boldsymbol{\beta}_3, \boldsymbol{\beta}_4, \boldsymbol{\beta}_5$ 能由向量组 $\boldsymbol{A}$: $\boldsymbol{\alpha}_1, \boldsymbol{\alpha}_2, \boldsymbol{\alpha}_3, \boldsymbol{\alpha}_4$ 线性表示, 且

$$\boldsymbol{\beta}_1=\boldsymbol{\alpha}_1+\boldsymbol{\alpha}_2+\boldsymbol{\alpha}_3+\boldsymbol{\alpha}_4,\quad \boldsymbol{\beta}_2=-\boldsymbol{\alpha}_1+\boldsymbol{\alpha}_2+\boldsymbol{\alpha}_3+\boldsymbol{\alpha}_4,$$
$$\boldsymbol{\beta}_3=\boldsymbol{\alpha}_1-\boldsymbol{\alpha}_2+\boldsymbol{\alpha}_3-\boldsymbol{\alpha}_4,\quad \boldsymbol{\beta}_4=\boldsymbol{\alpha}_1-\boldsymbol{\alpha}_2-\boldsymbol{\alpha}_4,$$
$$\boldsymbol{\beta}_5=-\boldsymbol{\alpha}_1+\boldsymbol{\alpha}_2+\boldsymbol{\alpha}_3-\boldsymbol{\alpha}_4,$$

于是

$$(\boldsymbol{\beta}_1,\boldsymbol{\beta}_2,\boldsymbol{\beta}_3,\boldsymbol{\beta}_4,\boldsymbol{\beta}_5)=(\boldsymbol{\alpha}_1,\boldsymbol{\alpha}_2,\boldsymbol{\alpha}_3,\boldsymbol{\alpha}_4)\begin{pmatrix}1&-1&1&1&-1\\1&1&-1&-1&1\\1&1&1&0&1\\1&1&-1&-1&-1\end{pmatrix},$$

上述线性表示的系数矩阵即为

$$\begin{pmatrix}1&-1&1&1&-1\\1&1&-1&-1&1\\1&1&1&0&1\\1&1&-1&-1&-1\end{pmatrix}.$$

引理　若 $\boldsymbol{C}_{s\times n}=\boldsymbol{A}_{s\times t}\boldsymbol{B}_{t\times n}$, 则矩阵 $\boldsymbol{C}$ 的列向量组能由矩阵 $\boldsymbol{A}$ 的列向量组线性表示, $\boldsymbol{B}$ 为这一表示的系数矩阵. 而矩阵 $\boldsymbol{C}$ 的行向量组能由矩阵 $\boldsymbol{B}$ 的行向量组线性表示, $\boldsymbol{A}$ 为这一表示的系数矩阵.

定理 2　若向量组 $\boldsymbol{A}$ 可由向量组 $\boldsymbol{B}$ 线性表示, 向量组 $\boldsymbol{B}$ 可由向量组 $\boldsymbol{C}$ 线性表示, 则向量组 $\boldsymbol{A}$ 可由向量组 $\boldsymbol{C}$ 线性表示.

证明　由定理的条件, 存在系数矩阵 $\boldsymbol{M}$, $\boldsymbol{N}$, 使得

$$\boldsymbol{A}=\boldsymbol{BM},\ \boldsymbol{B}=\boldsymbol{CN},$$

由此得

$$\boldsymbol{A}=\boldsymbol{CNM}=\boldsymbol{CK},\ \text{其中}\ \boldsymbol{K}=\boldsymbol{NM},$$

即向量组 $\boldsymbol{A}$ 可由向量组 $\boldsymbol{C}$ 线性表示. ■

习题 3-2

1. 设 $\boldsymbol{v}_1=(1,1,0)^{\mathrm{T}}$, $\boldsymbol{v}_2=(0,1,1)^{\mathrm{T}}$, $\boldsymbol{v}_3=(3,4,0)^{\mathrm{T}}$, 求 $\boldsymbol{v}_1-\boldsymbol{v}_2$ 及 $3\boldsymbol{v}_1+2\boldsymbol{v}_2-\boldsymbol{v}_3$.

2. 将下列向量中的 $\boldsymbol{\beta}$ 表示为其余向量的线性组合：

$$\boldsymbol{\beta}=(3,5,-6),\ \boldsymbol{\alpha}_1=(1,0,1),\ \boldsymbol{\alpha}_2=(1,1,1),\ \boldsymbol{\alpha}_3=(0,-1,-1).$$

3. 已知向量组 $\boldsymbol{B}$：$\boldsymbol{\beta}_1,\boldsymbol{\beta}_2,\boldsymbol{\beta}_3$ 由向量组 $\boldsymbol{A}$：$\boldsymbol{\alpha}_1,\boldsymbol{\alpha}_2,\boldsymbol{\alpha}_3$ 线性表示的表示式为

$$\boldsymbol{\beta}_1=\boldsymbol{\alpha}_1-\boldsymbol{\alpha}_2+\boldsymbol{\alpha}_3,\quad \boldsymbol{\beta}_2=\boldsymbol{\alpha}_1+\boldsymbol{\alpha}_2-\boldsymbol{\alpha}_3,\quad \boldsymbol{\beta}_3=-\boldsymbol{\alpha}_1+\boldsymbol{\alpha}_2+\boldsymbol{\alpha}_3,$$

试将向量组 $\boldsymbol{A}$ 的向量用向量组 $\boldsymbol{B}$ 的向量线性表示.

4. 求一个秩是 4 的方阵，它的两个行向量是 $(1,0,1,0,0)$, $(1,-1,0,0,0)$.

5. 设有向量

$$\boldsymbol{\alpha}_1=\begin{pmatrix}1+\lambda\\1\\1\end{pmatrix},\ \boldsymbol{\alpha}_2=\begin{pmatrix}1\\1+\lambda\\1\end{pmatrix},\ \boldsymbol{\alpha}_3=\begin{pmatrix}1\\1\\1+\lambda\end{pmatrix},\ \boldsymbol{\beta}=\begin{pmatrix}0\\\lambda\\\lambda^2\end{pmatrix}.$$

试问当 λ 取何值时，

(1) $\boldsymbol{\beta}$ 可由 $\boldsymbol{\alpha}_1,\boldsymbol{\alpha}_2,\boldsymbol{\alpha}_3$ 线性表示，且表达式唯一？

(2) $\boldsymbol{\beta}$ 可由 $\boldsymbol{\alpha}_1,\boldsymbol{\alpha}_2,\boldsymbol{\alpha}_3$ 线性表示，但表达式不唯一？

(3) $\boldsymbol{\beta}$ 不能由 $\boldsymbol{\alpha}_1,\boldsymbol{\alpha}_2,\boldsymbol{\alpha}_3$ 线性表示？

§3.3 向量组的线性相关性

一、线性相关性概念

定义 1 给定向量组 $\boldsymbol{A}$：$\boldsymbol{\alpha}_1,\boldsymbol{\alpha}_2,\cdots,\boldsymbol{\alpha}_s$，如果存在不全为零的数 $k_1,k_2,\cdots,k_s$，使

$$k_1\boldsymbol{\alpha}_1+k_2\boldsymbol{\alpha}_2+\cdots+k_s\boldsymbol{\alpha}_s=\boldsymbol{0}, \tag{3.1}$$

则称向量组 $\boldsymbol{A}$ **线性相关**，否则称为**线性无关**.

由上述定义可见：

(1) 向量组只含有一个向量 $\boldsymbol{\alpha}$ 时，$\boldsymbol{\alpha}$ 线性无关的充分必要条件是 $\boldsymbol{\alpha}\neq\boldsymbol{0}$. 因此，单个零向量 $\boldsymbol{0}$ 是线性相关的. 进一步还可推出，包含零向量的任何向量组都是线性相关的. 事实上，对向量组 $\boldsymbol{\alpha}_1,\boldsymbol{\alpha}_2,\cdots,\boldsymbol{0},\cdots,\boldsymbol{\alpha}_s$ 恒有

$$0\boldsymbol{\alpha}_1+0\boldsymbol{\alpha}_2+\cdots+k\boldsymbol{0}+\cdots+0\boldsymbol{\alpha}_s=\boldsymbol{0},$$

其中 k 可以是任意不为零的数，故该向量组线性相关.

(2) 仅含两个向量的向量组线性相关的充分必要条件是这两个向量的对应分量成比例. 两向量线性相关的几何意义是这两个向量共线(见图 3–3–1).

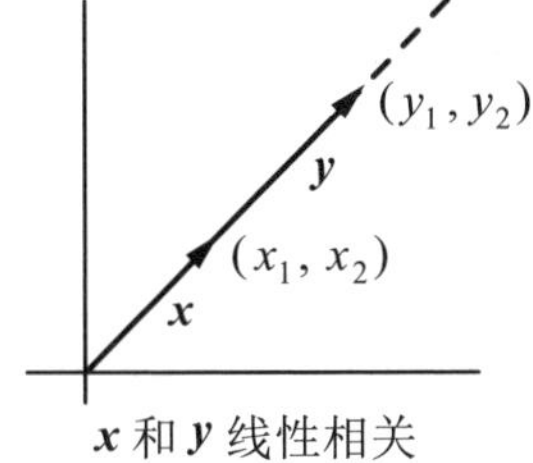

$\boldsymbol{x}$ 和 $\boldsymbol{y}$ 线性相关

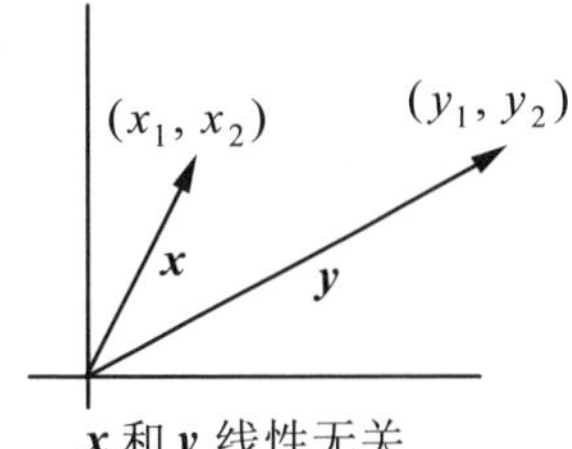

$\boldsymbol{x}$ 和 $\boldsymbol{y}$ 线性无关

图 3–3–1

(3) 三个向量线性相关的几何意义是这三个向量共面(见图 3−3−2).

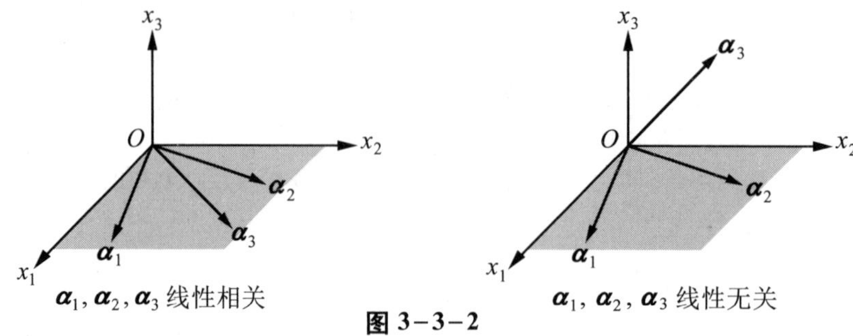

图 3−3−2

最后我们指出, 如果当且仅当 $k_1 = k_2 = \cdots = k_s = 0$ 时式 (3.1) 才成立, 则向量组 $\boldsymbol{\alpha}_1, \boldsymbol{\alpha}_2, \cdots, \boldsymbol{\alpha}_s$ 是线性无关的, 这也是论证一向量组线性无关的基本方法.

例如, 向量组 $\begin{pmatrix}1\\0\\1\end{pmatrix}, \begin{pmatrix}0\\1\\1\end{pmatrix}, \begin{pmatrix}1\\1\\0\end{pmatrix}$ 线性无关, 因为若

$$c_1\begin{pmatrix}1\\0\\1\end{pmatrix}+c_2\begin{pmatrix}0\\1\\1\end{pmatrix}+c_3\begin{pmatrix}1\\1\\0\end{pmatrix}=\begin{pmatrix}0\\0\\0\end{pmatrix},$$

即 $\begin{cases}c_1 \quad\quad + c_3 = 0\\ \quad\quad c_2 + c_3 = 0\\ c_1 + c_2 \quad\quad = 0\end{cases}$, 该方程组只有零解, 所以 $c_1 = 0, c_2 = 0, c_3 = 0$, 从而上述向量组是线性无关的.

二、线性相关性的判定

定理 1 向量组 $\boldsymbol{\alpha}_1, \boldsymbol{\alpha}_2, \cdots, \boldsymbol{\alpha}_s\ (s \geq 2)$ 线性相关的充要条件是向量组中至少有一个向量可由其余 $s-1$ 个向量线性表示.

证明 必要性. 设 $\boldsymbol{\alpha}_1, \boldsymbol{\alpha}_2, \cdots, \boldsymbol{\alpha}_s$ 线性相关, 则存在 s 个不全为零的数 $k_1, k_2, \cdots, k_s$, 使得 $k_1\boldsymbol{\alpha}_1 + k_2\boldsymbol{\alpha}_2 + \cdots + k_s\boldsymbol{\alpha}_s = \mathbf{0}$ 成立. 不妨设 $k_1 \neq 0$, 于是

$$\boldsymbol{\alpha}_1 = \left(-\frac{k_2}{k_1}\right)\boldsymbol{\alpha}_2 + \cdots + \left(-\frac{k_s}{k_1}\right)\boldsymbol{\alpha}_s,$$

即 $\boldsymbol{\alpha}_1$ 可由其余向量线性表示.

充分性. 设 $\boldsymbol{\alpha}_1, \boldsymbol{\alpha}_2, \cdots, \boldsymbol{\alpha}_s$ 中至少有一个向量能由其余向量线性表示, 不妨设

$$\boldsymbol{\alpha}_1 = k_2\boldsymbol{\alpha}_2 + \cdots + k_s\boldsymbol{\alpha}_s,$$

即

$$(-1)\boldsymbol{\alpha}_1 + k_2\boldsymbol{\alpha}_2 + \cdots + k_s\boldsymbol{\alpha}_s = \mathbf{0},$$

故 $\boldsymbol{\alpha}_1, \boldsymbol{\alpha}_2, \cdots, \boldsymbol{\alpha}_s$ 线性相关. ■

例如, 设有向量组

$$\boldsymbol{\alpha}_1 = (1, -1, 1, 0)^{\mathrm{T}}, \ \boldsymbol{\alpha}_2 = (1, 0, 1, 0)^{\mathrm{T}}, \ \boldsymbol{\alpha}_3 = (0, 1, 0, 0)^{\mathrm{T}},$$

因为 $\boldsymbol{\alpha}_1 - \boldsymbol{\alpha}_2 + \boldsymbol{\alpha}_3 = \mathbf{0}$, 故 $\boldsymbol{\alpha}_1, \boldsymbol{\alpha}_2, \boldsymbol{\alpha}_3$ 线性相关. 由 $\boldsymbol{\alpha}_1 - \boldsymbol{\alpha}_2 + \boldsymbol{\alpha}_3 = \mathbf{0}$, 易见有

$$\boldsymbol{\alpha}_1=\boldsymbol{\alpha}_2-\boldsymbol{\alpha}_3,\quad \boldsymbol{\alpha}_2=\boldsymbol{\alpha}_1+\boldsymbol{\alpha}_3,\quad \boldsymbol{\alpha}_3=-\boldsymbol{\alpha}_1+\boldsymbol{\alpha}_2.$$

设有列向量组 $\boldsymbol{\alpha}_1,\boldsymbol{\alpha}_2,\cdots,\boldsymbol{\alpha}_s$，及由该向量组构成的矩阵 $\boldsymbol{A}=(\boldsymbol{\alpha}_1,\boldsymbol{\alpha}_2,\cdots,\boldsymbol{\alpha}_s)$，则向量组 $\boldsymbol{\alpha}_1,\boldsymbol{\alpha}_2,\cdots,\boldsymbol{\alpha}_s$ 线性相关，就是齐次线性方程组

$$x_1\boldsymbol{\alpha}_1+x_2\boldsymbol{\alpha}_2+\cdots+x_s\boldsymbol{\alpha}_s=\mathbf{0}\quad(\text{即 }\boldsymbol{A}\boldsymbol{x}=\mathbf{0})$$

有非零解. 故由 §3.1 定理 1 即得如下定理:

定理 2 设有列向量组 $\boldsymbol{\alpha}_j=\begin{pmatrix}a_{1j}\\a_{2j}\\\vdots\\a_{nj}\end{pmatrix}(j=1,2,\cdots,s)$，则向量组 $\boldsymbol{\alpha}_1,\boldsymbol{\alpha}_2,\cdots,\boldsymbol{\alpha}_s$ 线性相关的充要条件是：矩阵 $\boldsymbol{A}=(\boldsymbol{\alpha}_1,\boldsymbol{\alpha}_2,\cdots,\boldsymbol{\alpha}_s)$ 的秩小于向量的个数 s.

推论 1 s 个 n 维列向量 $\boldsymbol{\alpha}_1,\boldsymbol{\alpha}_2,\cdots,\boldsymbol{\alpha}_s$ 线性无关 (线性相关) 的充要条件是：矩阵 $\boldsymbol{A}=(\boldsymbol{\alpha}_1,\boldsymbol{\alpha}_2,\cdots,\boldsymbol{\alpha}_s)$ 的秩等于 (小于) 向量的个数 s.

推论 2 n 个 n 维列向量 $\boldsymbol{\alpha}_1,\boldsymbol{\alpha}_2,\cdots,\boldsymbol{\alpha}_n$ 线性无关 (线性相关) 的充要条件是：矩阵 $\boldsymbol{A}=(\boldsymbol{\alpha}_1,\boldsymbol{\alpha}_2,\cdots,\boldsymbol{\alpha}_n)$ 的行列式不等于 (等于) 零.

注: 上述结论对于矩阵的行向量组也同样成立.

推论 3 当向量组中所含向量的个数大于向量的维数时，此向量组必线性相关.

定理2及其推论告诉我们,向量组线性相关性的判定实际上可以转化为对该向量组所构成的矩阵的秩的判定.

例如，取第 58 页实验 2.6(3) 与 (6) 题矩阵的前 5 列构成矩阵 $\boldsymbol{A}$ 与 $\boldsymbol{B}$，则有

$$\boldsymbol{A}=(\boldsymbol{\alpha}_1,\boldsymbol{\alpha}_2,\boldsymbol{\alpha}_3,\boldsymbol{\alpha}_4,\boldsymbol{\alpha}_5)=\begin{pmatrix}5&18&9&16&35\\9&36&12&31&67\\11&44&15&38&82\\6&26&6&22&47\\4&16&6&14&30\end{pmatrix}\to\begin{pmatrix}1&2&3&2&5\\0&2&-3&1&2\\0&0&3&1&1\\0&0&0&0&0\\0&0&0&0&0\end{pmatrix},$$

$$\boldsymbol{B}=(\boldsymbol{\beta}_1,\boldsymbol{\beta}_2,\boldsymbol{\beta}_3,\boldsymbol{\beta}_4,\boldsymbol{\beta}_5)=\begin{pmatrix}10&28&-12&60&10\\26&78&-21&208&10\\22&66&-18&180&10\\32&94&-30&236&20\\8&24&-6&64&5\end{pmatrix}\to\begin{pmatrix}2&4&-6&-4&5\\0&2&3&20&-10\\0&0&3&-4&10\\0&0&0&4&0\\0&0&0&0&5\end{pmatrix},$$

易见矩阵 $\boldsymbol{A}$ 的秩 $\mathrm{r}(\boldsymbol{A})<5$，故其列向量组 $\boldsymbol{\alpha}_1,\boldsymbol{\alpha}_2,\boldsymbol{\alpha}_3,\boldsymbol{\alpha}_4,\boldsymbol{\alpha}_5$ 线性相关；而矩阵 $\boldsymbol{B}$ 的秩 $\mathrm{r}(\boldsymbol{B})=5$，故其列向量组 $\boldsymbol{\beta}_1,\boldsymbol{\beta}_2,\boldsymbol{\beta}_3,\boldsymbol{\beta}_4,\boldsymbol{\beta}_5$ 线性无关.

例 1 n 维向量组

$$\boldsymbol{\varepsilon}_1=(1,0,\cdots,0)^{\mathrm{T}},\quad \boldsymbol{\varepsilon}_2=(0,1,\cdots,0)^{\mathrm{T}},\quad \cdots,\quad \boldsymbol{\varepsilon}_n=(0,0,\cdots,1)^{\mathrm{T}}$$

称为 n 维单位坐标向量组，讨论其线性相关性.

解 n 维单位坐标向量组构成的矩阵

$$\boldsymbol{E}=(\boldsymbol{\varepsilon}_1,\boldsymbol{\varepsilon}_2,\cdots,\boldsymbol{\varepsilon}_n)=\begin{pmatrix}1&0&\cdots&0\\0&1&\cdots&0\\\vdots&\vdots&&\vdots\\0&0&\cdots&1\end{pmatrix}$$

是 n 阶单位矩阵.

由 $|\boldsymbol{E}|=1\neq 0$, 知 $\mathrm{r}(\boldsymbol{E})=n$, 即 $\mathrm{r}(\boldsymbol{E})$ 等于向量组中向量的个数, 故由推论 2 知, 此向量组是线性无关的. ■

例 2 已知

$$\boldsymbol{\alpha}_1=\begin{pmatrix}1\\1\\1\end{pmatrix},\quad \boldsymbol{\alpha}_2=\begin{pmatrix}0\\2\\5\end{pmatrix},\quad \boldsymbol{\alpha}_3=\begin{pmatrix}2\\4\\7\end{pmatrix},$$

试讨论向量组 $\boldsymbol{\alpha}_1,\boldsymbol{\alpha}_2,\boldsymbol{\alpha}_3$ 及向量组 $\boldsymbol{\alpha}_1,\boldsymbol{\alpha}_2$ 的线性相关性.

解 对矩阵 $\boldsymbol{A}=(\boldsymbol{\alpha}_1,\boldsymbol{\alpha}_2,\boldsymbol{\alpha}_3)$ 施行初等行变换, 将其化为行阶梯形矩阵, 即可同时看出矩阵 $\boldsymbol{A}$ 及 $\boldsymbol{B}=(\boldsymbol{\alpha}_1,\boldsymbol{\alpha}_2)$ 的秩, 利用定理 2 即可得出结论.

$$(\boldsymbol{\alpha}_1,\boldsymbol{\alpha}_2,\boldsymbol{\alpha}_3)=\begin{pmatrix}1&0&2\\1&2&4\\1&5&7\end{pmatrix}\xrightarrow[r_3-r_1]{r_2-r_1}\begin{pmatrix}1&0&2\\0&2&2\\0&5&5\end{pmatrix}\xrightarrow{r_3-\frac{5}{2}r_2}\begin{pmatrix}1&0&2\\0&2&2\\0&0&0\end{pmatrix},$$

可见 $\mathrm{r}(\boldsymbol{A})=2$, $\mathrm{r}(\boldsymbol{B})=2$, 故向量组 $\boldsymbol{\alpha}_1,\boldsymbol{\alpha}_2,\boldsymbol{\alpha}_3$ 线性相关; 向量组 $\boldsymbol{\alpha}_1,\boldsymbol{\alpha}_2$ 线性无关. ■

定理 3 若向量组中有一部分向量 (**部分组**) 线性相关, 则整个向量组线性相关.

证明 设向量组 $\boldsymbol{\alpha}_1,\boldsymbol{\alpha}_2,\cdots,\boldsymbol{\alpha}_s$ 中有 $r\ (r\leq s)$ 个向量的部分组线性相关, 不妨设 $\boldsymbol{\alpha}_1,\boldsymbol{\alpha}_2,\cdots,\boldsymbol{\alpha}_r$ 线性相关, 则存在不全为零的数 $k_1,k_2,\cdots,k_r$, 使

$$k_1\boldsymbol{\alpha}_1+k_2\boldsymbol{\alpha}_2+\cdots+k_r\boldsymbol{\alpha}_r=\mathbf{0}$$

成立. 因而存在一组不全为零的数 $k_1,k_2,\cdots,k_r,0,\cdots,0$, 使

$$k_1\boldsymbol{\alpha}_1+k_2\boldsymbol{\alpha}_2+\cdots+k_r\boldsymbol{\alpha}_r+0\cdot\boldsymbol{\alpha}_{r+1}+\cdots+0\cdot\boldsymbol{\alpha}_s=\mathbf{0}$$

成立, 即 $\boldsymbol{\alpha}_1,\boldsymbol{\alpha}_2,\cdots,\boldsymbol{\alpha}_s$ 线性相关. ■

推论 4 线性无关的向量组中的任一部分组皆线性无关.

定理 4 若向量组 $\boldsymbol{\alpha}_1,\cdots,\boldsymbol{\alpha}_s,\boldsymbol{\beta}$ 线性相关, 而向量组 $\boldsymbol{\alpha}_1,\boldsymbol{\alpha}_2,\cdots,\boldsymbol{\alpha}_s$ 线性无关, 则向量 $\boldsymbol{\beta}$ 可由 $\boldsymbol{\alpha}_1,\boldsymbol{\alpha}_2,\cdots,\boldsymbol{\alpha}_s$ 线性表示, 且表示法唯一.

证明 先证 $\boldsymbol{\beta}$ 可由 $\boldsymbol{\alpha}_1,\boldsymbol{\alpha}_2,\cdots,\boldsymbol{\alpha}_s$ 线性表示.

因为 $\boldsymbol{\alpha}_1,\cdots,\boldsymbol{\alpha}_s,\boldsymbol{\beta}$ 线性相关, 故存在一组不全为零的数 $k_1,\cdots,k_s,k$, 使得

$$k_1\boldsymbol{\alpha}_1+\cdots+k_s\boldsymbol{\alpha}_s+k\boldsymbol{\beta}=\mathbf{0}$$

成立. 注意到 $\boldsymbol{\alpha}_1,\cdots,\boldsymbol{\alpha}_s$ 线性无关, 易知 $k\neq 0$, 所以

$$\boldsymbol{\beta}=\left(-\frac{k_1}{k}\right)\boldsymbol{\alpha}_1+\left(-\frac{k_2}{k}\right)\boldsymbol{\alpha}_2+\cdots+\left(-\frac{k_s}{k}\right)\boldsymbol{\alpha}_s.$$

再证表示法的唯一性. 若

$$\boldsymbol{\beta}=h_1\boldsymbol{\alpha}_1+\cdots+h_s\boldsymbol{\alpha}_s,\quad \boldsymbol{\beta}=l_1\boldsymbol{\alpha}_1+\cdots+l_s\boldsymbol{\alpha}_s,$$

整理得

$$(h_1-l_1)\boldsymbol{\alpha}_1+\cdots+(h_s-l_s)\boldsymbol{\alpha}_s=\mathbf{0}.$$

由 $\boldsymbol{\alpha}_1,\boldsymbol{\alpha}_2,\cdots,\boldsymbol{\alpha}_s$ 线性无关，易知 $h_1=l_1,\cdots,h_s=l_s$，故表示法是唯一的. ■

例如，任意一向量 $\boldsymbol{\alpha}=(a_1,a_2,\cdots,a_n)^{\mathrm{T}}$ 可由单位向量 $\boldsymbol{\varepsilon}_1,\boldsymbol{\varepsilon}_2,\cdots,\boldsymbol{\varepsilon}_n$ 唯一地线性表示，即

$$\boldsymbol{\alpha}=a_1\boldsymbol{\varepsilon}_1+a_2\boldsymbol{\varepsilon}_2+\cdots+a_n\boldsymbol{\varepsilon}_n.$$

定理 5 设有两向量组

$$\boldsymbol{A}:\boldsymbol{\alpha}_1,\boldsymbol{\alpha}_2,\cdots,\boldsymbol{\alpha}_s;\quad \boldsymbol{B}:\boldsymbol{\beta}_1,\boldsymbol{\beta}_2,\cdots,\boldsymbol{\beta}_t,$$

向量组 $\boldsymbol{B}$ 能由向量组 $\boldsymbol{A}$ 线性表示，若 $s<t$，则向量组 $\boldsymbol{B}$ 线性相关.

证明 设

$$(\boldsymbol{\beta}_1,\boldsymbol{\beta}_2,\cdots,\boldsymbol{\beta}_t)=(\boldsymbol{\alpha}_1,\boldsymbol{\alpha}_2,\cdots,\boldsymbol{\alpha}_s)\begin{pmatrix}k_{11}&k_{12}&\cdots&k_{1t}\\k_{21}&k_{22}&\cdots&k_{2t}\\\vdots&\vdots&&\vdots\\k_{s1}&k_{s2}&\cdots&k_{st}\end{pmatrix},\tag{3.2}$$

欲证存在不全为零的数 $x_1,x_2,\cdots,x_t$ 使

$$x_1\boldsymbol{\beta}_1+x_2\boldsymbol{\beta}_2+\cdots+x_t\boldsymbol{\beta}_t=(\boldsymbol{\beta}_1,\boldsymbol{\beta}_2,\cdots,\boldsymbol{\beta}_t)\begin{pmatrix}x_1\\x_2\\\vdots\\x_t\end{pmatrix}=\mathbf{0},\tag{3.3}$$

将式(3.2)代入式(3.3)，并注意到 $s<t$，则知齐次线性方程组

$$\begin{pmatrix}k_{11}&k_{12}&\cdots&k_{1t}\\k_{21}&k_{22}&\cdots&k_{2t}\\\vdots&\vdots&&\vdots\\k_{s1}&k_{s2}&\cdots&k_{st}\end{pmatrix}\begin{pmatrix}x_1\\x_2\\\vdots\\x_t\end{pmatrix}=\mathbf{0}$$

有非零解，从而向量组 $\boldsymbol{B}$ 线性相关. ■

例如，从第 92 页引理上方的例子中，我们有

$$(\boldsymbol{\beta}_1,\boldsymbol{\beta}_2,\boldsymbol{\beta}_3,\boldsymbol{\beta}_4,\boldsymbol{\beta}_5)=(\boldsymbol{\alpha}_1,\boldsymbol{\alpha}_2,\boldsymbol{\alpha}_3,\boldsymbol{\alpha}_4)\begin{pmatrix}1&-1&1&1&-1\\1&1&-1&-1&1\\1&1&1&0&1\\1&1&-1&-1&-1\end{pmatrix},$$

这里，向量组 $\boldsymbol{\alpha}_1,\boldsymbol{\alpha}_2,\boldsymbol{\alpha}_3,\boldsymbol{\alpha}_4$ 的个数4小于向量组 $\boldsymbol{\beta}_1,\boldsymbol{\beta}_2,\boldsymbol{\beta}_3,\boldsymbol{\beta}_4,\boldsymbol{\beta}_5$ 的个数5，从而可根据定理5的结论，判定向量组 $\boldsymbol{\beta}_1,\boldsymbol{\beta}_2,\boldsymbol{\beta}_3,\boldsymbol{\beta}_4,\boldsymbol{\beta}_5$ 线性相关.

易得定理 5 的等价命题：

推论 5 设向量组 $\boldsymbol{B}$ 能由向量组 $\boldsymbol{A}$ 线性表示，若向量组 $\boldsymbol{B}$ 线性无关，则 $s\geq t$.

推论 6 设向量组 $\boldsymbol{A}$ 与 $\boldsymbol{B}$ 可以相互线性表示，若 $\boldsymbol{A}$ 与 $\boldsymbol{B}$ 都是线性无关的，则 $s=t$.

证明 向量组 $\boldsymbol{A}$ 线性无关且可由 $\boldsymbol{B}$ 线性表示，则 $s\leq t$；向量组 $\boldsymbol{B}$ 线性无关且可

由 $\boldsymbol{A}$ 线性表示，则 $s \geq t$. 故有 $s = t$. ■

例 3　设向量组 $\boldsymbol{\alpha}_1, \boldsymbol{\alpha}_2, \boldsymbol{\alpha}_3$ 线性相关，向量组 $\boldsymbol{\alpha}_2, \boldsymbol{\alpha}_3, \boldsymbol{\alpha}_4$ 线性无关，证明:

(1) $\boldsymbol{\alpha}_1$ 能由 $\boldsymbol{\alpha}_2, \boldsymbol{\alpha}_3$ 线性表示；

(2) $\boldsymbol{\alpha}_4$ 不能由 $\boldsymbol{\alpha}_1, \boldsymbol{\alpha}_2, \boldsymbol{\alpha}_3$ 线性表示.

证明　(1) 因 $\boldsymbol{\alpha}_2, \boldsymbol{\alpha}_3, \boldsymbol{\alpha}_4$ 线性无关，由推论 4 知 $\boldsymbol{\alpha}_2, \boldsymbol{\alpha}_3$ 线性无关，而 $\boldsymbol{\alpha}_1, \boldsymbol{\alpha}_2, \boldsymbol{\alpha}_3$ 线性相关，由定理 4 知 $\boldsymbol{\alpha}_1$ 能由 $\boldsymbol{\alpha}_2, \boldsymbol{\alpha}_3$ 线性表示.

(2) 用反证法. 假设 $\boldsymbol{\alpha}_4$ 能由 $\boldsymbol{\alpha}_1, \boldsymbol{\alpha}_2, \boldsymbol{\alpha}_3$ 表示，而由 (1) 知 $\boldsymbol{\alpha}_1$ 能由 $\boldsymbol{\alpha}_2, \boldsymbol{\alpha}_3$ 表示，因此 $\boldsymbol{\alpha}_4$ 能由 $\boldsymbol{\alpha}_2, \boldsymbol{\alpha}_3$ 线性表示，这与 $\boldsymbol{\alpha}_2, \boldsymbol{\alpha}_3, \boldsymbol{\alpha}_4$ 线性无关矛盾. ■

习题 3-3

1. 判定下列向量组是线性相关还是线性无关:

(1) $\boldsymbol{\alpha}_1 = (1, 0, -1)^{\mathrm{T}}$,　$\boldsymbol{\alpha}_2 = (-2, 2, 0)^{\mathrm{T}}$,　$\boldsymbol{\alpha}_3 = (3, -5, 2)^{\mathrm{T}}$；

(2) $\boldsymbol{\alpha}_1 = (1, 1, 3, 1)^{\mathrm{T}}$,　$\boldsymbol{\alpha}_2 = (3, -1, 2, 4)^{\mathrm{T}}$,　$\boldsymbol{\alpha}_3 = (2, 2, 7, -1)^{\mathrm{T}}$；

(3) $\boldsymbol{\alpha}_1 = (1, 0, 0, 2, 5)^{\mathrm{T}}$,　$\boldsymbol{\alpha}_2 = (0, 1, 0, 3, 4)^{\mathrm{T}}$,　$\boldsymbol{\alpha}_3 = (0, 0, 1, 4, 7)^{\mathrm{T}}$,　$\boldsymbol{\alpha}_4 = (2, -3, 4, 11, 12)^{\mathrm{T}}$.

2. 求 a 取什么值时，下列向量组线性相关？

$$\boldsymbol{\alpha}_1 = \begin{pmatrix} a \\ 1 \\ 1 \end{pmatrix},\ \boldsymbol{\alpha}_2 = \begin{pmatrix} 1 \\ a \\ -1 \end{pmatrix},\ \boldsymbol{\alpha}_3 = \begin{pmatrix} 1 \\ -1 \\ a \end{pmatrix}.$$

3. 设 $\boldsymbol{\alpha}_1, \boldsymbol{\alpha}_2$ 线性无关，$\boldsymbol{\alpha}_1 + \boldsymbol{\beta}, \boldsymbol{\alpha}_2 + \boldsymbol{\beta}$ 线性相关，求向量 $\boldsymbol{\beta}$ 由 $\boldsymbol{\alpha}_1, \boldsymbol{\alpha}_2$ 线性表示的表示式.

4. 设 $\boldsymbol{\beta}_1 = \boldsymbol{\alpha}_1, \boldsymbol{\beta}_2 = \boldsymbol{\alpha}_1 + \boldsymbol{\alpha}_2, \cdots, \boldsymbol{\beta}_r = \boldsymbol{\alpha}_1 + \boldsymbol{\alpha}_2 + \cdots + \boldsymbol{\alpha}_r$，且向量组 $\boldsymbol{\alpha}_1, \boldsymbol{\alpha}_2, \cdots, \boldsymbol{\alpha}_r$ 线性无关，证明向量组 $\boldsymbol{\beta}_1, \boldsymbol{\beta}_2, \cdots, \boldsymbol{\beta}_r$ 线性无关.

5. 设三维列向量 $\boldsymbol{\alpha}_1, \boldsymbol{\alpha}_2, \boldsymbol{\alpha}_3$ 线性无关，$\boldsymbol{A}$ 是三阶矩阵，且有

$$\boldsymbol{A}\boldsymbol{\alpha}_1 = \boldsymbol{\alpha}_1 + 2\boldsymbol{\alpha}_2 + 3\boldsymbol{\alpha}_3,\quad \boldsymbol{A}\boldsymbol{\alpha}_2 = 2\boldsymbol{\alpha}_2 + 3\boldsymbol{\alpha}_3,\quad \boldsymbol{A}\boldsymbol{\alpha}_3 = 3\boldsymbol{\alpha}_2 - 4\boldsymbol{\alpha}_3,$$

试求 $|\boldsymbol{A}|$.

6. 设 $\boldsymbol{\alpha}_1, \boldsymbol{\alpha}_2, \cdots, \boldsymbol{\alpha}_n$ 是一组 n 维向量，已知 n 维单位向量组 $\boldsymbol{\varepsilon}_1, \boldsymbol{\varepsilon}_2, \cdots, \boldsymbol{\varepsilon}_n$ 能由它们线性表示，证明 $\boldsymbol{\alpha}_1, \boldsymbol{\alpha}_2, \cdots, \boldsymbol{\alpha}_n$ 线性无关.

§3.4　向量组的秩

本节我们考察一向量组中拥有最大个数的线性无关向量的部分组——极大线性无关向量组，并由此引入向量组的秩的定义. 在此基础上，进一步讨论矩阵与其行向量组和列向量组间秩的相等关系，这个关系是我们处理线性方程组相关信息的一个强有力的工具.

一、极大线性无关向量组

定义1　设有向量组 $\boldsymbol{A}$: $\boldsymbol{\alpha}_1, \boldsymbol{\alpha}_2, \cdots, \boldsymbol{\alpha}_s$，若在向量组 $\boldsymbol{A}$ 中能选出 r 个向量 $\boldsymbol{\alpha}_{j_1}$, $\boldsymbol{\alpha}_{j_2}, \cdots, \boldsymbol{\alpha}_{j_r}$，满足

(1) 向量组 $\boldsymbol{A}_0$: $\boldsymbol{\alpha}_{j_1}, \boldsymbol{\alpha}_{j_2}, \cdots, \boldsymbol{\alpha}_{j_r}$ 线性无关,

(2) 向量组 $\boldsymbol{A}$ 中任意 $r+1$ 个向量(若存在的话)都线性相关,

则称向量组 $\boldsymbol{A}_0$ 是向量组 $\boldsymbol{A}$ 的一个**极大线性无关向量组**(简称为**极大无关组**).

注: 向量组的极大无关组可能不止一个,但由§3.3 推论 6 知,其向量的个数是相等的.

例如,二维向量组 $\boldsymbol{\alpha}_1=(0,1)^{\mathrm{T}}$, $\boldsymbol{\alpha}_2=(1,0)^{\mathrm{T}}$, $\boldsymbol{\alpha}_3=(1,1)^{\mathrm{T}}$, $\boldsymbol{\alpha}_4=(0,2)^{\mathrm{T}}$, 因为任何三个二维向量的向量组必定线性相关,又 $\boldsymbol{\alpha}_1, \boldsymbol{\alpha}_2$ 线性无关,故 $\boldsymbol{\alpha}_1, \boldsymbol{\alpha}_2$ 是该向量组的一个极大线性无关组. 易知 $\boldsymbol{\alpha}_2, \boldsymbol{\alpha}_3$ 也是该向量组的极大线性无关组.

定理 1　如果 $\boldsymbol{\alpha}_{j_1}, \boldsymbol{\alpha}_{j_2}, \cdots, \boldsymbol{\alpha}_{j_r}$ 是 $\boldsymbol{\alpha}_1, \boldsymbol{\alpha}_2, \cdots, \boldsymbol{\alpha}_s$ 的线性无关部分组,它是极大无关组的充分必要条件是 $\boldsymbol{\alpha}_1, \boldsymbol{\alpha}_2, \cdots, \boldsymbol{\alpha}_s$ 中的每一个向量都可由 $\boldsymbol{\alpha}_{j_1}, \boldsymbol{\alpha}_{j_2}, \cdots, \boldsymbol{\alpha}_{j_r}$ 线性表示.

证明　必要性. 若 $\boldsymbol{\alpha}_{j_1}, \boldsymbol{\alpha}_{j_2}, \cdots, \boldsymbol{\alpha}_{j_r}$ 是 $\boldsymbol{\alpha}_1, \boldsymbol{\alpha}_2, \cdots, \boldsymbol{\alpha}_s$ 的一个极大无关组,则当 j 是 $j_1, j_2, \cdots, j_r$ 中的数时,显然 $\boldsymbol{\alpha}_j$ 可由 $\boldsymbol{\alpha}_{j_1}, \boldsymbol{\alpha}_{j_2}, \cdots, \boldsymbol{\alpha}_{j_r}$ 线性表示;而当 j 不是 j_1, $j_2, \cdots, j_r$ 中的数时, $\boldsymbol{\alpha}_j, \boldsymbol{\alpha}_{j_1}, \boldsymbol{\alpha}_{j_2}, \cdots, \boldsymbol{\alpha}_{j_r}$ 线性相关,又 $\boldsymbol{\alpha}_{j_1}, \boldsymbol{\alpha}_{j_2}, \cdots, \boldsymbol{\alpha}_{j_r}$ 线性无关,由§3.3 定理 4 知, $\boldsymbol{\alpha}_j$ 可由 $\boldsymbol{\alpha}_{j_1}, \boldsymbol{\alpha}_{j_2}, \cdots, \boldsymbol{\alpha}_{j_r}$ 线性表示.

充分性. 如果 $\boldsymbol{\alpha}_1, \boldsymbol{\alpha}_2, \cdots, \boldsymbol{\alpha}_s$ 可由 $\boldsymbol{\alpha}_{j_1}, \boldsymbol{\alpha}_{j_2}, \cdots, \boldsymbol{\alpha}_{j_r}$ 线性表示,则 $\boldsymbol{\alpha}_1, \boldsymbol{\alpha}_2, \cdots, \boldsymbol{\alpha}_s$ 中任何包含 $r+1(s>r)$ 个向量的部分向量组都线性相关,于是, $\boldsymbol{\alpha}_{j_1}, \boldsymbol{\alpha}_{j_2}, \cdots, \boldsymbol{\alpha}_{j_r}$ 是极大无关组. ■

注: 由定理 1 知,向量组与其极大线性无关组可相互线性表示,即向量组与其极大线性无关组等价.

二、向量组的秩

定义 2　向量组 $\boldsymbol{\alpha}_1, \boldsymbol{\alpha}_2, \cdots, \boldsymbol{\alpha}_s$ 的极大无关组所含向量的个数称为该向量组的**秩**,记为 $\mathrm{r}(\boldsymbol{\alpha}_1, \boldsymbol{\alpha}_2, \cdots, \boldsymbol{\alpha}_s)$.

规定: 由零向量组成的向量组的秩为 0.

例如,前面已经讨论过,二维向量组

$$\boldsymbol{\alpha}_1=(0,1)^{\mathrm{T}}, \quad \boldsymbol{\alpha}_2=(1,0)^{\mathrm{T}}, \quad \boldsymbol{\alpha}_3=(1,1)^{\mathrm{T}}, \ \boldsymbol{\alpha}_4=(0,2)^{\mathrm{T}}$$

的极大无关组的向量的个数为 2,故 $\mathrm{r}(\boldsymbol{\alpha}_1, \boldsymbol{\alpha}_2, \boldsymbol{\alpha}_3, \boldsymbol{\alpha}_4)=2$.

三、矩阵与向量组秩的关系

定理 2　设 $\boldsymbol{A}$ 为 $m \times n$ 矩阵,则矩阵 $\boldsymbol{A}$ 的秩等于它的列向量组的秩,也等于它的

行向量组的秩.

证明　设 $\boldsymbol{A}=(\boldsymbol{\alpha}_1, \boldsymbol{\alpha}_2, \cdots, \boldsymbol{\alpha}_n)$, $\mathrm{r}(\boldsymbol{A})=s$, 则由矩阵的秩的定义知, 存在 $\boldsymbol{A}$ 的 s 阶子式 $D_s\neq 0$, 从而 D_s 所在的 s 个列向量线性无关; 又 $\boldsymbol{A}$ 中所有 $s+1$ 阶子式 $D_{s+1}=0$, 故 $\boldsymbol{A}$ 中的任意 $s+1$ 个列向量都线性相关. 因此, D_s 所在的 s 列是 $\boldsymbol{A}$ 的列向量组的一个极大无关组, 所以列向量组的秩等于 s.

同理可证, 矩阵 $\boldsymbol{A}$ 的行向量组的秩也等于 s. ■

推论 1　矩阵 $\boldsymbol{A}$ 的行向量组的秩与列向量组的秩相等.

由定理 2 证明知, 若 D_s 是矩阵 $\boldsymbol{A}$ 的一个最高阶非零子式, 则 D_s 所在的 s 列就是 $\boldsymbol{A}$ 的列向量组的一个极大无关组; D_s 所在的 s 行即为 $\boldsymbol{A}$ 的行向量组的一个极大无关组.

注: 可以证明: 若对矩阵 $\boldsymbol{A}$ 仅施以初等行变换得矩阵 $\boldsymbol{B}$, 则 $\boldsymbol{B}$ 的列向量组与 $\boldsymbol{A}$ 的列向量组间有相同的线性关系, 即行的初等变换保持了列向量间的线性无关性和线性相关性. 它提供了**求极大无关组的方法**:

以向量组中各向量为列向量组成矩阵后, 只作初等行变换将该矩阵化为行阶梯形矩阵, 则可直接写出所求向量组的极大无关组.

同理, 也可以向量组中各向量为行向量组成矩阵, 通过作初等列变换来求向量组的极大无关组.

例 1　全体 n 维向量构成的向量组记作 $\boldsymbol{R}^n$, 求 $\boldsymbol{R}^n$ 的一个极大无关组及 $\boldsymbol{R}^n$ 的秩.

解　因为 n 维单位坐标向量构成的向量组 $\boldsymbol{E}$: $\boldsymbol{\varepsilon}_1, \boldsymbol{\varepsilon}_2, \cdots, \boldsymbol{\varepsilon}_n$ 是线性无关的, 又知 $\boldsymbol{R}^n$ 中的任意 $n+1$ 个向量都线性相关, 因此, 向量组 $\boldsymbol{E}$ 是 $\boldsymbol{R}^n$ 的一个极大无关组, 且 $\boldsymbol{R}^n$ 的秩等于 n. ■

例 2　设矩阵 $\boldsymbol{A}=\begin{pmatrix} 2 & -1 & -1 & 1 & 2 \\ 1 & 1 & -2 & 1 & 4 \\ 4 & -6 & 2 & -2 & 4 \\ 3 & 6 & -9 & 7 & 9 \end{pmatrix}$, 求矩阵 $\boldsymbol{A}$ 的列向量组的一个极大无关组, 并把不属于极大无关组的列向量用极大无关组线性表示.

解　对 $\boldsymbol{A}$ 施行初等行变换化为行阶梯形矩阵:

$$\boldsymbol{A}\to\begin{pmatrix} 1 & 1 & -2 & 1 & 4 \\ 0 & 1 & -1 & 1 & 0 \\ 0 & 0 & 0 & 1 & -3 \\ 0 & 0 & 0 & 0 & 0 \end{pmatrix}\to\begin{pmatrix} 1 & 0 & -1 & 0 & 4 \\ 0 & 1 & -1 & 0 & 3 \\ 0 & 0 & 0 & 1 & -3 \\ 0 & 0 & 0 & 0 & 0 \end{pmatrix},$$

知 $\mathrm{r}(\boldsymbol{A})=3$, 故列向量组的极大无关组含 3 个向量. 而三个非零行的非零首元在第 1, 2, 4 三列, 故 $\boldsymbol{\alpha}_1, \boldsymbol{\alpha}_2, \boldsymbol{\alpha}_4$ 为列向量组的一个极大无关组.

从而 $\mathrm{r}(\boldsymbol{\alpha}_1, \boldsymbol{\alpha}_2, \boldsymbol{\alpha}_4)=3$, 故 $\boldsymbol{\alpha}_1, \boldsymbol{\alpha}_2, \boldsymbol{\alpha}_4$ 线性无关. 由 $\boldsymbol{A}$ 的行最简形矩阵, 有

$$\boldsymbol{\alpha}_3=-\boldsymbol{\alpha}_1-\boldsymbol{\alpha}_2,$$
$$\boldsymbol{\alpha}_5=4\boldsymbol{\alpha}_1+3\boldsymbol{\alpha}_2-3\boldsymbol{\alpha}_4.$$ ■

*数学实验

实验 3.2 试用计算软件求下列矩阵的列 (或行) 向量组的一个极大无关组.

(1) $\begin{pmatrix} 1 & 1 & -1 & 2 & 1 & 2 \\ 2 & 4 & 0 & 7 & 1 & 8 \\ 3 & 4 & -2 & 8 & 4 & 5 \\ 4 & 4 & -4 & 9 & 6 & 16 \\ 2 & 1 & -3 & 2 & 1 & 6 \\ 2 & 2 & -2 & 3 & 0 & -4 \end{pmatrix}$, (2) $\begin{pmatrix} 6 & 4 & 4 & -2 & -2 & 5 \\ -1 & 2 & -6 & 2 & 3 & 1 \\ 7 & 6 & 2 & -2 & -1 & 7 \\ 4 & 4 & 0 & 1 & 0 & 4 \\ 2 & 3 & -2 & 0 & 1 & 3 \\ -5 & -4 & -2 & 1 & 1 & -5 \end{pmatrix}$.

计算实验

微信扫描右侧的二维码即可进行矩阵变换实验(详见教材配套的网络学习空间).

例 3 求向量组

$$\boldsymbol{\alpha}_1=(1,\ 2,\ -1,1)^{\mathrm{T}},\qquad \boldsymbol{\alpha}_2=(2,\ 0,\ t,0)^{\mathrm{T}},$$
$$\boldsymbol{\alpha}_3=(0,-4,\ 5,\ -2)^{\mathrm{T}},\quad \boldsymbol{\alpha}_4=(3,\ -2,\ t+4,-1)^{\mathrm{T}}$$

的秩和一个极大无关组.

解 向量的分量中含参数 t, 向量组的秩和极大无关组与 t 的取值有关. 对下列矩阵作初等行变换:

$$(\boldsymbol{\alpha}_1\ \boldsymbol{\alpha}_2\ \boldsymbol{\alpha}_3\ \boldsymbol{\alpha}_4)=\begin{pmatrix} 1 & 2 & 0 & 3 \\ 2 & 0 & -4 & -2 \\ -1 & t & 5 & t+4 \\ 1 & 0 & -2 & -1 \end{pmatrix}\to\begin{pmatrix} 1 & 2 & 0 & 3 \\ 0 & -4 & -4 & -8 \\ 0 & t+2 & 5 & t+7 \\ 0 & -2 & -2 & -4 \end{pmatrix}\to\begin{pmatrix} 1 & 2 & 0 & 3 \\ 0 & 1 & 1 & 2 \\ 0 & 0 & 3-t & 3-t \\ 0 & 0 & 0 & 0 \end{pmatrix}.$$

显然, $\boldsymbol{\alpha}_1, \boldsymbol{\alpha}_2$ 线性无关, 且

(1) $t=3$ 时, $\mathrm{r}(\boldsymbol{\alpha}_1,\boldsymbol{\alpha}_2,\boldsymbol{\alpha}_3,\boldsymbol{\alpha}_4)=2$, $\boldsymbol{\alpha}_1,\boldsymbol{\alpha}_2$ 是极大无关组;

(2) $t\neq 3$ 时, $\mathrm{r}(\boldsymbol{\alpha}_1,\boldsymbol{\alpha}_2,\boldsymbol{\alpha}_3,\boldsymbol{\alpha}_4)=3$, $\boldsymbol{\alpha}_1,\boldsymbol{\alpha}_2,\boldsymbol{\alpha}_3$ 是极大无关组. ■

定理 3 若向量组 $\boldsymbol{B}$ 能由向量组 $\boldsymbol{A}$ 线性表示, 则 $\mathrm{r}(\boldsymbol{B})\leq \mathrm{r}(\boldsymbol{A})$.

证明 略. ■

由向量组等价的定义及定理 3 立即可得到:

推论 2 等价的向量组的秩相等.

推论 3 设向量组 $\boldsymbol{B}$ 是向量组 $\boldsymbol{A}$ 的部分组, 若向量组 $\boldsymbol{B}$ 线性无关, 且向量组 $\boldsymbol{A}$ 能由向量组 $\boldsymbol{B}$ 线性表示, 则向量组 $\boldsymbol{B}$ 是向量组 $\boldsymbol{A}$ 的一个极大无关组.

证明 设向量组 $\boldsymbol{B}$ 含有 s 个向量, 则它的秩为 s, 因向量组 $\boldsymbol{A}$ 能由向量组 $\boldsymbol{B}$ 线性表示, 故 $\mathrm{r}(\boldsymbol{A})\leq s$, 从而向量组 $\boldsymbol{A}$ 中任意 $s+1$ 个向量线性相关, 所以向量组 $\boldsymbol{B}$ 是向量组 $\boldsymbol{A}$ 的一个极大无关组. ■

习题 3-4

1. 判断下列各命题是否正确. 如果正确, 请简述理由; 如果不正确, 请举出反例:

(1) 设 $\boldsymbol{A}$ 为 n 阶矩阵, $\mathrm{r}(\boldsymbol{A})=r<n$, 则矩阵 $\boldsymbol{A}$ 的任意 r 个列向量线性无关;

(2) 设向量组$\boldsymbol{\alpha}_1,\boldsymbol{\alpha}_2,\cdots,\boldsymbol{\alpha}_s$线性无关，且可由向量组$\boldsymbol{\beta}_1,\boldsymbol{\beta}_2,\cdots,\boldsymbol{\beta}_t$线性表示，则必有$s<t$；

(3) 设$\boldsymbol{A}$为$m\times n$阶矩阵，如果矩阵$\boldsymbol{A}$的n个列向量线性无关，那么$\mathrm{r}(\boldsymbol{A})=n$；

(4) 如果向量组$\boldsymbol{\alpha}_1,\boldsymbol{\alpha}_2,\cdots,\boldsymbol{\alpha}_s$的秩为$s$，则向量组$\boldsymbol{\alpha}_1,\boldsymbol{\alpha}_2,\cdots,\boldsymbol{\alpha}_s$中任一部分组都线性无关.

2. 求下列向量组的秩，并求一个极大无关组.

(1) $\boldsymbol{\alpha}_1=(1,2,-1,4)^{\mathrm{T}}$，$\boldsymbol{\alpha}_2=(9,100,10,4)^{\mathrm{T}}$，$\boldsymbol{\alpha}_3=(-2,-4,2,-8)^{\mathrm{T}}$；

(2) $\boldsymbol{\alpha}_1^{\mathrm{T}}=(1,2,1,3)$，$\boldsymbol{\alpha}_2^{\mathrm{T}}=(4,-1,-5,-6)$，$\boldsymbol{\alpha}_3^{\mathrm{T}}=(1,-3,-4,-7)$.

3. 求下列向量组的一个极大无关组，并将其余向量用此极大无关组线性表示.

(1) $\boldsymbol{\alpha}_1=(1,1,1)^{\mathrm{T}}$，$\boldsymbol{\alpha}_2=(1,1,0)^{\mathrm{T}}$，$\boldsymbol{\alpha}_3=(1,0,0)^{\mathrm{T}}$，$\boldsymbol{\alpha}_4=(1,2,-3)^{\mathrm{T}}$；

(2) $\boldsymbol{\alpha}_1=(2,1,1,1)^{\mathrm{T}}$，$\boldsymbol{\alpha}_2=(-1,1,7,10)^{\mathrm{T}}$，$\boldsymbol{\alpha}_3=(3,1,-1,-2)^{\mathrm{T}}$，$\boldsymbol{\alpha}_4=(8,5,9,11)^{\mathrm{T}}$.

4. 求下列矩阵的列向量组的一个极大无关组.

(1) $\begin{pmatrix}1&1&0\\2&0&4\\2&3&-2\end{pmatrix}$；　(2) $\begin{pmatrix}25&31&17&43\\75&94&53&132\\75&94&54&134\\25&32&20&48\end{pmatrix}$；　(3) $\begin{pmatrix}1&1&2&2&1\\0&2&1&5&-1\\2&0&3&-1&3\\1&1&0&4&-1\end{pmatrix}$.

5. 设向量组

$$\boldsymbol{\alpha}_1=\begin{pmatrix}a\\3\\1\end{pmatrix},\ \boldsymbol{\alpha}_2=\begin{pmatrix}2\\b\\3\end{pmatrix},\ \boldsymbol{\alpha}_3=\begin{pmatrix}1\\2\\1\end{pmatrix},\ \boldsymbol{\alpha}_4=\begin{pmatrix}2\\3\\1\end{pmatrix}$$

的秩为2，求a和b.

6. 已知向量组

$$\boldsymbol{A}:\boldsymbol{\alpha}_1=\begin{pmatrix}0\\1\\1\end{pmatrix},\boldsymbol{\alpha}_2=\begin{pmatrix}1\\1\\0\end{pmatrix};\quad \boldsymbol{B}:\boldsymbol{\beta}_1=\begin{pmatrix}-1\\0\\1\end{pmatrix},\boldsymbol{\beta}_2=\begin{pmatrix}1\\2\\1\end{pmatrix},\ \boldsymbol{\beta}_3=\begin{pmatrix}3\\2\\-1\end{pmatrix},$$

证明向量组$\boldsymbol{A}$与向量组$\boldsymbol{B}$等价.

§3.5 向量空间

一、向量空间与子空间

定义1 设$\boldsymbol{V}$为n维向量的集合，若集合$\boldsymbol{V}$非空，且集合$\boldsymbol{V}$对于n维向量的加法及数乘两种运算封闭，即

(1) 若$\boldsymbol{\alpha}\in\boldsymbol{V}$，$\boldsymbol{\beta}\in\boldsymbol{V}$，则$\boldsymbol{\alpha}+\boldsymbol{\beta}\in\boldsymbol{V}$，

(2) 若$\boldsymbol{\alpha}\in\boldsymbol{V}$，$\lambda\in\mathbf{R}$，则$\lambda\boldsymbol{\alpha}\in\boldsymbol{V}$，

则称集合$\boldsymbol{V}$为$\mathbf{R}$上的**向量空间**.

记所有n维向量的集合为$\boldsymbol{R}^n$，由n维向量的线性运算规律，容易验证集合$\boldsymbol{R}^n$对于加法及数乘两种运算封闭. 因而集合$\boldsymbol{R}^n$构成一向量空间，称$\boldsymbol{R}^n$为**n维向量空间**.

注: $n=3$ 时，三维向量空间 $\boldsymbol{R}^3$ 表示实体空间；

$n=2$ 时，二维向量空间 $\boldsymbol{R}^2$ 表示平面；

$n=1$ 时，一维向量空间 $\boldsymbol{R}^1$ 表示数轴；

$n>3$ 时，$\boldsymbol{R}^n$ 没有直观的几何形象.

例 1 对如下定义的两个集合, 试判别其是否为向量空间.

(1) $\boldsymbol{S}_1=\left\{\begin{pmatrix}x\\2x\end{pmatrix}, x\in\mathbf{R}\right\}$; (2) $\boldsymbol{S}_2=\left\{\begin{pmatrix}x\\1\end{pmatrix}, x\in\mathbf{R}\right\}$.

解 (1) 对于 $\boldsymbol{S}_1$ 中的任意两个元素 $\begin{pmatrix}a\\2a\end{pmatrix}, \begin{pmatrix}b\\2b\end{pmatrix}$, $\lambda\in\mathbf{R}$, 有

$$\begin{pmatrix}a\\2a\end{pmatrix}+\begin{pmatrix}b\\2b\end{pmatrix}=\begin{pmatrix}a+b\\2(a+b)\end{pmatrix}\in\boldsymbol{S}_1,\quad \lambda\begin{pmatrix}a\\2a\end{pmatrix}=\begin{pmatrix}\lambda a\\2(\lambda a)\end{pmatrix}\in\boldsymbol{S}_1,$$

所以, $\boldsymbol{S}_1$ 是一个向量空间 (虽然 $\boldsymbol{S}_1$ 只是 $\boldsymbol{R}^2$ 上的一个子集).

(2) 而对于 $\boldsymbol{S}_2$ 中的任意两个元素 $\begin{pmatrix}a\\1\end{pmatrix}, \begin{pmatrix}b\\1\end{pmatrix}$, $\lambda\in\mathbf{R}$, 有

$$\begin{pmatrix}a\\1\end{pmatrix}+\begin{pmatrix}b\\1\end{pmatrix}=\begin{pmatrix}a+b\\2\end{pmatrix}\notin\boldsymbol{S}_2,\quad \lambda\begin{pmatrix}a\\1\end{pmatrix}=\begin{pmatrix}\lambda a\\\lambda\end{pmatrix}\notin\boldsymbol{S}_2\quad(\lambda\neq 1),$$

因此, $\boldsymbol{S}_2$ 不是一个向量空间. ■

事实上，在判别一个集合不是一个向量空间时，只需判别该集合对于向量的加法或数乘两种运算中的一种运算不封闭即可.

例 2 判别下列集合是否为向量空间:

$$\boldsymbol{V}_1=\{\boldsymbol{x}=(0, x_2, \cdots, x_n)^{\mathrm{T}}\mid x_2, \cdots, x_n\in\mathbf{R}\}.$$

解 $\boldsymbol{V}_1$ 是向量空间. 因为对于 $\boldsymbol{V}_1$ 的任意两个元素

$$\boldsymbol{\alpha}=(0, a_2, \cdots, a_n)^{\mathrm{T}},\ \boldsymbol{\beta}=(0, b_2, \cdots, b_n)^{\mathrm{T}}\in\boldsymbol{V}_1,\ \lambda\in\mathbf{R},$$

有 $\boldsymbol{\alpha}+\boldsymbol{\beta}=(0, a_2+b_2, \cdots, a_n+b_n)^{\mathrm{T}}\in\boldsymbol{V}_1,\ \lambda\boldsymbol{\alpha}=(0, \lambda a_2, \cdots, \lambda a_n)^{\mathrm{T}}\in\boldsymbol{V}_1.$ ■

例 3 判别下列集合是否为向量空间:

$$\boldsymbol{V}_2=\{\boldsymbol{x}=(1, x_2, \cdots, x_n)^{\mathrm{T}}\mid x_2, \cdots, x_n\in\mathbf{R}\}.$$

解 $\boldsymbol{V}_2$ 不是向量空间.

因为若 $\boldsymbol{\alpha}=(1, a_2, \cdots, a_n)^{\mathrm{T}}\in\boldsymbol{V}_2$, 则 $2\boldsymbol{\alpha}=(2, 2a_2, \cdots, 2a_n)^{\mathrm{T}}\notin\boldsymbol{V}_2$. ■

例 4 设 $\boldsymbol{\alpha}, \boldsymbol{\beta}$ 为两个已知的 n 维向量，集合

$$\boldsymbol{V}=\{\boldsymbol{\xi}=\lambda\boldsymbol{\alpha}+\mu\boldsymbol{\beta}\mid\lambda, \mu\in\mathbf{R}\},$$

试判断集合 $\boldsymbol{V}$ 是否为向量空间.

解 $\boldsymbol{V}$ 是一个向量空间. 因为若

$$\boldsymbol{\xi}_1=\lambda_1\boldsymbol{\alpha}+\mu_1\boldsymbol{\beta},\quad \boldsymbol{\xi}_2=\lambda_2\boldsymbol{\alpha}+\mu_2\boldsymbol{\beta},$$

则有 $\boldsymbol{\xi}_1+\boldsymbol{\xi}_2=(\lambda_1+\lambda_2)\boldsymbol{\alpha}+(\mu_1+\mu_2)\boldsymbol{\beta}\in\boldsymbol{V},\ k\boldsymbol{\xi}_1=(k\lambda_1)\boldsymbol{\alpha}+(k\mu_1)\boldsymbol{\beta}\in\boldsymbol{V}.$

即 $\boldsymbol{V}$ 关于向量的线性运算封闭.

这个向量空间称为由向量 $\boldsymbol{\alpha},\boldsymbol{\beta}$ 所生成的向量空间. ■

注: 一般地, 由向量组 $\boldsymbol{\alpha}_1,\boldsymbol{\alpha}_2,\cdots,\boldsymbol{\alpha}_m$ 所生成的向量空间记为

$$\boldsymbol{V}=\{\boldsymbol{\xi}=\lambda_1\boldsymbol{\alpha}_1+\lambda_2\boldsymbol{\alpha}_2+\cdots+\lambda_m\boldsymbol{\alpha}_m \mid \lambda_1,\lambda_2,\cdots,\lambda_m\in\mathbf{R}\}.$$

例 5　设向量组 $\boldsymbol{\alpha}_1,\cdots,\boldsymbol{\alpha}_m$ 与向量组 $\boldsymbol{\beta}_1,\cdots,\boldsymbol{\beta}_s$ 等价, 记

$$\boldsymbol{V}_1=\{\boldsymbol{\xi}=\lambda_1\boldsymbol{\alpha}_1+\lambda_2\boldsymbol{\alpha}_2+\cdots+\lambda_m\boldsymbol{\alpha}_m \mid \lambda_1,\lambda_2,\cdots,\lambda_m\in\mathbf{R}\},$$

$$\boldsymbol{V}_2=\{\boldsymbol{\xi}=\mu_1\boldsymbol{\beta}_1+\mu_2\boldsymbol{\beta}_2+\cdots+\mu_s\boldsymbol{\beta}_s \mid \mu_1,\mu_2,\cdots,\mu_s\in\mathbf{R}\},$$

试证: $\boldsymbol{V}_1=\boldsymbol{V}_2$.

证明　设 $\boldsymbol{x}\in\boldsymbol{V}_1$, 则 $\boldsymbol{x}$ 可由 $\boldsymbol{\alpha}_1,\cdots,\boldsymbol{\alpha}_m$ 线性表示. 因 $\boldsymbol{\alpha}_1,\cdots,\boldsymbol{\alpha}_m$ 可由 $\boldsymbol{\beta}_1,\cdots,\boldsymbol{\beta}_s$ 线性表示, 故 $\boldsymbol{x}$ 可由 $\boldsymbol{\beta}_1,\cdots,\boldsymbol{\beta}_s$ 线性表示, 从而 $\boldsymbol{x}\in\boldsymbol{V}_2$. 这就是说, 若 $\boldsymbol{x}\in\boldsymbol{V}_1$, 则 $\boldsymbol{x}\in\boldsymbol{V}_2$, 即 $\boldsymbol{V}_1\subset\boldsymbol{V}_2$.

类似地可证: 若 $\boldsymbol{x}\in\boldsymbol{V}_2$, 则 $\boldsymbol{x}\in\boldsymbol{V}_1$, 即 $\boldsymbol{V}_2\subset\boldsymbol{V}_1$.

因为 $\boldsymbol{V}_1\subset\boldsymbol{V}_2$, $\boldsymbol{V}_2\subset\boldsymbol{V}_1$, 所以 $\boldsymbol{V}_1=\boldsymbol{V}_2$. ■

例 6　考虑齐次线性方程组 $\boldsymbol{Ax}=\boldsymbol{0}$, 其全体解的集合为

$$\boldsymbol{S}=\{\boldsymbol{\alpha} \mid \boldsymbol{A\alpha}=\boldsymbol{0}\}.$$

显然, $\boldsymbol{S}$ 非空 (因 $\boldsymbol{0}\in\boldsymbol{S}$). 任取 $\boldsymbol{\alpha},\boldsymbol{\beta}\in\boldsymbol{S}$, k 为任一常数, 则

$$\boldsymbol{A}(\boldsymbol{\alpha}+\boldsymbol{\beta})=\boldsymbol{A\alpha}+\boldsymbol{A\beta}=\boldsymbol{0},\quad 即\quad \boldsymbol{\alpha}+\boldsymbol{\beta}\in\boldsymbol{S};$$

$$\boldsymbol{A}(k\boldsymbol{\alpha})=k\boldsymbol{A\alpha}=k\boldsymbol{0}=\boldsymbol{0},\quad 即\quad k\boldsymbol{\alpha}\in\boldsymbol{S},$$

故 $\boldsymbol{S}$ 是一向量空间. 称 $\boldsymbol{S}$ 为齐次线性方程组 $\boldsymbol{Ax}=\boldsymbol{0}$ 的**解空间**. ■

定义 2　设有向量空间 $\boldsymbol{V}_1$ 和 $\boldsymbol{V}_2$, 若向量空间 $\boldsymbol{V}_1\subset\boldsymbol{V}_2$, 则称 $\boldsymbol{V}_1$ 是 $\boldsymbol{V}_2$ 的**子空间**.

例 7　$\boldsymbol{R}^3$ 中过原点的平面是 $\boldsymbol{R}^3$ 的子空间.

证明　$\boldsymbol{R}^3$ 中过原点的平面可以看作集合

$$\boldsymbol{V}=\{(a,b,c)\in\boldsymbol{R}^3 \mid ax+by+cz=0, 其中\ (x,y,z)\in\boldsymbol{R}^3\}.$$

若 $(a_1,b_1,c_1)\in\boldsymbol{V}$, $(a_2,b_2,c_2)\in\boldsymbol{V}$, 即

$$a_1x+b_1y+c_1z=0,\quad a_2x+b_2y+c_2z=0,$$

则有 $$(a_1+a_2)x+(b_1+b_2)y+(c_1+c_2)z=0,\ ka_1x+kb_1y+kc_1z=0,$$

即 $$(a_1,b_1,c_1)+(a_2,b_2,c_2)\in\boldsymbol{V},\quad k(a_1,b_1,c_1)\in\boldsymbol{V},$$

故 $\boldsymbol{R}^3$ 中过原点的平面是 $\boldsymbol{R}^3$ 的子空间. ■

例 8　向量空间 $\boldsymbol{R}^2$ 不是 $\boldsymbol{R}^3$ 的子空间, 因为 $\boldsymbol{R}^2$ 根本不是 $\boldsymbol{R}^3$ 的子集 ($\boldsymbol{R}^3$ 中的向量有三个分量, 但 $\boldsymbol{R}^2$ 中的分量只有两个). 集合

$$H=\{(s,t,0) \mid (s,t)\in\boldsymbol{R}^2\}$$

是 $\boldsymbol{R}^3$ 的与 $\boldsymbol{R}^2$ 有相同表现的子集, 尽管严格意义上 H 不同于 $\boldsymbol{R}^2$, 见图 3-5-1. 证明 H 是 $\boldsymbol{R}^3$ 的子空间.

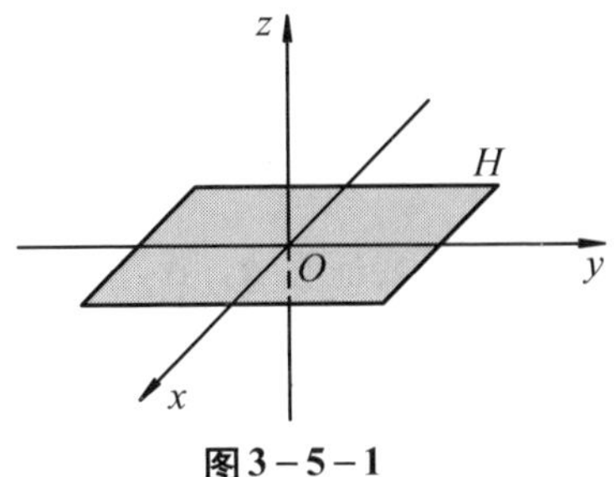

图3－5－1

证明 任取$(s_1, t_1, 0)$,$(s_2, t_2, 0)\in H$, k为任一常数, 则

$$(s_1, t_1, 0)+(s_2, t_2, 0)\in H, k(s_1, t_1, 0)\in H,$$

因此H是$\boldsymbol{R}^3$的子空间. ■

二、向量空间的基与维数

本段我们要认识并且研究能够"最高效地"生成向量空间或者子空间的向量组—— **基**, 其关键思想就是向量组的线性无关性.

定义3 设$\boldsymbol{V}$是向量空间, 若有r个向量$\boldsymbol{\alpha}_1, \boldsymbol{\alpha}_2, \cdots, \boldsymbol{\alpha}_r\in\boldsymbol{V}$, 且满足

(1) $\boldsymbol{\alpha}_1, \cdots, \boldsymbol{\alpha}_r$ 线性无关,

(2) $\boldsymbol{V}$ 中任一向量都可由 $\boldsymbol{\alpha}_1, \cdots, \boldsymbol{\alpha}_r$线性表示,

则称向量组$\boldsymbol{\alpha}_1, \cdots, \boldsymbol{\alpha}_r$为向量空间$\boldsymbol{V}$的一个**基**, 数$r$称为向量空间$\boldsymbol{V}$的**维数**, 记为$\dim\boldsymbol{V}=r$, 并称$\boldsymbol{V}$为$r$维向量空间.

注: ① 只含零向量的向量空间称为**0维向量空间**, 它没有基;

② 若把向量空间$\boldsymbol{V}$看作向量组, 则$\boldsymbol{V}$的基就是向量组的极大无关组, $\boldsymbol{V}$的维数就是向量组的秩;

③ 若向量组$\boldsymbol{\alpha}_1, \cdots, \boldsymbol{\alpha}_r$是向量空间$\boldsymbol{V}$的一个基, 则$\boldsymbol{V}$可表示为

$$\boldsymbol{V}=\{\boldsymbol{x}\mid\boldsymbol{x}=\lambda_1\boldsymbol{\alpha}_1+\cdots+\lambda_r\boldsymbol{\alpha}_r,\ \lambda_1, \lambda_2, \cdots, \lambda_r\in\mathbf{R}\}.$$

此时, $\boldsymbol{V}$又称为**由基$\boldsymbol{\alpha}_1, \cdots, \boldsymbol{\alpha}_r$所生成的向量空间**.

例9 证明单位向量组

$$\boldsymbol{\varepsilon}_1=(1, 0, 0, \cdots, 0)^{\mathrm{T}},\ \boldsymbol{\varepsilon}_2=(0, 1, 0, \cdots, 0)^{\mathrm{T}},\ \cdots,\ \boldsymbol{\varepsilon}_n=(0, 0, 0, \cdots, 1)^{\mathrm{T}}$$

是n维向量空间$\boldsymbol{R}^n$的一个基.

证明 (1) 易见n维向量组$\boldsymbol{\varepsilon}_1, \boldsymbol{\varepsilon}_2, \cdots, \boldsymbol{\varepsilon}_n$线性无关.

(2) 对n维向量空间$\boldsymbol{R}^n$中的任意一向量$\boldsymbol{\alpha}=(a_1, a_2, \cdots, a_n)^{\mathrm{T}}$, 有

$$\boldsymbol{\alpha}=a_1\boldsymbol{\varepsilon}_1+a_2\boldsymbol{\varepsilon}_2+\cdots+a_n\boldsymbol{\varepsilon}_n,$$

即$\boldsymbol{R}^n$中任意一向量都可由初始单位向量线性表示. 因此, 向量组$\boldsymbol{\varepsilon}_1, \boldsymbol{\varepsilon}_2, \cdots, \boldsymbol{\varepsilon}_n$是$n$维向量空间$\boldsymbol{R}^n$的一个基. ■

例10 给定向量组

$$\boldsymbol{\alpha}_1=(-2,4,1)^{\mathrm{T}},\ \boldsymbol{\alpha}_2=(-1,3,5)^{\mathrm{T}},\ \boldsymbol{\alpha}_3=(2,-3,1)^{\mathrm{T}},\ \boldsymbol{\beta}=(1,1,3)^{\mathrm{T}},$$

试证明：向量组 $\boldsymbol{\alpha}_1,\boldsymbol{\alpha}_2,\boldsymbol{\alpha}_3$ 是三维向量空间 $\boldsymbol{R}^3$ 的一个基，并将向量 $\boldsymbol{\beta}$ 用这个基线性表示.

证明　令矩阵 $\boldsymbol{A}=(\boldsymbol{\alpha}_1,\boldsymbol{\alpha}_2,\boldsymbol{\alpha}_3)$，要证明 $\boldsymbol{\alpha}_1,\boldsymbol{\alpha}_2,\boldsymbol{\alpha}_3$ 是 $\boldsymbol{R}^3$ 的一个基，只需证明 $\boldsymbol{A}\to\boldsymbol{E}$；又设

$$\boldsymbol{\beta}=x_1\boldsymbol{\alpha}_1+x_2\boldsymbol{\alpha}_2+x_3\boldsymbol{\alpha}_3 \text{ 或 } \boldsymbol{Ax}=\boldsymbol{\beta},$$

则对 $(\boldsymbol{A}\ \ \boldsymbol{\beta})$ 进行初等行变换，当将 $\boldsymbol{A}$ 化为单位矩阵 $\boldsymbol{E}$ 时，说明 $\boldsymbol{\alpha}_1,\boldsymbol{\alpha}_2,\boldsymbol{\alpha}_3$ 是 $\boldsymbol{R}^3$ 的一个基，并且同时将向量 $\boldsymbol{\beta}$ 化为 $\boldsymbol{x}=\boldsymbol{A}^{-1}\boldsymbol{\beta}$. 因

$$(\boldsymbol{A}\ \ \boldsymbol{\beta})=\begin{pmatrix}-2&-1&2&1\\4&3&-3&1\\1&5&1&3\end{pmatrix}\xrightarrow{\text{行变换}}\begin{pmatrix}1&0&0&4\\0&1&0&-1\\0&0&1&4\end{pmatrix},$$

故向量组 $\boldsymbol{\alpha}_1,\boldsymbol{\alpha}_2,\boldsymbol{\alpha}_3$ 是 $\boldsymbol{R}^3$ 的一个基，且

$$\boldsymbol{\beta}=4\boldsymbol{\alpha}_1-\boldsymbol{\alpha}_2+4\boldsymbol{\alpha}_3.$$ ■

$\boldsymbol{R}^3$ 中的下列三个集合演示了一个线性无关集如何生成基，以及进一步的扩张如何破坏集合的无关性.

$$\left\{\begin{pmatrix}1\\0\\0\end{pmatrix},\begin{pmatrix}0\\1\\0\end{pmatrix}\right\}\qquad\left\{\begin{pmatrix}1\\0\\0\end{pmatrix},\begin{pmatrix}0\\1\\0\end{pmatrix},\begin{pmatrix}0\\0\\1\end{pmatrix}\right\}\qquad\left\{\begin{pmatrix}1\\0\\0\end{pmatrix},\begin{pmatrix}0\\1\\0\end{pmatrix},\begin{pmatrix}0\\0\\1\end{pmatrix},\begin{pmatrix}1\\1\\0\end{pmatrix}\right\}$$

线性无关 但不能产生 $\boldsymbol{R}^3$	$\boldsymbol{R}^3$ 的一组基	可以产生 $\boldsymbol{R}^3$ 但线性相关

如果在向量空间 $\boldsymbol{V}$ 中取定一个基 $\boldsymbol{\alpha}_1,\boldsymbol{\alpha}_2,\cdots,\boldsymbol{\alpha}_r$，那么 $\boldsymbol{V}$ 中任一向量 $\boldsymbol{x}$ 可唯一地表示为

$$\boldsymbol{x}=\lambda_1\boldsymbol{\alpha}_1+\lambda_2\boldsymbol{\alpha}_2+\cdots+\lambda_r\boldsymbol{\alpha}_r,$$

有序数组 $\lambda_1,\lambda_2,\cdots,\lambda_r$ 称为向量 $\boldsymbol{x}$ 在基 $\boldsymbol{\alpha}_1,\boldsymbol{\alpha}_2,\cdots,\boldsymbol{\alpha}_r$ 下的**坐标**.

特别地，在 n 维向量空间 $\boldsymbol{R}^n$ 中取单位坐标向量组 $\boldsymbol{\varepsilon}_1,\boldsymbol{\varepsilon}_2,\cdots,\boldsymbol{\varepsilon}_n$ 为基，则以 $x_1,x_2,\cdots,x_n$ 为分量的向量 $\boldsymbol{x}$ 可表示为

$$\boldsymbol{x}=x_1\boldsymbol{\varepsilon}_1+x_2\boldsymbol{\varepsilon}_2+\cdots+x_n\boldsymbol{\varepsilon}_n,$$

可见向量在基 $\boldsymbol{\varepsilon}_1,\boldsymbol{\varepsilon}_2,\cdots,\boldsymbol{\varepsilon}_n$ 下的坐标就是该向量的分量. 因此，$\boldsymbol{\varepsilon}_1,\boldsymbol{\varepsilon}_2,\cdots,\boldsymbol{\varepsilon}_n$ 称为 $\boldsymbol{R}^n$ 中的**自然基**.

例11　考虑 $\boldsymbol{R}^2$ 的一个基 $\boldsymbol{\alpha}_1,\boldsymbol{\alpha}_2$，其中 $\boldsymbol{\alpha}_1=(1,0)^{\mathrm{T}}$，$\boldsymbol{\alpha}_2=(1,2)^{\mathrm{T}}$，若 $\boldsymbol{R}^2$ 的一向量 $\boldsymbol{x}$ 在基 $\boldsymbol{\alpha}_1,\boldsymbol{\alpha}_2$ 下的坐标为 $(-2,3)^{\mathrm{T}}$，求 $\boldsymbol{x}$. 又若 $\boldsymbol{y}=(4,5)^{\mathrm{T}}$，试确定向量 $\boldsymbol{y}$ 在基 $\boldsymbol{\alpha}_1,\boldsymbol{\alpha}_2$ 下的坐标.

解　结合 $\boldsymbol{x}$ 在基 $\boldsymbol{\alpha}_1,\boldsymbol{\alpha}_2$ 下的坐标构造 $\boldsymbol{x}$，即

$$\boldsymbol{x}=(-2)\begin{pmatrix}1\\0\end{pmatrix}+3\begin{pmatrix}1\\2\end{pmatrix}=\begin{pmatrix}1\\6\end{pmatrix}.$$

设 $\boldsymbol{y}$ 在基 $\boldsymbol{\alpha}_1,\boldsymbol{\alpha}_2$ 下的坐标为 (λ_1,λ_2)，则

$$\lambda_1\begin{pmatrix}1\\0\end{pmatrix}+\lambda_2\begin{pmatrix}1\\2\end{pmatrix}=\begin{pmatrix}4\\5\end{pmatrix} \text{或} \begin{pmatrix}1&1\\0&2\end{pmatrix}\begin{pmatrix}\lambda_1\\\lambda_2\end{pmatrix}=\begin{pmatrix}4\\5\end{pmatrix},$$

该方程可以通过增广矩阵上的行变换或利用等号左边矩阵的逆来求解．无论哪种方法，都能得到方程的解 $\lambda_1=\dfrac{3}{2},\lambda_2=\dfrac{5}{2}$. 因此 $\boldsymbol{y}=\dfrac{3}{2}\boldsymbol{\alpha}_1+\dfrac{5}{2}\boldsymbol{\alpha}_2$. ■

一个集合的坐标系就是这个集合中点到 $\boldsymbol{R}^n$ 的一对一映射. 例如，在图纸上取定互相垂直的两条轴及每条轴上的单位长度，就构成了平面的一个坐标系. 图 3–5–2 绘出了标准基 $\boldsymbol{\varepsilon}_1,\boldsymbol{\varepsilon}_2$，以及上述例子中的向量 $\boldsymbol{\alpha}_1=\boldsymbol{\varepsilon}_1$, $\boldsymbol{\alpha}_2$ 和 $\boldsymbol{x}=(1,6)$. 坐标 1 和坐标 6 给出了 $\boldsymbol{x}$ 关于标准基的位置：$\boldsymbol{\varepsilon}_1$ 方向上 1 个单位，$\boldsymbol{\varepsilon}_2$ 方向上 6 个单位.

图 3–5–3 也绘出了图 3–5–2 中的向量 $\boldsymbol{\alpha}_1,\boldsymbol{\alpha}_2$ 和 $\boldsymbol{x}$. 从几何上看，在两幅图中，这 3 个向量都位于一条竖线上. 不过，图 3–5–3 中标准坐标系被抹去了，换成了用上例中的基做成的坐标系. 坐标向量 $(-2,3)^{\mathrm{T}}$ 给出了在新坐标系下 $\boldsymbol{x}$ 的位置：$\boldsymbol{\varepsilon}_1$ 方向上 -2 个单位，$\boldsymbol{\varepsilon}_2$ 方向上 3 个单位.

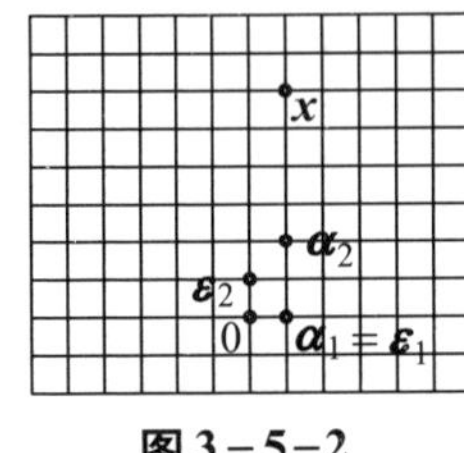

图 3–5–2

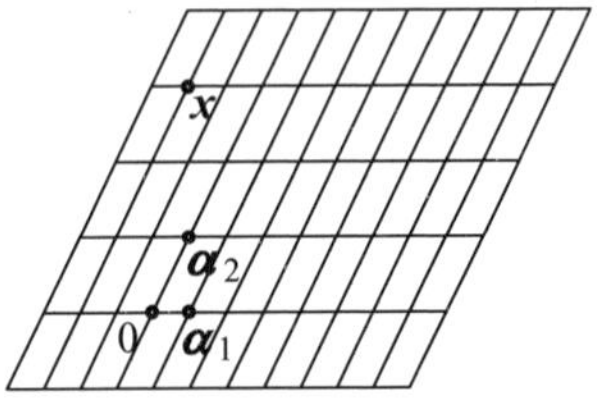

图 3–5–3

习题 3–5

1. 判断下列集合是否构成向量空间，并证明.

(1) $\boldsymbol{S}_1=\{(x_1,x_1,x_2)^{\mathrm{T}}\mid x_1,x_2\in\mathbf{R}\}$;　　(2) $\boldsymbol{S}_2=\left\{\begin{pmatrix}x_1&x_2\\-x_2&x_3\end{pmatrix}\middle| x_1,x_2,x_3\in\mathbf{R}\right\}$.

2. 设 $\boldsymbol{V}_1=\{\boldsymbol{x}=(x_1,x_2,\cdots,x_n)^{\mathrm{T}}\mid x_1,\cdots,x_n\in\mathbf{R}$ 满足 $x_1+x_2+\cdots+x_n=0\}$,

$\boldsymbol{V}_2=\{\boldsymbol{x}=(x_1,x_2,\cdots,x_n)^{\mathrm{T}}\mid x_1,\cdots,x_n\in\mathbf{R}$ 满足 $x_1+x_2+\cdots+x_n=1\}$,

问 $\boldsymbol{V}_1,\boldsymbol{V}_2$ 是不是 $\boldsymbol{R}^n$ 的子空间？为什么？

3. 试证：由 $\boldsymbol{\alpha}_1=(0,1,1)^{\mathrm{T}}$, $\boldsymbol{\alpha}_2=(1,0,1)^{\mathrm{T}}$, $\boldsymbol{\alpha}_3=(1,1,0)^{\mathrm{T}}$ 所生成的向量空间就是 $\boldsymbol{R}^3$.

4. 判断 $\boldsymbol{R}^3$ 中与向量 $(0,0,1)$ 不平行的全体向量所组成的集合是否构成向量空间.

5. 验证 $\boldsymbol{\alpha}_1=(1,-1,0)^{\mathrm{T}}$, $\boldsymbol{\alpha}_2=(2,1,3)^{\mathrm{T}}$, $\boldsymbol{\alpha}_3=(3,1,2)^{\mathrm{T}}$ 为 $\boldsymbol{R}^3$ 的一个基，并将 $\boldsymbol{v}_1=(5,0,7)^{\mathrm{T}}$, $\boldsymbol{v}_2=(-9,-8,-13)^{\mathrm{T}}$ 用此基来线性表示.

6. 设 $\boldsymbol{\xi}_1,\boldsymbol{\xi}_2,\boldsymbol{\xi}_3$ 是 $\boldsymbol{R}^3$ 的一组基，已知 $\boldsymbol{\alpha}_1=\boldsymbol{\xi}_1+\boldsymbol{\xi}_2-2\boldsymbol{\xi}_3$, $\boldsymbol{\alpha}_2=\boldsymbol{\xi}_1-\boldsymbol{\xi}_2-\boldsymbol{\xi}_3$, $\boldsymbol{\alpha}_3=\boldsymbol{\xi}_1+\boldsymbol{\xi}_3$，证

明 $\boldsymbol{\alpha}_1,\boldsymbol{\alpha}_2,\boldsymbol{\alpha}_3$ 是 $\boldsymbol{R}^3$ 的一组基，并求出向量 $\boldsymbol{\beta}=6\boldsymbol{\xi}_1-\boldsymbol{\xi}_2-\boldsymbol{\xi}_3$ 在基 $\boldsymbol{\alpha}_1,\boldsymbol{\alpha}_2,\boldsymbol{\alpha}_3$ 下的坐标.

7. 证明：$\boldsymbol{R}^2$ 中不过原点的直线不是 $\boldsymbol{R}^2$ 的子空间.

§3.6 线性方程组解的结构

一、齐次线性方程组解的结构

设有齐次线性方程组

$$\begin{cases} a_{11}x_1+a_{12}x_2+\cdots+a_{1n}x_n=0 \\ a_{21}x_1+a_{22}x_2+\cdots+a_{2n}x_n=0 \\ \quad\cdots\cdots \\ a_{m1}x_1+a_{m2}x_2+\cdots+a_{mn}x_n=0 \end{cases}, \tag{6.1}$$

若记

$$\boldsymbol{A}=\begin{pmatrix} a_{11} & a_{12} & \cdots & a_{1n} \\ a_{21} & a_{22} & \cdots & a_{2n} \\ \vdots & \vdots & & \vdots \\ a_{m1} & a_{m2} & \cdots & a_{mn} \end{pmatrix}, \quad \boldsymbol{x}=\begin{pmatrix} x_1 \\ x_2 \\ \vdots \\ x_n \end{pmatrix},$$

则方程组 (6.1) 可改写为向量方程

$$\boldsymbol{A}\boldsymbol{x}=\boldsymbol{0}, \tag{6.2}$$

称矩阵方程 (6.2) 的解 $\boldsymbol{x}=\begin{pmatrix} x_1 \\ x_2 \\ \vdots \\ x_n \end{pmatrix}$ 为方程组 (6.1) 的**解向量**.

1. 齐次线性方程组解的性质

性质 1 若 $\boldsymbol{\xi}_1,\boldsymbol{\xi}_2$ 为矩阵方程 (6.2) 的解，则 $\boldsymbol{\xi}_1+\boldsymbol{\xi}_2$ 也是该方程的解.

证明 因为 $\boldsymbol{\xi}_1,\boldsymbol{\xi}_2$ 是矩阵方程 (6.2) 的解，所以 $\boldsymbol{A}\boldsymbol{\xi}_1=\boldsymbol{0}$, $\boldsymbol{A}\boldsymbol{\xi}_2=\boldsymbol{0}$. 两式相加得

$$\boldsymbol{A}(\boldsymbol{\xi}_1+\boldsymbol{\xi}_2)=\boldsymbol{0},$$

即 $\boldsymbol{\xi}_1+\boldsymbol{\xi}_2$ 是矩阵方程 (6.2) 的解. ■

性质 2 若 $\boldsymbol{\xi}_1$ 为矩阵方程 (6.2) 的解，k 为实数，则 $k\boldsymbol{\xi}_1$ 也是矩阵方程 (6.2) 的解.

证明 $\boldsymbol{\xi}_1$ 是矩阵方程 (6.2) 的解，所以

$$\boldsymbol{A}\boldsymbol{\xi}_1=\boldsymbol{0},\ \ \boldsymbol{A}(k\boldsymbol{\xi}_1)=k\boldsymbol{A}\boldsymbol{\xi}_1=k\cdot\boldsymbol{0}=\boldsymbol{0},$$

即 $k\boldsymbol{\xi}_1$ 是矩阵方程 (6.2) 的解. ■

根据上述性质，容易推出：若 $\boldsymbol{\xi}_1,\boldsymbol{\xi}_2,\cdots,\boldsymbol{\xi}_s$ 是矩阵方程 (6.2) 的解，$k_1,k_2,\cdots,k_s$ 为任意实数，则线性组合

$$k_1\boldsymbol{\xi}_1+k_2\boldsymbol{\xi}_2+\cdots+k_s\boldsymbol{\xi}_s$$

也是矩阵方程 (6.2) 的解.

注: 齐次线性方程组若有非零解, 则它有无穷多解.

由§3.5 知: 线性方程组 $\boldsymbol{Ax}=\boldsymbol{0}$ 的全体解向量构成的集合对于向量的加法和数乘是封闭的, 因此构成一个向量空间. 称此向量空间为齐次线性方程组 $\boldsymbol{Ax}=\boldsymbol{0}$ 的**解空间**.

定义 1 若齐次线性方程组 $\boldsymbol{Ax}=\boldsymbol{0}$ 的有限个解 $\boldsymbol{\eta}_1,\boldsymbol{\eta}_2,\cdots,\boldsymbol{\eta}_t$ 满足:

(1) $\boldsymbol{\eta}_1,\boldsymbol{\eta}_2,\cdots,\boldsymbol{\eta}_t$ 线性无关,

(2) $\boldsymbol{Ax}=\boldsymbol{0}$ 的任意一个解均可由 $\boldsymbol{\eta}_1,\boldsymbol{\eta}_2,\cdots,\boldsymbol{\eta}_t$ 线性表示,

则称 $\boldsymbol{\eta}_1,\boldsymbol{\eta}_2,\cdots,\boldsymbol{\eta}_t$ 是齐次线性方程组 $\boldsymbol{Ax}=\boldsymbol{0}$ 的一个**基础解系**.

注: 方程组 $\boldsymbol{Ax}=\boldsymbol{0}$ 的一个基础解系即为其解空间的一个基, 易见方程组 $\boldsymbol{Ax}=\boldsymbol{0}$ 的基础解系不是唯一的, 即解空间的基不是唯一的.

按上述定义, 若 $\boldsymbol{\eta}_1,\boldsymbol{\eta}_2,\cdots,\boldsymbol{\eta}_t$ 是齐次线性方程组 $\boldsymbol{Ax}=\boldsymbol{0}$ 的一个基础解系, 则 $\boldsymbol{Ax}=\boldsymbol{0}$ 的全部解可表示为

$$c_1\boldsymbol{\eta}_1+c_2\boldsymbol{\eta}_2+\cdots+c_t\boldsymbol{\eta}_t, \tag{6.3}$$

其中 $c_1,c_2,\cdots,c_t$ 为任意实数. 而表达式 (6.3) 称为线性方程组 $\boldsymbol{Ax}=\boldsymbol{0}$ 的**通解**.

当一个齐次线性方程组只有零解时, 该方程组没有基础解系, 而当一个齐次线性方程组有非零解时, 是否一定有基础解系呢? 如果有的话, 怎样去求它的基础解系? 下面的定理 1 回答了这两个问题.

定理 1 对于齐次线性方程组 $\boldsymbol{Ax}=\boldsymbol{0}$, 若 $\mathrm{r}(\boldsymbol{A})=r<n$, 则该方程组的基础解系一定存在, 且每个基础解系中所含解向量的个数均等于 $n-r$, 其中 n 是方程组所含未知量的个数.

证明 因为 $\mathrm{r}(\boldsymbol{A})=r<n$, 故对矩阵 $\boldsymbol{A}$ 施以初等行变换, 可化为如下形式:

$$\boldsymbol{B}=\begin{pmatrix} 1 & 0 & \cdots & 0 & b_{11} & b_{12} & \cdots & b_{1\ n-r} \\ 0 & 1 & \cdots & 0 & b_{21} & b_{22} & \cdots & b_{2\ n-r} \\ \vdots & \vdots & & \vdots & \vdots & \vdots & & \vdots \\ 0 & 0 & \cdots & 1 & b_{r1} & b_{r2} & \cdots & b_{r\ n-r} \\ 0 & 0 & \cdots & 0 & 0 & 0 & \cdots & 0 \\ \vdots & \vdots & & \vdots & \vdots & \vdots & & \vdots \\ 0 & 0 & \cdots & 0 & 0 & 0 & \cdots & 0 \end{pmatrix},$$

即齐次线性方程组 $\boldsymbol{Ax}=\boldsymbol{0}$ 与下面的方程组同解:

$$\begin{cases} x_1=-b_{11}x_{r+1}-b_{12}x_{r+2}-\cdots-b_{1\ n-r}x_n \\ x_2=-b_{21}x_{r+1}-b_{22}x_{r+2}-\cdots-b_{2\ n-r}x_n \\ \quad\cdots\cdots \\ x_r=-b_{r1}x_{r+1}-b_{r2}x_{r+2}-\cdots-b_{r\ n-r}x_n \end{cases}, \tag{6.4}$$

其中 $x_{r+1},x_{r+2},\cdots,x_n$ 是自由未知量. 分别取

$$\begin{pmatrix} x_{r+1} \\ x_{r+2} \\ \vdots \\ x_n \end{pmatrix} = \begin{pmatrix} 1 \\ 0 \\ \vdots \\ 0 \end{pmatrix}, \begin{pmatrix} 0 \\ 1 \\ \vdots \\ 0 \end{pmatrix}, \cdots, \begin{pmatrix} 0 \\ 0 \\ \vdots \\ 1 \end{pmatrix}$$

代入式 (6.4)，即可得到方程组 $\boldsymbol{Ax}=\mathbf{0}$ 的 $n-r$ 个解：

$$\boldsymbol{\eta}_1=\begin{pmatrix} -b_{11} \\ \vdots \\ -b_{r1} \\ 1 \\ 0 \\ \vdots \\ 0 \end{pmatrix}, \quad \boldsymbol{\eta}_2=\begin{pmatrix} -b_{12} \\ \vdots \\ -b_{r2} \\ 0 \\ 1 \\ \vdots \\ 0 \end{pmatrix}, \cdots, \boldsymbol{\eta}_{n-r}=\begin{pmatrix} -b_{1\,n-r} \\ \vdots \\ -b_{r\,n-r} \\ 0 \\ 0 \\ \vdots \\ 1 \end{pmatrix}.$$

现证 $\boldsymbol{\eta}_1, \boldsymbol{\eta}_2, \cdots, \boldsymbol{\eta}_{n-r}$ 就是线性方程组 $\boldsymbol{Ax}=\mathbf{0}$ 的一个基础解系：

(1) 证明 $\boldsymbol{\eta}_1, \boldsymbol{\eta}_2, \cdots, \boldsymbol{\eta}_{n-r}$ 线性无关.

事实上，因为 $n-r$ 个 $n-r$ 维向量 $\begin{pmatrix} 1 \\ 0 \\ \vdots \\ 0 \end{pmatrix}, \begin{pmatrix} 0 \\ 1 \\ \vdots \\ 0 \end{pmatrix}, \cdots, \begin{pmatrix} 0 \\ 0 \\ \vdots \\ 1 \end{pmatrix}$ 线性无关，所以 $n-r$ 个 n 维向量 $\boldsymbol{\eta}_1, \boldsymbol{\eta}_2, \cdots, \boldsymbol{\eta}_{n-r}$ 亦线性无关.

(2) 证明方程组 $\boldsymbol{Ax}=\mathbf{0}$ 的任一解都可表示为 $\boldsymbol{\eta}_1, \boldsymbol{\eta}_2, \cdots, \boldsymbol{\eta}_{n-r}$ 的线性组合.

事实上，由式 (6.4)，有

$$\boldsymbol{x}=\begin{pmatrix} x_1 \\ \vdots \\ x_r \\ x_{r+1} \\ \vdots \\ x_n \end{pmatrix}=\begin{pmatrix} -b_{11}x_{r+1}-b_{12}x_{r+2}-\cdots-b_{1n-r}x_n \\ \vdots \\ -b_{r1}x_{r+1}-b_{r2}x_{r+2}-\cdots-b_{rn-r}x_n \\ x_{r+1} \\ \vdots \\ x_n \end{pmatrix}$$

$$=x_{r+1}\begin{pmatrix} -b_{11} \\ \vdots \\ -b_{r1} \\ 1 \\ 0 \\ \vdots \\ 0 \end{pmatrix}+x_{r+2}\begin{pmatrix} -b_{12} \\ \vdots \\ -b_{r2} \\ 0 \\ 1 \\ \vdots \\ 0 \end{pmatrix}+\cdots+x_n\begin{pmatrix} -b_{1\,n-r} \\ \vdots \\ -b_{r\,n-r} \\ 0 \\ 0 \\ \vdots \\ 1 \end{pmatrix}$$

$$=x_{r+1}\boldsymbol{\eta}_1+x_{r+2}\boldsymbol{\eta}_2+\cdots+x_n\boldsymbol{\eta}_{n-r},$$

即解 $\boldsymbol{x}$ 可表示为 $\boldsymbol{\eta}_1, \boldsymbol{\eta}_2, \cdots, \boldsymbol{\eta}_{n-r}$ 的线性组合.

综合 (1), (2) 知，$\boldsymbol{\eta}_1, \boldsymbol{\eta}_2, \cdots, \boldsymbol{\eta}_{n-r}$ 是 $\boldsymbol{Ax}=\mathbf{0}$ 的一个基础解系. ■

注：定理 1 的证明过程实际上已给出了求齐次线性方程组的基础解系的方法.

2. 解空间及其维数

设 $\boldsymbol{A}$ 为 $m\times n$ 矩阵，则 n 元齐次线性方程组 $\boldsymbol{Ax}=\boldsymbol{0}$ 的全体解构成的集合 $\boldsymbol{V}$ 是一个向量空间，称其为该方程组的解空间. 当系数矩阵的秩 $\mathrm{r}(\boldsymbol{A})=r$ 时，解空间 $\boldsymbol{V}$ 的维数为 $n-r$. 当 $\mathrm{r}(\boldsymbol{A})=n$ 时，方程组 $\boldsymbol{Ax}=\boldsymbol{0}$ 只有零解，此时解空间 $\boldsymbol{V}$ 只含有一个零向量，解空间 $\boldsymbol{V}$ 的维数为0. 当 $\mathrm{r}(\boldsymbol{A})=r<n$ 时，方程组 $\boldsymbol{Ax}=\boldsymbol{0}$ 必有含 $n-r$ 个向量的基础解系 $\boldsymbol{\eta}_1,\boldsymbol{\eta}_2,\cdots,\boldsymbol{\eta}_{n-r}$，此时方程组的任一解 $\boldsymbol{x}$ 可表示为

$$\boldsymbol{x}=c_1\boldsymbol{\eta}_1+c_2\boldsymbol{\eta}_2+\cdots+c_{n-r}\boldsymbol{\eta}_{n-r},$$

其中 $c_1,c_2,\cdots,c_{n-r}$ 为任意实数. 而解空间 $\boldsymbol{V}$ 可表示为

$$\boldsymbol{V}=\{\boldsymbol{x}\mid\boldsymbol{x}=c_1\boldsymbol{\eta}_1+c_2\boldsymbol{\eta}_2+\cdots+c_{n-r}\boldsymbol{\eta}_{n-r},\ c_1,c_2,\cdots,c_{n-r}\in\mathbf{R}\}.$$

例 1 求齐次线性方程组

$$\begin{cases}x_1+x_2-x_3-x_4=0\\2x_1-5x_2+3x_3+2x_4=0\\7x_1-7x_2+3x_3+x_4=0\end{cases}$$

的基础解系与通解.

解 对系数矩阵 $\boldsymbol{A}$ 作初等行变换，化为行最简形矩阵，有

$$\boldsymbol{A}=\begin{pmatrix}1&1&-1&-1\\2&-5&3&2\\7&-7&3&1\end{pmatrix}\xrightarrow[r_3-7r_1]{r_2-2r_1}\begin{pmatrix}1&1&-1&-1\\0&-7&5&4\\0&-14&10&8\end{pmatrix}\xrightarrow{r_3-2r_2}\begin{pmatrix}1&1&-1&-1\\0&-7&5&4\\0&0&0&0\end{pmatrix}$$

$$\xrightarrow{r_2\div(-7)}\begin{pmatrix}1&1&-1&-1\\0&1&-5/7&-4/7\\0&0&0&0\end{pmatrix}\xrightarrow{r_1-r_2}\begin{pmatrix}1&0&-2/7&-3/7\\0&1&-5/7&-4/7\\0&0&0&0\end{pmatrix},$$

便得

$$\begin{cases}x_1=\dfrac{2}{7}x_3+\dfrac{3}{7}x_4\\[2mm]x_2=\dfrac{5}{7}x_3+\dfrac{4}{7}x_4\end{cases}.\qquad(*)$$

令 $\begin{pmatrix}x_3\\x_4\end{pmatrix}=\begin{pmatrix}1\\0\end{pmatrix}$ 及 $\begin{pmatrix}0\\1\end{pmatrix}$，则对应有 $\begin{pmatrix}x_1\\x_2\end{pmatrix}=\begin{pmatrix}2/7\\5/7\end{pmatrix}$ 及 $\begin{pmatrix}3/7\\4/7\end{pmatrix}$，即得基础解系

$$\boldsymbol{\eta}_1=\begin{pmatrix}2/7\\5/7\\1\\0\end{pmatrix},\quad\boldsymbol{\eta}_2=\begin{pmatrix}3/7\\4/7\\0\\1\end{pmatrix},$$

并由此写出通解

$$\begin{pmatrix}x_1\\x_2\\x_3\\x_4\end{pmatrix}=c_1\begin{pmatrix}2/7\\5/7\\1\\0\end{pmatrix}+c_2\begin{pmatrix}3/7\\4/7\\0\\1\end{pmatrix}\quad(c_1,c_2\in\mathbf{R}).$$

■

注: 在§3.1中, 线性方程组的解法是从式(*)直接写出方程组的全部解(通解). 实际上可通过式(*)先取基础解系, 再写出通解, 两种解法没有多少区别.

例2　用基础解系表示如下线性方程组的通解.

$$\begin{cases} x_1+x_2+x_3+4x_4-3x_5=0 \\ x_1-x_2+3x_3-2x_4-x_5=0 \\ 2x_1+x_2+3x_3+5x_4-5x_5=0 \\ 3x_1+x_2+5x_3+6x_4-7x_5=0 \end{cases}.$$

解　$m=4, n=5, m<n$, 因此, 所给方程组有无穷多解.

$$\boldsymbol{A}=\begin{pmatrix} 1 & 1 & 1 & 4 & -3 \\ 1 & -1 & 3 & -2 & -1 \\ 2 & 1 & 3 & 5 & -5 \\ 3 & 1 & 5 & 6 & -7 \end{pmatrix} \to \begin{pmatrix} 1 & 1 & 1 & 4 & -3 \\ 0 & -2 & 2 & -6 & 2 \\ 0 & -1 & 1 & -3 & 1 \\ 0 & -2 & 2 & -6 & 2 \end{pmatrix} \to \begin{pmatrix} 1 & 0 & 2 & 1 & -2 \\ 0 & 1 & -1 & 3 & -1 \\ 0 & 0 & 0 & 0 & 0 \\ 0 & 0 & 0 & 0 & 0 \end{pmatrix},$$

即原方程组与下面的方程组同解:

$$\begin{cases} x_1=-2x_3-x_4+2x_5 \\ x_2=x_3-3x_4+x_5 \end{cases}, \text{其中 } x_3, x_4, x_5 \text{ 为自由未知量.}$$

令自由未知量 $\begin{pmatrix} x_3 \\ x_4 \\ x_5 \end{pmatrix}$ 取值 $\begin{pmatrix} 1 \\ 0 \\ 0 \end{pmatrix}, \begin{pmatrix} 0 \\ 1 \\ 0 \end{pmatrix}, \begin{pmatrix} 0 \\ 0 \\ 1 \end{pmatrix}$, 分别得方程组的解为

$$\boldsymbol{\eta}_1=(-2,1,1,0,0)^{\mathrm{T}},\ \boldsymbol{\eta}_2=(-1,-3,0,1,0)^{\mathrm{T}},\ \boldsymbol{\eta}_3=(2,1,0,0,1)^{\mathrm{T}},$$

$\boldsymbol{\eta}_1, \boldsymbol{\eta}_2, \boldsymbol{\eta}_3$ 就是所给方程组的一个基础解系. 因此, 方程组的通解为

$$\boldsymbol{\eta}=c_1\boldsymbol{\eta}_1+c_2\boldsymbol{\eta}_2+c_3\boldsymbol{\eta}_3 \quad (c_1, c_2, c_3 \text{ 为任意常数}).$$ ■

*数学实验

实验3.3　求下列齐次线性方程组的通解(详见教材配套的网络学习空间):

(1) $\begin{cases} 2x_1+6x_2+16x_3+16x_4+64x_5+4x_6=0 \\ 2x_1+4x_2+8x_3+17x_4+41x_5+12x_6=0 \\ 6x_1+4x_2-13x_3+44x_4-5x_5+71x_6=0 \\ 8x_1+42x_2+126x_3+40x_4+398x_5-36x_6=0 \\ 5x_1+37x_2+113x_3-11x_4+298x_5-83x_6=0 \\ -5x_1-41x_2-129x_3-11x_4-368x_5+51x_6=0 \end{cases}$;

(2) $\begin{cases} 2x_1+6x_2+12x_3+14x_4+38x_5+170x_6=0 \\ -3x_1-9x_2-14x_3-13x_4-45x_5-188x_6=0 \\ 5x_1+15x_2-3x_3-31x_4-4x_5-112x_6=0 \\ 7x_1+21x_2+68x_3+101x_4+211x_5+1\,047x_6=0 \\ x_1+3x_2+35x_3+65x_4+106x_5+631x_6=0 \\ 3x_1+9x_2+7x_3-x_4+24x_5+50x_6=0 \end{cases}$;

计算实验

(3) $\begin{cases} 10x_1+6x_2+37x_3+11x_4-35x_5+28x_6=0 \\ -2x_1-2x_2-10x_3+3x_4+3x_5+4x_6=0 \\ 5x_1-4x_2+2x_3+46x_4-50x_5+88x_6=0 \\ 9x_1+36x_2+89x_3-147x_4+101x_5-258x_6=0 \\ 21x_1+82x_2+202x_3-347x_4+234x_5-612x_6=0 \end{cases}$.

计算实验

二、非齐次线性方程组解的结构

设有非齐次线性方程组

$$\begin{cases} a_{11}x_1+a_{12}x_2+\cdots+a_{1n}x_n=b_1 \\ a_{21}x_1+a_{22}x_2+\cdots+a_{2n}x_n=b_2 \\ \quad\cdots\cdots \\ a_{m1}x_1+a_{m2}x_2+\cdots+a_{mn}x_n=b_m \end{cases}, \tag{6.5}$$

它也可写作向量方程

$$\boldsymbol{Ax}=\boldsymbol{b}, \tag{6.6}$$

称 $\boldsymbol{Ax}=\boldsymbol{0}$ 为 $\boldsymbol{Ax}=\boldsymbol{b}$ **对应的齐次线性方程组**（也称为**导出组**）.

性质 3 设 $\boldsymbol{\eta}_1,\boldsymbol{\eta}_2$ 是非齐次线性方程组 $\boldsymbol{Ax}=\boldsymbol{b}$ 的解，则 $\boldsymbol{\eta}_1-\boldsymbol{\eta}_2$ 是对应的齐次线性方程组 $\boldsymbol{Ax}=\boldsymbol{0}$ 的解.

证明 $$\boldsymbol{A}(\boldsymbol{\eta}_1-\boldsymbol{\eta}_2)=\boldsymbol{A\eta}_1-\boldsymbol{A\eta}_2=\boldsymbol{b}-\boldsymbol{b}=\boldsymbol{0},$$

即 $\boldsymbol{\eta}_1-\boldsymbol{\eta}_2$ 为对应的齐次线性方程组 $\boldsymbol{Ax}=\boldsymbol{0}$ 的解. ■

性质 4 设 $\boldsymbol{\eta}$ 是非齐次线性方程组 $\boldsymbol{Ax}=\boldsymbol{b}$ 的解，$\boldsymbol{\xi}$ 为对应的齐次线性方程组 $\boldsymbol{Ax}=\boldsymbol{0}$ 的解，则 $\boldsymbol{\xi}+\boldsymbol{\eta}$ 为非齐次线性方程组 $\boldsymbol{Ax}=\boldsymbol{b}$ 的解.

证明 $$\boldsymbol{A}(\boldsymbol{\xi}+\boldsymbol{\eta})=\boldsymbol{A\xi}+\boldsymbol{A\eta}=\boldsymbol{0}+\boldsymbol{b}=\boldsymbol{b},$$

即 $\boldsymbol{\xi}+\boldsymbol{\eta}$ 是非齐次线性方程组 $\boldsymbol{Ax}=\boldsymbol{b}$ 的解. ■

定理 2 设 $\boldsymbol{\eta}^*$ 是非齐次线性方程组 $\boldsymbol{Ax}=\boldsymbol{b}$ 的一个解，$\boldsymbol{\xi}$ 是对应的齐次线性方程组 $\boldsymbol{Ax}=\boldsymbol{0}$ 的通解，则 $\boldsymbol{x}=\boldsymbol{\xi}+\boldsymbol{\eta}^*$ 是非齐次线性方程组 $\boldsymbol{Ax}=\boldsymbol{b}$ 的通解.

证明 根据非齐次线性方程组解的性质，只需证明非齐次线性方程组的任一解 $\boldsymbol{\eta}$ 一定能表示为 $\boldsymbol{\eta}^*$ 与 $\boldsymbol{Ax}=\boldsymbol{0}$ 的某一解 $\boldsymbol{\xi}_1$ 的和. 为此取 $\boldsymbol{\xi}_1=\boldsymbol{\eta}-\boldsymbol{\eta}^*$. 由性质 3 知，$\boldsymbol{\xi}_1$ 是 $\boldsymbol{Ax}=\boldsymbol{0}$ 的一个解，故

$$\boldsymbol{\eta}=\boldsymbol{\xi}_1+\boldsymbol{\eta}^*,$$

即非齐次线性方程组的任一解都能表示为该方程组的一个解 $\boldsymbol{\eta}^*$ 与其对应的齐次线性方程组某一个解的和. ■

注：设 $\boldsymbol{\xi}_1,\cdots,\boldsymbol{\xi}_{n-r}$ 是 $\boldsymbol{Ax}=\boldsymbol{0}$ 的基础解系，$\boldsymbol{\eta}^*$ 是 $\boldsymbol{Ax}=\boldsymbol{b}$ 的一个解，则非齐次线性方程组 $\boldsymbol{Ax}=\boldsymbol{b}$ 的通解可表示为

$$\boldsymbol{x}=c_1\boldsymbol{\xi}_1+c_2\boldsymbol{\xi}_2+\cdots+c_{n-r}\boldsymbol{\xi}_{n-r}+\boldsymbol{\eta}^*,$$

其中 $c_1,c_2,\cdots,c_{n-r}\in\mathbf{R}$.

综合前述讨论，设有非齐次线性方程组 $\boldsymbol{Ax}=\boldsymbol{b}$，而 $\boldsymbol{\alpha}_1, \boldsymbol{\alpha}_2, \cdots, \boldsymbol{\alpha}_n$ 是系数矩阵 $\boldsymbol{A}$ 的列向量组，则下列四个命题等价：

① 非齐次线性方程组 $\boldsymbol{Ax}=\boldsymbol{b}$ 有解；

② 向量 $\boldsymbol{b}$ 能由向量组 $\boldsymbol{\alpha}_1, \boldsymbol{\alpha}_2, \cdots, \boldsymbol{\alpha}_n$ 线性表示；

③ 向量组 $\boldsymbol{\alpha}_1, \boldsymbol{\alpha}_2, \cdots, \boldsymbol{\alpha}_n$ 与向量组 $\boldsymbol{\alpha}_1, \boldsymbol{\alpha}_2, \cdots, \boldsymbol{\alpha}_n, \boldsymbol{b}$ 等价；

④ $\mathrm{r}(\boldsymbol{A})=\mathrm{r}(\boldsymbol{A}\ \ \boldsymbol{b})$.

例 3　求下列方程组的通解：

$$\begin{cases} x_1+x_2+x_3+x_4+x_5=7 \\ 3x_1+x_2+2x_3+x_4-3x_5=-2 \\ 2x_2+x_3+2x_4+6x_5=23 \end{cases}.$$

解　$$\widetilde{\boldsymbol{A}}=\begin{pmatrix} 1 & 1 & 1 & 1 & 1 & 7 \\ 3 & 1 & 2 & 1 & -3 & -2 \\ 0 & 2 & 1 & 2 & 6 & 23 \end{pmatrix} \to \begin{pmatrix} 1 & 0 & 1/2 & 0 & -2 & -9/2 \\ 0 & 1 & 1/2 & 1 & 3 & 23/2 \\ 0 & 0 & 0 & 0 & 0 & 0 \end{pmatrix}.$$

由 $\mathrm{r}(\boldsymbol{A})=\mathrm{r}(\widetilde{\boldsymbol{A}})=2<5$，知方程组有无穷多解，且原方程组等价于方程组

$$\begin{cases} x_1=-\dfrac{1}{2}x_3+2x_5-\dfrac{9}{2} \\ x_2=-\dfrac{1}{2}x_3-x_4-3x_5+\dfrac{23}{2} \end{cases}. \tag{6.7}$$

令 $$\begin{pmatrix} x_3 \\ x_4 \\ x_5 \end{pmatrix}=\begin{pmatrix} 1 \\ 0 \\ 0 \end{pmatrix}, \begin{pmatrix} 0 \\ 1 \\ 0 \end{pmatrix}, \begin{pmatrix} 0 \\ 0 \\ 1 \end{pmatrix},$$

分别代入等价方程组对应的齐次方程组中，求得基础解系

$$\boldsymbol{\xi}_1=\begin{pmatrix} -1/2 \\ -1/2 \\ 1 \\ 0 \\ 0 \end{pmatrix}, \quad \boldsymbol{\xi}_2=\begin{pmatrix} 0 \\ -1 \\ 0 \\ 1 \\ 0 \end{pmatrix}, \quad \boldsymbol{\xi}_3=\begin{pmatrix} 2 \\ -3 \\ 0 \\ 0 \\ 1 \end{pmatrix}.$$

求特解：令 $x_3=x_4=x_5=0$，得 $x_1=-9/2$，$x_2=23/2$. 故所求通解为

$$\boldsymbol{x}=c_1\begin{pmatrix} -1/2 \\ -1/2 \\ 1 \\ 0 \\ 0 \end{pmatrix}+c_2\begin{pmatrix} 0 \\ -1 \\ 0 \\ 1 \\ 0 \end{pmatrix}+c_3\begin{pmatrix} 2 \\ -3 \\ 0 \\ 0 \\ 1 \end{pmatrix}+\begin{pmatrix} -9/2 \\ 23/2 \\ 0 \\ 0 \\ 0 \end{pmatrix},$$

其中 c_1, c_2, c_3 为任意常数. ■

例 4　设四元非齐次线性方程组 $\boldsymbol{Ax}=\boldsymbol{b}$ 的系数矩阵 $\boldsymbol{A}$ 的秩为 3，已知它的三个

解向量为 $\boldsymbol{\eta}_1, \boldsymbol{\eta}_2, \boldsymbol{\eta}_3$，其中

$$\boldsymbol{\eta}_1=\begin{pmatrix}3\\-4\\1\\2\end{pmatrix},\quad \boldsymbol{\eta}_2+\boldsymbol{\eta}_3=\begin{pmatrix}4\\6\\8\\0\end{pmatrix},$$

求该方程组的通解.

解　根据题意，方程组 $\boldsymbol{Ax}=\boldsymbol{b}$ 的导出组的基础解系含 $4-3=1$ 个向量，于是，导出组的任何一个非零解都可作为其基础解系. 显然

$$\boldsymbol{\eta}_1-\frac{1}{2}(\boldsymbol{\eta}_2+\boldsymbol{\eta}_3)=\begin{pmatrix}1\\-7\\-3\\2\end{pmatrix}\neq \boldsymbol{0}$$

是导出组的非零解，可作为其基础解系. 故方程组 $\boldsymbol{Ax}=\boldsymbol{b}$ 的通解为

$$\boldsymbol{x}=\boldsymbol{\eta}_1+c\left[\boldsymbol{\eta}_1-\frac{1}{2}(\boldsymbol{\eta}_2+\boldsymbol{\eta}_3)\right]=\begin{pmatrix}3\\-4\\1\\2\end{pmatrix}+c\begin{pmatrix}1\\-7\\-3\\2\end{pmatrix}\ (c\text{ 为任意常数}).$$ ■

*数学实验

实验 3.4　求下列非齐次线性方程组的通解（详见教材配套的网络学习空间）：

(1) $\begin{cases}2x_1+6x_2+16x_3+16x_4+64x_5+4x_6=86\\2x_1+4x_2+8x_3+17x_4+41x_5+12x_6=5\\6x_1+4x_2-13x_3+44x_4-5x_5+71x_6=-305\\8x_1+42x_2+126x_3+40x_4+398x_5-36x_6=1\,018\\5x_1+37x_2+113x_3-11x_4+298x_5-83x_6=1\,181\\-5x_1-41x_2-129x_3-11x_4-368x_5+51x_6=-1\,127\end{cases}$;

(2) $\begin{cases}2x_1+6x_2+12x_3+14x_4+38x_5+170x_6=-148\\-3x_1-9x_2-14x_3-13x_4-45x_5-188x_6=159\\5x_1+15x_2-3x_3-31x_4-4x_5-112x_6=197\\7x_1+21x_2+68x_3+101x_4+211x_5+1\,047x_6=-878\\x_1+3x_2+35x_3+65x_4+106x_5+631x_6=-350\\3x_1+9x_2+7x_3-x_4+24x_5+50x_6=-111\end{cases}$;

(3) $\begin{cases}10x_1+6x_2+37x_3+11x_4-35x_5+28x_6=-168\\-2x_1-2x_2-10x_3+3x_4+3x_5+4x_6=20\\5x_1-4x_2+2x_3+46x_4-50x_5+88x_6=-203\\9x_1+36x_2+89x_3-147x_4+101x_5-258x_6=353\\21x_1+82x_2+202x_3-347x_4+234x_5-612x_6=830\\3x_1-2x_2+10x_3+9x_4-7x_5+17x_6=-49\end{cases}$.

计算实验

习题 3-6

1. 求下列齐次线性方程组的基础解系：

(1) $\begin{cases} x_1-8x_2+10x_3+2x_4=0 \\ 2x_1+4x_2+5x_3-x_4=0 \\ 3x_1+8x_2+6x_3-2x_4=0 \end{cases}$；　(2) $\begin{cases} 2x_1-3x_2-2x_3+x_4=0 \\ 3x_1+5x_2+4x_3-2x_4=0 \\ 8x_1+7x_2+6x_3-3x_4=0 \end{cases}$；

(3) $nx_1+(n-1)x_2+\cdots+2x_{n-1}+x_n=0$.

2. 设 $\boldsymbol{\alpha}_1,\boldsymbol{\alpha}_2$ 是某个齐次线性方程组的基础解系，证明：$\boldsymbol{\alpha}_1+\boldsymbol{\alpha}_2$, $2\boldsymbol{\alpha}_1-\boldsymbol{\alpha}_2$ 是该线性方程组的基础解系.

3. 设 $\boldsymbol{A}=\begin{pmatrix} 2 & -2 & 1 & 3 \\ 9 & -5 & 2 & 8 \end{pmatrix}$，求一个 4×2 矩阵 $\boldsymbol{B}$，使 $\boldsymbol{AB}=\boldsymbol{O}$，且 $\mathrm{r}(\boldsymbol{B})=2$.

4. 求下列非齐次线性方程组的一个解及对应的齐次线性方程组的基础解系：

(1) $\begin{cases} x_1+x_2=5 \\ 2x_1+x_2+x_3+2x_4=1 \\ 5x_1+3x_2+2x_3+2x_4=3 \end{cases}$；　(2) $\begin{cases} x_1-5x_2+2x_3-3x_4=11 \\ 5x_1+3x_2+6x_3-x_4=-1 \\ 2x_1+4x_2+2x_3+x_4=-6 \end{cases}$.

5. 设四元非齐次线性方程组 $\boldsymbol{Ax}=\boldsymbol{b}$ 的系数矩阵 $\boldsymbol{A}$ 的秩为 2，已知它的 3 个解向量为 $\boldsymbol{\eta}_1$, $\boldsymbol{\eta}_2$, $\boldsymbol{\eta}_3$，其中 $\boldsymbol{\eta}_1=\begin{pmatrix} 4 \\ 3 \\ 2 \\ 1 \end{pmatrix}$，$\boldsymbol{\eta}_2=\begin{pmatrix} 1 \\ 3 \\ 5 \\ 1 \end{pmatrix}$，$\boldsymbol{\eta}_3=\begin{pmatrix} -2 \\ 6 \\ 3 \\ 2 \end{pmatrix}$，求该方程组的通解.

6. 设矩阵 $\boldsymbol{A}=\begin{pmatrix} 1 & 2 & 1 & 2 \\ 0 & 1 & t & t \\ 1 & t & 0 & 1 \end{pmatrix}$，齐次线性方程组 $\boldsymbol{Ax}=\boldsymbol{0}$ 的基础解系含有 2 个线性无关的解向量，试求方程组 $\boldsymbol{Ax}=\boldsymbol{0}$ 的全部解.

7. 设 $\boldsymbol{\eta}_1,\cdots,\boldsymbol{\eta}_s$ 是非齐次线性方程组 $\boldsymbol{Ax}=\boldsymbol{b}$ 的 s 个解，$k_1,\cdots,k_s$ 为实数，满足

$$k_1+k_2+\cdots+k_s=1,$$

证明 $\boldsymbol{x}=k_1\boldsymbol{\eta}_1+k_2\boldsymbol{\eta}_2+\cdots+k_s\boldsymbol{\eta}_s$ 也是它的解.

§3.7　线性方程组的应用

本节中的数学模型都是线性的，即每个模型都用线性方程组来表示，通常写成向量或矩阵的形式．由于自然现象通常都是线性的，或者当变量取值在合理范围内时近似于线性，因此线性模型的研究非常重要．此外，线性模型比复杂的非线性模型更易于用计算机进行计算．

1. 网络流模型

网络流模型广泛应用于交通、运输、通信、电力分配、城市规划、任务分派以及计算机辅助设计等众多领域．当科学家、工程师和经济学家研究某种网络中的流量问题时，线性方程组就自然而然地产生了．例如，城市规划设计人员和交通工程师监控城市道路网络内的交通流量，电气工程师计算电路中流经的电流，经济学家分析产品通过批发商和零售商网络从生产者到消费者的分配等．大多数网络流模型中的方程组都包含了数百甚至上千个未知量和线性方程．

一个**网络**由一个点集以及连接部分或全部点的直线或弧线构成．网络中的点称作**联结点**(或**节点**)，网络中的连接线称作**分支**．每一分支中的流量方向已经指定，并且流量(或流速)已知或者已标为变量．

网络流的基本假设是网络中流入与流出的总量相等，并且每个联结点流入和流出的总量也相等．例如，图 3－7－1 说明了流量从一个或两个分支流入联结点，x_1，x_2 和 x_3 表示从其他分支流出的流量，x_4 和 x_5 表示从其他分支流入的流量．因为流量在每个联结点守恒，所以有 $x_1+x_2=60$ 和 $x_4+x_5=x_3+80$．在类似的网络模式中，每个联结点的流量都可以用一个线性方程来表示．网络分析要解决的问题就是：在部分信息(如网络的输入量)已知的情况下，确定每一分支中的流量．

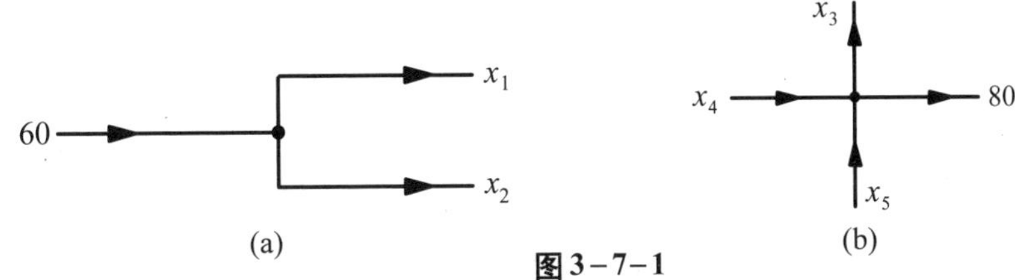

图 3－7－1

例 1 图 3－7－2 中的网络给出了在下午两点钟，某市区部分单行道的交通流量(以每刻钟通过的汽车数量来度量)．试确定网络的流量模式．

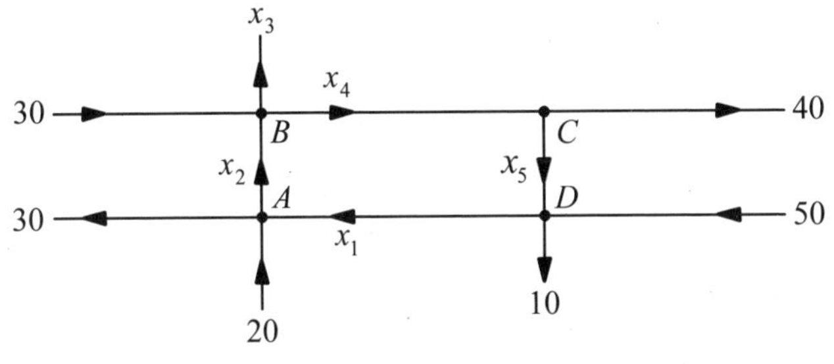

图 3－7－2

解 根据网络流模型的基本假设，在节点(交叉口) A, B, C, D 处，我们可以分别得到下列方程：

$$A: x_1+20=30+x_2;\quad B: x_2+30=x_3+x_4;$$
$$C: \quad x_4=40+x_5;\quad D: x_5+50=10+x_1.$$

网络总流入 $(20+30+50)$ 等于网络总流出 $(30+10+40+x_3)$, 即

$$x_3=20.$$

联立这个方程与整理后的前四个方程, 得如下方程组:

$$\begin{cases} x_1-x_2=10 \\ x_2-x_3-x_4=-30 \\ x_4-x_5=40 \\ x_1-x_5=40 \\ x_3=20 \end{cases},$$

即

$$\begin{pmatrix} 1 & -1 & 0 & 0 & 0 \\ 0 & 1 & -1 & -1 & 0 \\ 0 & 0 & 0 & 1 & -1 \\ 1 & 0 & 0 & 0 & -1 \\ 0 & 0 & 1 & 0 & 0 \end{pmatrix}\begin{pmatrix} x_1 \\ x_2 \\ x_3 \\ x_4 \\ x_5 \end{pmatrix}=\begin{pmatrix} 10 \\ -30 \\ 40 \\ 40 \\ 20 \end{pmatrix},$$

对其增广矩阵 $(\boldsymbol{A}\ \ \boldsymbol{b})$ 施行初等变换, 得

$$\begin{pmatrix} 1 & -1 & 0 & 0 & 0 & 10 \\ 0 & 1 & -1 & -1 & 0 & -30 \\ 0 & 0 & 0 & 1 & -1 & 40 \\ 1 & 0 & 0 & 0 & -1 & 40 \\ 0 & 0 & 1 & 0 & 0 & 20 \end{pmatrix} \rightarrow \begin{pmatrix} 1 & 0 & 0 & 0 & -1 & 40 \\ 0 & 1 & 0 & 0 & -1 & 30 \\ 0 & 0 & 1 & 0 & 0 & 20 \\ 0 & 0 & 0 & 1 & -1 & 40 \\ 0 & 0 & 0 & 0 & 0 & 0 \end{pmatrix},$$

取 $x_5=c$ (c 为任意常数), 则网络的流量模式表示为

$$x_1=40+c,\ x_2=30+c,\ x_3=20,\ x_4=40+c,\ x_5=c.$$ ■

网络分支中的负流量表示与模型中指定的方向相反. 由于街道是单行道, 因此变量不能取负值. 这导致变量在取正值时也有一定的局限.

*数学实验

实验 3.5 假设某城市部分单行街道的交通流量 (每小时通过的车辆数) 如图 3-7-3 所示.

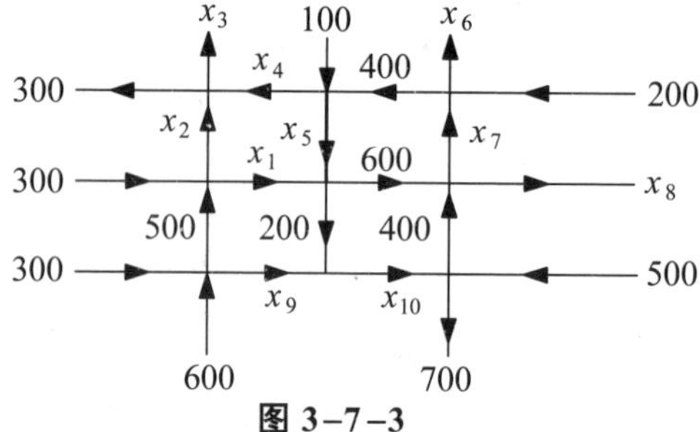

图 3-7-3

试建立数学模型确定该交通网络未知部分的具体流量.

解 假定上述问题满足下列两个基本假设:

(1) 全部流入网络的流量等于全部流出网络的流量;

(2) 全部流入一个节点的流量等于流出此节点的流量.

则根据图3-7-3及上述两个基本假设，可建立该问题的数学模型（线性方程组）

$$\begin{cases} x_2 - x_3 + x_4 = 300 \\ x_4 + x_5 = 500 \\ -x_6 + x_7 = 200 \\ x_1 + x_2 = 800 \\ x_1 + x_5 = 800 \\ x_7 + x_8 = 1\,000 \\ x_9 = 400 \\ -x_9 + x_{10} = 200 \\ x_{10} = 600 \\ x_3 + x_6 + x_8 = 1\,000 \end{cases},$$

将其改写为矩阵形式，得

$$\begin{pmatrix} 0 & 1 & -1 & 1 & 0 & 0 & 0 & 0 & 0 & 0 \\ 0 & 0 & 0 & 1 & 1 & 0 & 0 & 0 & 0 & 0 \\ 0 & 0 & 0 & 0 & 0 & -1 & 1 & 0 & 0 & 0 \\ 1 & 1 & 0 & 0 & 0 & 0 & 0 & 0 & 0 & 0 \\ 1 & 0 & 0 & 0 & 1 & 0 & 0 & 0 & 0 & 0 \\ 0 & 0 & 0 & 0 & 0 & 0 & 1 & 1 & 0 & 0 \\ 0 & 0 & 0 & 0 & 0 & 0 & 0 & 0 & 1 & 0 \\ 0 & 0 & 0 & 0 & 0 & 0 & 0 & 0 & -1 & 1 \\ 0 & 0 & 0 & 0 & 0 & 0 & 0 & 0 & 0 & 1 \\ 0 & 0 & 1 & 0 & 0 & 1 & 0 & 1 & 0 & 0 \end{pmatrix} \begin{pmatrix} x_1 \\ x_2 \\ x_3 \\ x_4 \\ x_5 \\ x_6 \\ x_7 \\ x_8 \\ x_9 \\ x_{10} \end{pmatrix} = \begin{pmatrix} 300 \\ 500 \\ 200 \\ 800 \\ 800 \\ 1\,000 \\ 400 \\ 200 \\ 600 \\ 1\,000 \end{pmatrix}.$$

利用 MathPlay 软件对上述矩阵方程的增广矩阵 $(\boldsymbol{A}\ \ \boldsymbol{b})$ 施行初等变换，得

$$\begin{pmatrix} 0 & 1 & -1 & 1 & 0 & 0 & 0 & 0 & 0 & 0 & 300 \\ 0 & 0 & 0 & 1 & 1 & 0 & 0 & 0 & 0 & 0 & 500 \\ 0 & 0 & 0 & 0 & 0 & -1 & 1 & 0 & 0 & 0 & 200 \\ 1 & 1 & 0 & 0 & 0 & 0 & 0 & 0 & 0 & 0 & 800 \\ 1 & 0 & 0 & 0 & 1 & 0 & 0 & 0 & 0 & 0 & 800 \\ 0 & 0 & 0 & 0 & 0 & 0 & 1 & 1 & 0 & 0 & 1\,000 \\ 0 & 0 & 0 & 0 & 0 & 0 & 0 & 0 & 1 & 0 & 400 \\ 0 & 0 & 0 & 0 & 0 & 0 & 0 & 0 & -1 & 1 & 200 \\ 0 & 0 & 0 & 0 & 0 & 0 & 0 & 0 & 0 & 1 & 600 \\ 0 & 0 & 1 & 0 & 0 & 1 & 0 & 1 & 0 & 0 & 1\,000 \end{pmatrix} \to \begin{pmatrix} 1 & 0 & 0 & 0 & 1 & 0 & 0 & 0 & 0 & 0 & 800 \\ 0 & 1 & 0 & 0 & -1 & 0 & 0 & 0 & 0 & 0 & 0 \\ 0 & 0 & 1 & 0 & 0 & 0 & 0 & 0 & 0 & 0 & 200 \\ 0 & 0 & 0 & 1 & 1 & 0 & 0 & 0 & 0 & 0 & 500 \\ 0 & 0 & 0 & 0 & 0 & 1 & 0 & 1 & 0 & 0 & 800 \\ 0 & 0 & 0 & 0 & 0 & 0 & 1 & 1 & 0 & 0 & 1\,000 \\ 0 & 0 & 0 & 0 & 0 & 0 & 0 & 0 & 1 & 0 & 400 \\ 0 & 0 & 0 & 0 & 0 & 0 & 0 & 0 & 0 & 1 & 600 \\ 0 & 0 & 0 & 0 & 0 & 0 & 0 & 0 & 0 & 0 & 0 \\ 0 & 0 & 0 & 0 & 0 & 0 & 0 & 0 & 0 & 0 & 0 \end{pmatrix},$$

显然有 $\mathrm{r}(\boldsymbol{A}) = \mathrm{r}(\boldsymbol{A}, \boldsymbol{b}) = 8 < 10$，于是方程组有无穷多解，即

$$\begin{pmatrix} x_1 \\ x_2 \\ x_3 \\ x_4 \\ x_5 \\ x_6 \\ x_7 \\ x_8 \\ x_9 \\ x_{10} \end{pmatrix} = \begin{pmatrix} 800 \\ 0 \\ 200 \\ 500 \\ 0 \\ 800 \\ 1\,000 \\ 0 \\ 400 \\ 600 \end{pmatrix} + c_1 \begin{pmatrix} -1 \\ 1 \\ 0 \\ -1 \\ 1 \\ 0 \\ 0 \\ 0 \\ 0 \\ 0 \end{pmatrix} + c_2 \begin{pmatrix} 0 \\ 0 \\ 0 \\ 0 \\ 0 \\ -1 \\ -1 \\ 1 \\ 0 \\ 0 \end{pmatrix}.$$

计算实验

综上所述，我们就得到了非齐次线性方程组 $\boldsymbol{Ax}=\boldsymbol{b}$ 的全部解为

$$\boldsymbol{x}=\overline{\boldsymbol{\eta}}+\boldsymbol{\xi}^*+C_1\boldsymbol{\xi}_1+C_2\boldsymbol{\xi}_2+\boldsymbol{\xi}^* \quad (C_1, C_2\text{ 为任意常数}).$$ ■

在解的表示式中，x 的每一个分量即为交通网络中未知部分的具体流量，该问题有无穷多解(为什么？并思考其实际意义).

本模型具有实际应用价值，求出该模型的解，可以为交通规划设计部门提供解决交通堵塞、车流运行不畅等问题的方法，知道在何处应建设立交桥．哪条路应设计多宽等，为城镇交通规划提供科学的指导意见．但是，在本模型中，我们只考虑了单行街道这样一种简单情形，更复杂的情形留待读者在更高深的课程中去研究．此外，本模型还可推广到电路分析中的网络节点流量等问题中．

2. 人口迁移模型

在生态学、经济学和工程学等许多领域中经常需要对随时间变化的动态系统进行数学建模，此类系统中的某些量常按离散时间间隔来测量，这样就产生了与时间间隔相应的向量序列 $\boldsymbol{x}_0, \boldsymbol{x}_1, \boldsymbol{x}_2, \cdots$，其中 $\boldsymbol{x}_k$ 表示第 k 次测量时系统状态的有关信息，而 $\boldsymbol{x}_0$ 常被称为**初始向量**．

如果存在矩阵 $\boldsymbol{A}$，并给定初始向量 $\boldsymbol{x}_0$，使得 $\boldsymbol{x}_1=\boldsymbol{A}\boldsymbol{x}_0$，$\boldsymbol{x}_2=\boldsymbol{A}\boldsymbol{x}_1, \cdots$，即

$$\boldsymbol{x}_{n+1}=\boldsymbol{A}\boldsymbol{x}_n\,(n=0,1,2,\cdots), \tag{7.1}$$

则称方程 (7.1) 为一个**线性差分方程**或者**递归方程**．

人口迁移模型考虑的问题是人口的迁移或人群的流动．但是这个模型还可以广泛应用于生态学、经济学和工程学等许多领域．这里我们考察一个简单的模型，即某城市及其周边农村在若干年内的人口变化情况．该模型显然可用于研究我国当前农村的城镇化与城市化过程中农村人口与城市人口的变迁问题．

设定一个初始的年份，比如说 2008 年，用 r_0, s_0 分别表示这一年城市和农村的人口．设 $\boldsymbol{x}_0$ 为初始人口向量，即 $\boldsymbol{x}_0=\begin{pmatrix} r_0 \\ s_0 \end{pmatrix}$，对 2009 年以及后面的年份，我们用向量

$$\boldsymbol{x}_1=\begin{pmatrix} r_1 \\ s_1 \end{pmatrix},\quad \boldsymbol{x}_2=\begin{pmatrix} r_2 \\ s_2 \end{pmatrix},\quad \boldsymbol{x}_3=\begin{pmatrix} r_3 \\ s_3 \end{pmatrix},\quad \cdots$$

表示每一年城市和农村的人口．我们的目标是用数学公式表示出这些向量之间的关系．

假设每年大约有 5% 的城市人口迁移到农村 (95% 仍然留在城市)，有 12% 的农村人口迁移到城市 (88% 仍然留在农村)，如图 3–7–4 所示，忽略其他因素对人口规模的影响，则一年之后，城市与农村人口的分布分别为

$$r_0\begin{pmatrix} 0.95 \\ 0.05 \end{pmatrix}\begin{matrix}\text{留在城市} \\ \text{移居农村}\end{matrix},\quad s_0\begin{pmatrix} 0.12 \\ 0.88 \end{pmatrix}\begin{matrix}\text{移居城市} \\ \text{留在农村}\end{matrix}.$$

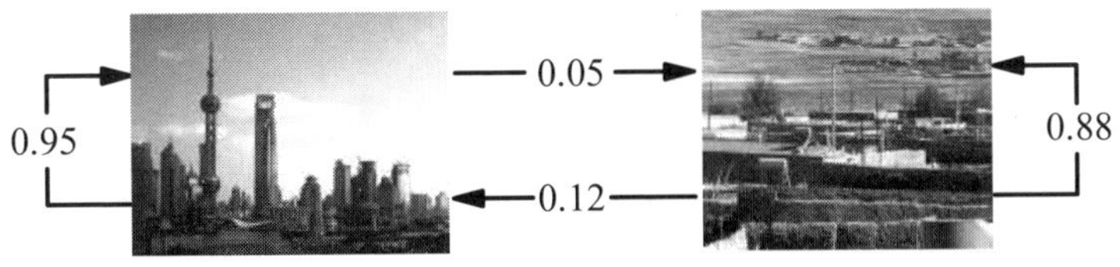

图 3－7－4

因此, 2009 年全部人口的分布为

$$\begin{pmatrix} r_1 \\ s_1 \end{pmatrix} = r_0\begin{pmatrix} 0.95 \\ 0.05 \end{pmatrix} + s_0\begin{pmatrix} 0.12 \\ 0.88 \end{pmatrix} = \begin{pmatrix} 0.95 & 0.12 \\ 0.05 & 0.88 \end{pmatrix}\begin{pmatrix} r_0 \\ s_0 \end{pmatrix},$$

即

$$\boldsymbol{x}_1 = \boldsymbol{M}\boldsymbol{x}_0, \tag{7.2}$$

其中 $\boldsymbol{M} = \begin{pmatrix} 0.95 & 0.12 \\ 0.05 & 0.88 \end{pmatrix}$ 称为**迁移矩阵**.

如果人口迁移的百分比保持不变, 则可以继续得到 2010 年, 2011 年, …… 的人口分布公式:

$$\boldsymbol{x}_2 = \boldsymbol{M}\boldsymbol{x}_1,\ \boldsymbol{x}_3 = \boldsymbol{M}\boldsymbol{x}_2,\ \cdots,$$

一般地, 有

$$\boldsymbol{x}_{n+1} = \boldsymbol{M}\boldsymbol{x}_n\ (n = 0, 1, 2, \cdots). \tag{7.3}$$

这里, 向量序列 $\{\boldsymbol{x}_0, \boldsymbol{x}_1, \boldsymbol{x}_2, \cdots\}$ 描述了城市与农村人口在若干年内的分布变化.

例 2 已知某城市 2008 年的城市人口为 5 000 000, 农村人口为 7 800 000. 计算 2010 年的人口分布.

解 因 2008 年的初始人口为 $\boldsymbol{x}_0 = \begin{pmatrix} 5\,000\,000 \\ 7\,800\,000 \end{pmatrix}$, 故对 2009 年, 有

$$\boldsymbol{x}_1 = \begin{pmatrix} 0.95 & 0.12 \\ 0.05 & 0.88 \end{pmatrix}\begin{pmatrix} 5\,000\,000 \\ 7\,800\,000 \end{pmatrix} = \begin{pmatrix} 5\,686\,000 \\ 7\,114\,000 \end{pmatrix},$$

对 2010 年, 有

$$\boldsymbol{x}_2 = \begin{pmatrix} 0.95 & 0.12 \\ 0.05 & 0.88 \end{pmatrix}\begin{pmatrix} 5\,686\,000 \\ 7\,114\,000 \end{pmatrix} = \begin{pmatrix} 6\,255\,380 \\ 6\,544\,620 \end{pmatrix}.$$

即 2010 年人口分布情况是: 城市人口为 6 255 380, 农村人口为 6 544 620. ■

注: 如果一个人口迁移模型经验证基本符合实际情况, 我们就可以利用它进一步预测未来一段时间内人口分布变化的情况, 从而为政府决策提供有力的依据. 关于这个问题我们在 §4.5 中研究.

3. 电网模型

一个简单电网中的电流可以用线性方程组来描述并确定, 这里将通过实例展示线性方程组在确定回路电流中的应用. 电压电源 (如电池等) 迫使电子在电网中流动形成电流. 当电流经过电阻 (如灯泡或者发动机等) 时, 一些电压被“消耗”. 根据欧

姆定律，流经电阻时的“电压降”由下列公式给出：

$$U=IR,$$

其中电压 U、电阻 R 和电流 I 分别以伏特(记作V)、欧姆(记作Ω)和安培为单位. 图3−7−5中的电网连接了三个闭回路. 回路1,2和3中的电流分别用 I_1, I_2 和 I_3 表示. 回路电流的方向是任意的. 如果一个电流为负，则表示实际的电流方向与图中闭回路的电流方向相反. 如果电流所示的方向由电池(┤├)正极(长的一端)指向负极(短的一端)，则电压为正；否则电压为负.

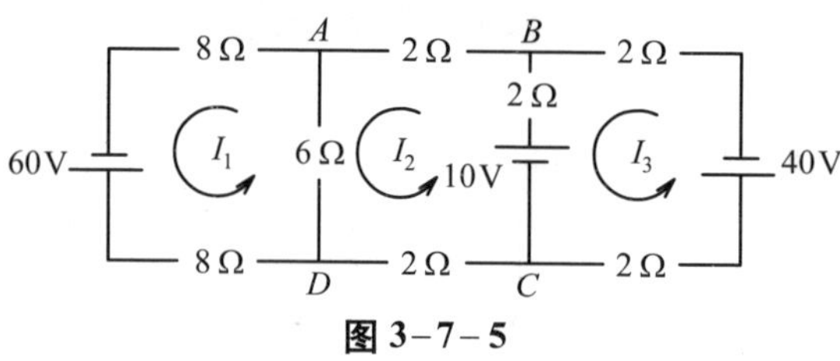

图3−7−5

根据物理学，回路中的电流服从**基尔霍夫电压定律**，即沿某个方向环绕回路一周的所有电压降 IR 的代数和等于沿同一方向环绕该回路一周的电源电压的代数和.

例3 确定图3−7−5电网中的回路电流.

解 在回路1中，电流 I_1 流过三个电阻，且电压降 IR 为 $8I_1+8I_1+6I_1=22I_1$；在回路2中，电流也流经回路1的一部分，即从 D 到 A 的分支，对应的电压降 IR 为 $6I_2$ 伏特. 然而，回路1中电流在 DA 段的方向与回路2中选定的方向相反，因此，回路1中所有电压降 IR 的代数和为 $22I_1-6I_2$. 由于回路1中的电压为+60伏特，由基尔霍夫电压定律，可得回路1的方程为

$$22I_1-6I_2=60.$$

同理，可得回路2的方程为

$$-6I_1+12I_2-2I_3=10,$$

其中，$-6I_1$ 是回路1中流经 DA 分支的电流(因为电流与回路2中的电流方向相反，所以电压为负)；$12I_2$ 是回路2中所有电阻乘以回路电流的和；$-2I_3$ 是回路3中流经 CB 分支上2欧姆电阻的电流，方向与回路2中该段的电流方向相反. 回路3的方程为

$$-2I_2+6I_3=-50.$$

注意，在 CB 分支上10伏特的电池被当作回路2和回路3中的一部分，但是由于回路3中的电流方向，电池在回路3中为−10伏特. 基于同样的道理，40伏特的电池也应取负值.

综合上述讨论，上述电网的回路电流满足下列线性方程组

$$\begin{cases} 22I_1-6I_2 \qquad\quad = 60 \\ -6I_1+12I_2-2I_3 = 10, \\ \qquad\quad -2I_2+6I_3=-50 \end{cases}$$

写成矩阵形式为

$$\begin{pmatrix} 22 & -6 & 0 \\ -6 & 12 & -2 \\ 0 & -2 & 6 \end{pmatrix}\begin{pmatrix} I_1 \\ I_2 \\ I_3 \end{pmatrix}=\begin{pmatrix} 60 \\ 10 \\ -50 \end{pmatrix}. \tag{7.4}$$

对增广矩阵进行行变换，得

$$\begin{pmatrix} 22 & -6 & 0 & 60 \\ -6 & 12 & -2 & 10 \\ 0 & -2 & 6 & -50 \end{pmatrix} \longrightarrow \begin{pmatrix} 1 & 0 & 0 & 3 \\ 0 & 1 & 0 & 1 \\ 0 & 0 & 1 & -8 \end{pmatrix},$$

从而解得$I_1=3$安培, $I_2=1$安培, $I_3=-8$安培. I_3取负值说明回路3中的实际电流与图3–7–5中显示的电流方向相反.

在方程组(7.4)中, 如果将其系数矩阵记为$\boldsymbol{R}$, 右端列向量记为$\boldsymbol{u}$, $\boldsymbol{i}=(I_1, I_2, I_3)^{\mathrm{T}}$, 则可得到以矩阵形式表示的欧姆定律: $\boldsymbol{u}=\boldsymbol{R}\boldsymbol{i}$. ■

注: 电网中的回路电流可以用来确定电网中每一分支中的电流. 如果只有一个回路电流流经一个分支, 如图3–7–5中的AB, 则分支电流等于回路电流. 如果多于一个回路电流流经一个分支, 例如DA, 则分支电流为该分支中回路电流的代数和. 如DA分支中的电流为$I_1-I_2=3-1=2$安培, 方向与I_1相同, CB分支中的电流为$I_2+I_3=9$安培.

4. 配平化学方程式

化学方程式表示化学反应中消耗和产生的物质的量. 下面我们举例说明配平化学方程式的基本原理.

例4　丙烷(C_3H_8)燃烧时和氧气(O_2)结合, 生成二氧化碳(CO_2)和水(H_2O), 其化学方程式为

$$(x_1)\mathrm{C_3H_8}+(x_2)\mathrm{O_2} \longrightarrow (x_3)\mathrm{CO_2}+(x_4)\mathrm{H_2O}, \tag{7.5}$$

为了配平该方程式, 必须找出$x_i\,(i=1, 2, 3, 4)$, 使得方程式左端的碳原子(C)、氢原子(H)和氧原子(O)的总数与右端对应的原子总数相等(因为化学反应中原有的原子不可能消失, 也不可能产生新原子).

解　配平化学方程式的一个系统的方法, 就是建立能描述反应过程中每种原子数目的向量方程. 方程(7.5)包含了3种不同的原子(碳、氢、氧), 于是, 在$\boldsymbol{R}^3$中为方程(7.5)中的每一种反应物和生产物构造如下向量, 在其中列出每个分子所包含的不同原子的数目:

$$\mathrm{C_3H_8}: \begin{pmatrix} 3 \\ 8 \\ 0 \end{pmatrix}, \mathrm{O_2}: \begin{pmatrix} 0 \\ 0 \\ 2 \end{pmatrix}, \mathrm{CO_2}: \begin{pmatrix} 1 \\ 0 \\ 2 \end{pmatrix}, \mathrm{H_2O}: \begin{pmatrix} 0 \\ 2 \\ 1 \end{pmatrix} \begin{matrix} \longleftarrow \text{碳} \\ \longleftarrow \text{氢} \\ \longleftarrow \text{氧} \end{matrix}$$

为了配平方程式(7.5), 系数$x_1, \cdots, x_4$必须满足

$$x_1\begin{pmatrix}3\\8\\0\end{pmatrix}+x_2\begin{pmatrix}0\\0\\2\end{pmatrix}=x_3\begin{pmatrix}1\\0\\2\end{pmatrix}+x_4\begin{pmatrix}0\\2\\1\end{pmatrix},$$

经整理得到如下方程组

$$\begin{cases}3x_1-x_3=0\\8x_1-2x_4=0,\\2x_2-2x_3-x_4=0\end{cases}$$

取 $x_4=c$ (c为任意常数), 得到如下通解

$$x_1=\frac{1}{4}c,\quad x_2=\frac{5}{4}c,\quad x_3=\frac{3}{4}c,\ x_4=c.$$

由于化学方程式中的系数必须为整数, 取 $x_4=4$, 此时 $x_1=1$, $x_2=5$ 且 $x_3=3$, 配平后的方程式为

$$C_3H_8+5\,O_2\longrightarrow 3\,CO_2+4\,H_2O.$$

如果将每个系数翻倍, 方程式仍然平衡. 不过, 在大多数场合下化学家更倾向于使用尽可能小的整数来配平方程式. ■

5. 商品交换的经济模型

假设在一个原始社会的部落中, 人们从事三种职业: 农业生产、工具和器皿的手工制作、缝制衣物. 最初, 假设部落中不存在货币制度, 所有的商品和服务均进行实物交换. 我们记这三类人为 *AP*, *TS* 和 *HM*, 且图 3–7–6 表示实际的实物交易系统.

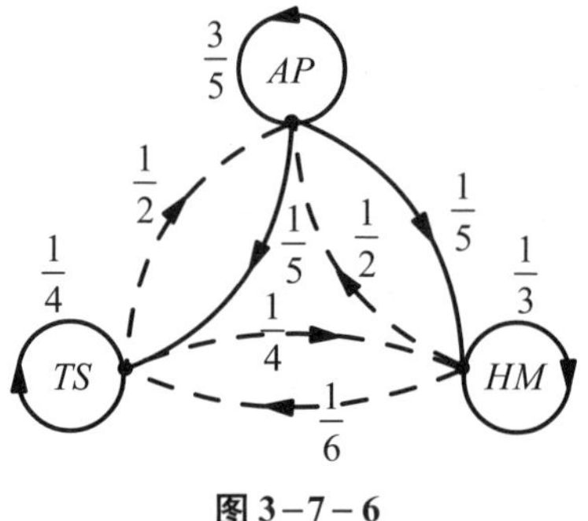

图 3–7–6

表 3–7–1

	AP	*TS*	*HM*
AP	$\frac{3}{5}$	$\frac{1}{5}$	$\frac{1}{5}$
TS	$\frac{1}{2}$	$\frac{1}{4}$	$\frac{1}{4}$
HM	$\frac{1}{2}$	$\frac{1}{6}$	$\frac{1}{3}$

图3–7–6说明, 农民把农业收成(AP)的 $\frac{3}{5}$ 给自己、$\frac{1}{5}$ 给手工业者, $\frac{1}{5}$ 给制衣工人; 手工业者把他们制成的产品(TS) $\frac{1}{4}$ 给自己、$\frac{1}{2}$ 给农民、$\frac{1}{4}$ 给制衣工人; 而制衣工人将制成的衣物(HM) $\frac{1}{3}$ 给自己、$\frac{1}{2}$ 给农民、$\frac{1}{6}$ 给手工业者. 综上所示, 可得表 3–7–1. 该表格的第 1 列表示农民生产的产品的分配, 第 2 列表示手工业者生产的产品的分配, 第 3 列表示制衣工人生产的产品的分配.

当部落规模增大时，实物交易系统就变得非常复杂，因此，部落决定使用货币系统. 对这个简单的经济体系，假设没有资本的积累和债务，并且每一种产品的价格均可客观地反映产品的价值. 问题是，如何给这三种产品定价，使之可以公平地体现当前的实物交易系统？

这个问题可以利用诺贝尔奖获得者 —— 经济学家列昂惕夫 (Wassily Leontief) 提出的经济模型转化为线性方程组. 对这个模型，我们令x_1为所有农产品的价值，x_2为所有手工业品的价值，x_3为所有服装的价值. 由表格的第 1 列，农民获得的产品价值是所有农产品价值的$\frac{3}{5}$，加上$\frac{1}{2}$的手工业品的价值，再加上$\frac{1}{2}$的服装价值. 因此，农民总共得到的产品价值为$\frac{3}{5}x_1+\frac{1}{2}x_2+\frac{1}{2}x_3$. 如果这个系统是公平的，那么农民获得的产品价值应等于农民生产的产品总价值x_1，即我们有线性方程

$$\frac{3}{5}x_1+\frac{1}{2}x_2+\frac{1}{2}x_3=x_1.$$

利用表格的第 2、3 列，可以相应地得到两个方程

$$\frac{1}{5}x_1+\frac{1}{4}x_2+\frac{1}{6}x_3=x_2,\quad \frac{1}{5}x_1+\frac{1}{4}x_2+\frac{1}{3}x_3=x_3.$$

这些方程可写成齐次方程组：

$$\begin{cases}-\frac{2}{5}x_1+\frac{1}{2}x_2+\frac{1}{2}x_3=0\\ \frac{1}{5}x_1-\frac{3}{4}x_2+\frac{1}{6}x_3=0\\ \frac{1}{5}x_1+\frac{1}{4}x_2-\frac{2}{3}x_3=0\end{cases},$$

该方程组对应的系数矩阵为

$$\begin{pmatrix}-2/5 & 1/2 & 1/2\\ 1/5 & -3/4 & 1/6\\ 1/5 & 1/4 & -2/3\end{pmatrix}\to\frac{1}{60}\begin{pmatrix}-24 & 0 & 55\\ 0 & -30 & 25\\ 0 & 0 & 0\end{pmatrix},$$

故这个方程组的解为

$$\begin{pmatrix}x_1\\ x_2\\ x_3\end{pmatrix}=c\begin{pmatrix}55/24\\ 5/6\\ 1\end{pmatrix},$$

令$c=24$，则得到一个解$(55, 20, 24)$，由此可得，变量x_1, x_2, x_3应按下面的比例取值：

$$x_1:x_2:x_3=55:20:24.$$

这个简单的系统是封闭的列昂惕夫生产 — 消费模型的例子. 列昂惕夫模型是我们理解经济体系的基础. 现代应用则会包含成千上万的工厂并得到一个非常庞大的

线性方程组.

习题 3-7

1. 给出如题 1 图所示的流量模式. 假设所有的流量都非负, x_3 的最大可能值是多少?

2. 某地的道路交叉口处通常建成单行的小环岛, 如题 2 图所示. 假设交通行进方向必须如图示那样, 请求出该网络流的通解并找出 x_6 的最小可能值.

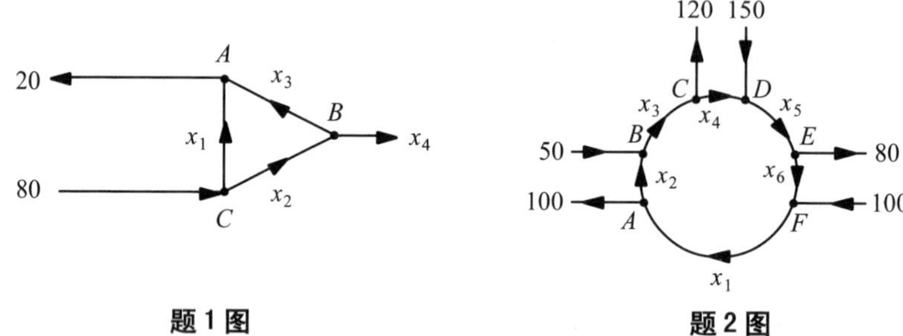

题 1 图　　题 2 图

3. 在某个地区, 每年约有 5% 的城市人口移居到周围的农村, 约有 4% 的农村人口移居到城市. 在 2008 年, 城市中有 400 000 名居民, 农村有 600 000 名居民. 建立一个差分方程来描述这种情况, 用 x_0 表示 2008 年的初始人口. 然后估计两年之后, 即 2010 年城市和农村的人口数量. (忽略其他因素对人口规模的影响.)

4. 某公司有一个车队, 大约有 450 辆车, 分布在三个地点. 一个地点租出去的车可以归还到三个地点中的任意一个, 但租出的车必须当天归还. 下面的矩阵给出了汽车归还到每个地点的不同比率. 假设星期一在机场有 304 辆车 (或从机场租出), 东部办公区有 48 辆车, 西部办公区有 98 辆车, 那么在星期三时, 车辆的大致分布是怎样的?

车辆出租地

机场	东部	西部	归还到
0.97	0.05	0.1	机场
0	0.9	0.05	东部
0.03	0.05	0.85	西部

5. 写出题 5 图的回路电流的线性方程组, 并确定其回路电流.

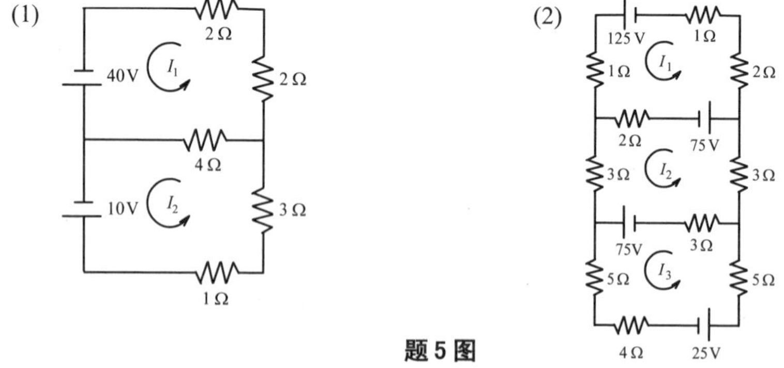

题 5 图

6. 苏打含有碳酸氢钠($NaHCO_3$)和柠檬酸($H_3C_6H_5O_7$). 它在水中溶解时，按照如下反应生成柠檬酸钠、水和二氧化碳：

$$NaHCO_3 + H_3C_6H_5O_7 \longrightarrow Na_3C_6H_5O_7 + H_2O + CO_2 .$$

试用向量方程的方法配平该化学方程式.

7. 如下的化学反应式可以在工业中应用，如砷化三氢(AsH_3)的生产. 配平这一方程式，注意在计算过程中使用有理分式，不进行舍入.

$$MnS + As_2Cr_{10}O_{35} + H_2SO_4 \longrightarrow HMnO_4 + AsH_3 + CrS_3O_{12} + H_2O.$$

总 习 题 三

1. 当λ取何值时，线性方程组

$$\begin{cases} (\lambda+3)x_1 + x_2 + 2x_3 = \lambda \\ \lambda x_1 + (\lambda-1)x_2 + x_3 = \lambda \\ 3(\lambda+1)x_1 + \lambda x_2 + (\lambda+3)x_3 = 3 \end{cases}$$

有唯一解、无解、无穷多解？当方程组有无穷多解时求出它的解.

2. 如果矩阵$\boldsymbol{A}=\begin{pmatrix} 1 & 2 & 3 \\ -1 & 3 & 2 \\ 2 & 1 & t \\ -2 & 1 & -1 \end{pmatrix}$，$\boldsymbol{B}$是三阶非零矩阵，且$\boldsymbol{AB}=\boldsymbol{O}$，则$t=$______.

3. 写出一个以

$$\boldsymbol{x} = c_1\begin{pmatrix} 2 \\ -3 \\ 1 \\ 0 \end{pmatrix} + c_2\begin{pmatrix} -2 \\ 4 \\ 0 \\ 1 \end{pmatrix} \quad (c_1, c_2 \in \mathbf{R})$$

为全部解的齐次线性方程组.

4. 设有向量

$$\boldsymbol{\alpha}_1=\begin{pmatrix} 1 \\ 4 \\ 0 \\ 2 \end{pmatrix},\ \boldsymbol{\alpha}_2=\begin{pmatrix} 2 \\ 7 \\ 1 \\ 3 \end{pmatrix},\ \boldsymbol{\alpha}_3=\begin{pmatrix} 0 \\ 1 \\ -1 \\ a \end{pmatrix},\ \boldsymbol{\beta}=\begin{pmatrix} 3 \\ 10 \\ b \\ 4 \end{pmatrix}.$$

试问当a, b为何值时，

(1) $\boldsymbol{\beta}$不能由$\boldsymbol{\alpha}_1, \boldsymbol{\alpha}_2, \boldsymbol{\alpha}_3$线性表示？

(2) $\boldsymbol{\beta}$可由$\boldsymbol{\alpha}_1, \boldsymbol{\alpha}_2, \boldsymbol{\alpha}_3$线性表示？并写出该表达式.

5. 已知向量组

$$\boldsymbol{\alpha}_1=(1,1,2,1)^{\mathrm{T}},\ \boldsymbol{\alpha}_2=(1,0,0,2)^{\mathrm{T}},\ \boldsymbol{\alpha}_3=(-1,-4,-8,k)^{\mathrm{T}}$$

线性相关，求k.

6. 设$\boldsymbol{\beta}_1=\boldsymbol{\alpha}_1+\boldsymbol{\alpha}_2$，$\boldsymbol{\beta}_2=\boldsymbol{\alpha}_2+\boldsymbol{\alpha}_3$，$\boldsymbol{\beta}_3=\boldsymbol{\alpha}_3+\boldsymbol{\alpha}_4$，$\boldsymbol{\beta}_4=\boldsymbol{\alpha}_4+\boldsymbol{\alpha}_1$，证明向量组$\boldsymbol{\beta}_1, \boldsymbol{\beta}_2, \boldsymbol{\beta}_3, \boldsymbol{\beta}_4$

线性相关.

7. 设向量组 $\boldsymbol{\alpha}_1, \boldsymbol{\alpha}_2, \boldsymbol{\alpha}_3$ 线性无关，已知

$$\boldsymbol{\beta}_1 = k_1\boldsymbol{\alpha}_1 + \boldsymbol{\alpha}_2 + k_1\boldsymbol{\alpha}_3,\ \boldsymbol{\beta}_2 = \boldsymbol{\alpha}_1 + k_2\boldsymbol{\alpha}_2 + (k_2+1)\boldsymbol{\alpha}_3,\ \boldsymbol{\beta}_3 = \boldsymbol{\alpha}_1 + \boldsymbol{\alpha}_2 + \boldsymbol{\alpha}_3,$$

试问当 k_1, k_2 为何值时，$\boldsymbol{\beta}_1, \boldsymbol{\beta}_2, \boldsymbol{\beta}_3$ 线性相关？线性无关？

8. 设 $\boldsymbol{A}$ 是 $n\times m$ 矩阵，$\boldsymbol{B}$ 是 $m\times n$ 矩阵，其中 $n<m$，$\boldsymbol{E}$ 是 n 阶单位矩阵，若 $\boldsymbol{AB}=\boldsymbol{E}$，证明：$\boldsymbol{B}$ 的列向量组线性无关.

9. 已知 $\boldsymbol{\alpha}_1=(2,3,4,5)^{\mathrm{T}}$，$\boldsymbol{\alpha}_2=(3,4,5,6)^{\mathrm{T}}$，$\boldsymbol{\alpha}_3=(4,5,6,7)^{\mathrm{T}}$，$\boldsymbol{\alpha}_4=(5,6,7,8)^{\mathrm{T}}$，则

$$\mathrm{r}(\boldsymbol{\alpha}_1,\boldsymbol{\alpha}_2,\boldsymbol{\alpha}_3,\boldsymbol{\alpha}_4)=\underline{\qquad\qquad}.$$

10. 求向量组

$$\boldsymbol{\alpha}_1=(1,1,4,2)^{\mathrm{T}},\ \boldsymbol{\alpha}_2=(1,-1,-2,4)^{\mathrm{T}},\ \boldsymbol{\alpha}_3=(-3,2,3,-11)^{\mathrm{T}},\ \boldsymbol{\alpha}_4=(1,3,10,0)^{\mathrm{T}}$$

的一个极大线性无关组.

11. 设向量组 $\boldsymbol{A}:\boldsymbol{\alpha}_1,\boldsymbol{\alpha}_2,\cdots,\boldsymbol{\alpha}_s$ 的秩为 r_1，向量组 $\boldsymbol{B}:\boldsymbol{\beta}_1,\boldsymbol{\beta}_2,\cdots,\boldsymbol{\beta}_t$ 的秩为 r_2，向量组 $\boldsymbol{C}:\boldsymbol{\alpha}_1,\boldsymbol{\alpha}_2,\cdots,\boldsymbol{\alpha}_s,\boldsymbol{\beta}_1,\boldsymbol{\beta}_2,\cdots,\boldsymbol{\beta}_r$ 的秩为 r_3，证明

$$\max\{r_1, r_2\}\le r_3\le r_1+r_2.$$

12. 设向量组 $\boldsymbol{A}:\boldsymbol{\alpha}_1,\boldsymbol{\alpha}_2,\boldsymbol{\alpha}_3$；向量组 $\boldsymbol{B}:\boldsymbol{\alpha}_1,\boldsymbol{\alpha}_2,\boldsymbol{\alpha}_3,\boldsymbol{\alpha}_4$；向量组 $\boldsymbol{C}:\boldsymbol{\alpha}_1,\boldsymbol{\alpha}_2,\boldsymbol{\alpha}_3,\boldsymbol{\alpha}_5$，若

$$\mathrm{r}(\boldsymbol{\alpha}_1,\boldsymbol{\alpha}_2,\boldsymbol{\alpha}_3)=\mathrm{r}(\boldsymbol{\alpha}_1,\boldsymbol{\alpha}_2,\boldsymbol{\alpha}_3,\boldsymbol{\alpha}_4)=3,\ \mathrm{r}(\boldsymbol{\alpha}_1,\boldsymbol{\alpha}_2,\boldsymbol{\alpha}_3,\boldsymbol{\alpha}_5)=4,$$

试证明：向量组 $\boldsymbol{\alpha}_1, \boldsymbol{\alpha}_2, \boldsymbol{\alpha}_3, \boldsymbol{\alpha}_5-\boldsymbol{\alpha}_4$ 的秩为4.

13. 由 $\boldsymbol{\alpha}_1=(1,1,0,0)^{\mathrm{T}}$，$\boldsymbol{\alpha}_2=(1,0,1,1)^{\mathrm{T}}$ 所生成的向量空间记作 $\boldsymbol{V}_1$，由 $\boldsymbol{\beta}_1=(2,-1,3,3)^{\mathrm{T}}$，$\boldsymbol{\beta}_2=(0,1,-1,-1)^{\mathrm{T}}$ 所生成的向量空间记作 $\boldsymbol{V}_2$，试证 $\boldsymbol{V}_1=\boldsymbol{V}_2$.

14. 如果 $\boldsymbol{\alpha}_1=\begin{pmatrix}1\\-1\\-2\end{pmatrix}$，$\boldsymbol{\alpha}_2=\begin{pmatrix}5\\-4\\-7\end{pmatrix}$，$\boldsymbol{\alpha}_3=\begin{pmatrix}-3\\1\\0\end{pmatrix}$，$\boldsymbol{x}=\begin{pmatrix}-4\\3\\a\end{pmatrix}$，则 a 取何值时，$\boldsymbol{x}$ 属于由 $\boldsymbol{\alpha}_1,\boldsymbol{\alpha}_2,\boldsymbol{\alpha}_3$ 生成的 $\boldsymbol{R}^3$ 的子空间？

15. 设 $\boldsymbol{R}^4$ 中的两组基为

$$\boldsymbol{\xi}_1=(1,-1,0,0)^{\mathrm{T}},\ \boldsymbol{\xi}_2=(0,1,-1,0)^{\mathrm{T}},\ \boldsymbol{\xi}_3=(0,0,1,-1)^{\mathrm{T}},\ \boldsymbol{\xi}_4=(0,0,0,1)^{\mathrm{T}};$$

$$\boldsymbol{\eta}_1=(1,0,0,0)^{\mathrm{T}},\ \boldsymbol{\eta}_2=(1,2,0,0)^{\mathrm{T}},\ \boldsymbol{\eta}_3=(1,2,3,0)^{\mathrm{T}},\ \boldsymbol{\eta}_4=(1,2,3,4)^{\mathrm{T}}.$$

已知向量 $\boldsymbol{\alpha}$ 在基 $\boldsymbol{\xi}_1,\boldsymbol{\xi}_2,\boldsymbol{\xi}_3,\boldsymbol{\xi}_4$ 下的坐标是 $(1,2,3,4)$，求向量 $\boldsymbol{\alpha}$ 在基 $\boldsymbol{\eta}_1,\boldsymbol{\eta}_2,\boldsymbol{\eta}_3,\boldsymbol{\eta}_4$ 下的坐标.

16. 齐次线性方程组 $\begin{cases}x_1+3x_3+4x_4-5x_5=0\\x_2-2x_3-3x_4+x_5=0\end{cases}$ 的解空间的维数是__________.

17. 求线性方程组 $\boldsymbol{Ax}=\boldsymbol{0}$，其解空间由向量组

$$\boldsymbol{\alpha}_1=(1,-1,1,0)^{\mathrm{T}},\quad \boldsymbol{\alpha}_2=(1,1,0,1)^{\mathrm{T}},\quad \boldsymbol{\alpha}_3=(2,0,1,1)^{\mathrm{T}}$$

生成.

18. 设 $\boldsymbol{A}=\begin{pmatrix}1&2&1\\2&3&a+2\\1&a&-2\end{pmatrix}$，$\boldsymbol{b}=\begin{pmatrix}1\\3\\0\end{pmatrix}$，$\boldsymbol{x}=\begin{pmatrix}x_1\\x_2\\x_3\end{pmatrix}$.

(1) 齐次线性方程组 $\boldsymbol{Ax}=\boldsymbol{0}$ 只有零解，则 $a=$__________.

(2) 线性方程组 $\boldsymbol{Ax}=\boldsymbol{b}$ 无解，则 $a=$ ________.

19. $\boldsymbol{A}$ 是 n 阶矩阵，对于齐次线性方程组 $\boldsymbol{Ax}=\boldsymbol{0}$,

(1) 若 $\boldsymbol{A}$ 中每行元素之和均为 0, 且 $\mathrm{r}(\boldsymbol{A})=n-1$, 则方程组的通解是 ________.

(2) 若每个 n 维向量都是方程组的解，则 $\mathrm{r}(\boldsymbol{A})=$ ________.

20. 设 $\boldsymbol{A}$ 是秩为3 的 5×4 矩阵，$\boldsymbol{\alpha}_1,\boldsymbol{\alpha}_2,\boldsymbol{\alpha}_3$ 是非齐次线性方程组 $\boldsymbol{Ax}=\boldsymbol{b}$ 的三个不同的解，若

$$\boldsymbol{\alpha}_1+\boldsymbol{\alpha}_2+2\boldsymbol{\alpha}_3=(2,0,0,0)^{\mathrm{T}},\ 3\boldsymbol{\alpha}_1+\boldsymbol{\alpha}_2=(2,4,6,8)^{\mathrm{T}},$$

则方程组 $\boldsymbol{Ax}=\boldsymbol{b}$ 的通解是 ________.

21. 设 $\boldsymbol{A}=\begin{pmatrix}2&1&1&2\\0&1&3&1\\1&\lambda&\mu&1\end{pmatrix}$, $\boldsymbol{b}=\begin{pmatrix}0\\1\\0\end{pmatrix}$, $\boldsymbol{\eta}=\begin{pmatrix}1\\-1\\1\\-1\end{pmatrix}$, 如果 $\boldsymbol{\eta}$ 是方程组 $\boldsymbol{Ax}=\boldsymbol{b}$ 的一个解，试求方程组 $\boldsymbol{Ax}=\boldsymbol{b}$ 的全部解.

22. 求一个非齐次线性方程组，使它的全部解为

$$\begin{pmatrix}x_1\\x_2\\x_3\end{pmatrix}=\begin{pmatrix}1\\-1\\3\end{pmatrix}+c_1\begin{pmatrix}-1\\3\\2\end{pmatrix}+c_2\begin{pmatrix}2\\-3\\1\end{pmatrix}\quad (c_1,c_2\text{ 为任意常数}).$$

第 4 章　矩阵的特征值

本章我们所讨论的矩阵均为方阵. 对于方阵 $\boldsymbol{A}$, 尽管线性变换 $\boldsymbol{x}\to\boldsymbol{A}\boldsymbol{x}$ 可能会把向量 $\boldsymbol{x}$ 往各种方向上移动, 但其中存在一些特殊的向量, $\boldsymbol{A}$ 在其上的作用十分简单.

例如, 设 $\boldsymbol{A}=\begin{pmatrix}3&-2\\1&0\end{pmatrix}$, $\boldsymbol{x}=\begin{pmatrix}2\\1\end{pmatrix}$, 则 $\boldsymbol{A}\boldsymbol{x}=2\boldsymbol{x}$, 即 $\boldsymbol{A}$ 在 $\boldsymbol{x}$ 上的作用相当于将向量 $\boldsymbol{x}$ 拉伸为原来的两倍 (见右图).

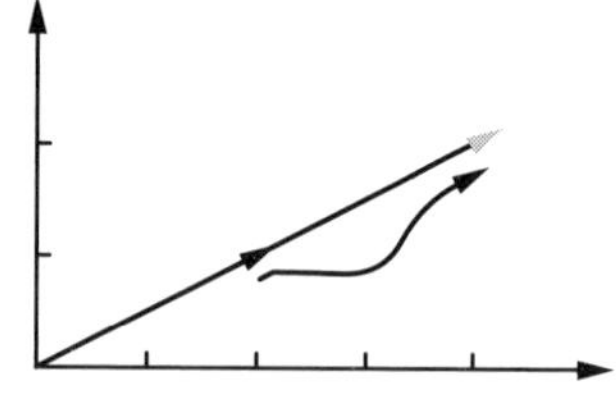

在本章中, 我们要研究形如 $\boldsymbol{A}\boldsymbol{x}=\lambda\boldsymbol{x}$ (λ 为一数量) 的方程, 并且求那些被 $\boldsymbol{A}$ 作用相当于被数乘作用的向量, 此即为方阵的特征值与特征向量问题, 它们不仅在纯数学和应用数学中有广泛的应用, 而且在工程设计、生态系统分析等许多学科领域中具有广泛的应用背景.

§4.1　向量的内积

在第 3 章中, 我们研究了向量的线性运算, 并利用它讨论了向量之间的线性关系, 但尚未涉及向量的度量性质.

在空间解析几何中, 向量 $\boldsymbol{x}=(x_1, x_2, x_3)$ 和 $\boldsymbol{y}=(y_1, y_2, y_3)$ 的长度与夹角等度量性质可以通过两个向量的数量积

$$\boldsymbol{x}\cdot\boldsymbol{y}=|\boldsymbol{x}||\boldsymbol{y}|\cos\theta \ \ (\theta\text{ 为向量 }\boldsymbol{x}\text{ 与 }\boldsymbol{y}\text{ 的夹角})$$

来表示, 且在直角坐标系中, 有

$$\boldsymbol{x}\cdot\boldsymbol{y}=x_1y_1+x_2y_2+x_3y_3,\ |\boldsymbol{x}|=\sqrt{x_1^2+x_2^2+x_3^2}.$$

本节中, 我们要将数量积的概念推广到 n 维向量空间中, 引入内积的概念, 并由此进一步定义 n 维向量空间中的长度、距离和垂直等概念.

一、内积及其性质

定义 1　设有 n 维向量

$$\boldsymbol{x}=\begin{pmatrix}x_1\\x_2\\\vdots\\x_n\end{pmatrix},\qquad \boldsymbol{y}=\begin{pmatrix}y_1\\y_2\\\vdots\\y_n\end{pmatrix},$$

令 $[\boldsymbol{x},\boldsymbol{y}]=x_1y_1+x_2y_2+\cdots+x_ny_n$，称 $[\boldsymbol{x},\boldsymbol{y}]$ 为向量 $\boldsymbol{x}$ 与 $\boldsymbol{y}$ 的**内积**.

注：内积 $[\boldsymbol{x},\boldsymbol{y}]$ 有时也记作 $<\boldsymbol{x},\boldsymbol{y}>$.

内积是两个向量之间的一种运算，其结果是一个实数，按矩阵的记法可表示为

$$[\boldsymbol{x},\boldsymbol{y}]=\boldsymbol{x}^{\mathrm{T}}\boldsymbol{y}=(x_1,x_2,\cdots,x_n)\begin{pmatrix}y_1\\y_2\\\vdots\\y_n\end{pmatrix}.$$

内积的运算性质 (其中 $\boldsymbol{x},\boldsymbol{y},\boldsymbol{z}$ 为 n 维向量，$\lambda\in\mathbf{R}$)：

(1) $[\boldsymbol{x},\boldsymbol{y}]=[\boldsymbol{y},\boldsymbol{x}]$;

(2) $[\lambda\boldsymbol{x},\boldsymbol{y}]=\lambda[\boldsymbol{x},\boldsymbol{y}]$;

(3) $[\boldsymbol{x}+\boldsymbol{y},\boldsymbol{z}]=[\boldsymbol{x},\boldsymbol{z}]+[\boldsymbol{y},\boldsymbol{z}]$;

(4) $[\boldsymbol{x},\boldsymbol{x}]\geq 0$，当且仅当 $\boldsymbol{x}=\boldsymbol{0}$ 时，$[\boldsymbol{x},\boldsymbol{x}]=0$.

二、向量的长度与性质

定义 2 令

$$\|\boldsymbol{x}\|=\sqrt{[\boldsymbol{x},\boldsymbol{x}]}=\sqrt{x_1^2+x_2^2+\cdots+x_n^2},$$

称 $\|\boldsymbol{x}\|$ 为 n 维向量 $\boldsymbol{x}$ 的**长度**(或**范数**).

向量的长度具有下述性质：

(1) 非负性 $\|\boldsymbol{x}\|\geq 0$，当且仅当 $\boldsymbol{x}=\boldsymbol{0}$ 时，$\|\boldsymbol{x}\|=0$；

(2) 齐次性 $\|\lambda\boldsymbol{x}\|=|\lambda|\|\boldsymbol{x}\|$；

(3) 三角不等式 $\|\boldsymbol{x}+\boldsymbol{y}\|\leq\|\boldsymbol{x}\|+\|\boldsymbol{y}\|$；

(4) 对任意 n 维向量 $\boldsymbol{x},\boldsymbol{y}$，有 $|[\boldsymbol{x},\boldsymbol{y}]|\leq\|\boldsymbol{x}\|\cdot\|\boldsymbol{y}\|$.

注：若令 $\boldsymbol{x}=(x_1,x_2,\cdots,x_n)^{\mathrm{T}}$，$\boldsymbol{y}=(y_1,y_2,\cdots,y_n)^{\mathrm{T}}$，则性质 (4) 可表示为

$$\left|\sum_{i=1}^{n}x_iy_i\right|\leq\sqrt{\sum_{i=1}^{n}x_i^2}\cdot\sqrt{\sum_{i=1}^{n}y_i^2}.$$

上述不等式称为**柯西－布涅柯夫斯基不等式**，它说明了 $\boldsymbol{R}^n$ 中任意两个向量的内积与它们长度之间的关系.

当 $\|\boldsymbol{x}\|=1$ 时，称 $\boldsymbol{x}$ 为**单位向量**.

对 $\boldsymbol{R}^n$ 中的任一非零向量 $\boldsymbol{\alpha}$，向量 $\dfrac{\boldsymbol{\alpha}}{\|\boldsymbol{\alpha}\|}$ 是一个单位向量，因为

$$\left\|\frac{\boldsymbol{\alpha}}{\|\boldsymbol{\alpha}\|}\right\|=\frac{1}{\|\boldsymbol{\alpha}\|}\|\boldsymbol{\alpha}\|=1.$$

注：用非零向量 $\boldsymbol{\alpha}$ 的长度去除向量 $\boldsymbol{\alpha}$，得到一个单位向量，这一过程通常称为把向量 $\boldsymbol{\alpha}$ **单位化**.

当 $\|\boldsymbol{\alpha}\|\neq 0$，$\|\boldsymbol{\beta}\|\neq 0$ 时，定义

$$\theta = \arccos\frac{[\boldsymbol{\alpha},\ \boldsymbol{\beta}]}{\|\boldsymbol{\alpha}\|\cdot\|\boldsymbol{\beta}\|}\quad(0\le\theta\le\pi),$$

称 θ 为 **n 维向量 $\boldsymbol{\alpha}$ 与 $\boldsymbol{\beta}$ 的夹角**.

例如，求向量 $\boldsymbol{\alpha}=(1,2,2,3)^{\mathrm{T}}$，$\boldsymbol{\beta}=(3,1,5,1)^{\mathrm{T}}$ 的夹角.

由 $\|\boldsymbol{\alpha}\|=3\sqrt{2}$，$\|\boldsymbol{\beta}\|=6$，$[\boldsymbol{\alpha},\ \boldsymbol{\beta}]=18$，得

$$\cos\theta=\frac{[\boldsymbol{\alpha},\ \boldsymbol{\beta}]}{\|\boldsymbol{\alpha}\|\|\boldsymbol{\beta}\|}=\frac{\sqrt{2}}{2},\quad 即\ \theta=\frac{\pi}{4}.$$

三、正交向量组

定义 3　若两向量 $\boldsymbol{\alpha}$ 与 $\boldsymbol{\beta}$ 的内积等于零，即

$$[\boldsymbol{\alpha},\ \boldsymbol{\beta}]=0,$$

则称**向量 $\boldsymbol{\alpha}$ 与 $\boldsymbol{\beta}$ 相互正交**. 记作 $\boldsymbol{\alpha}\perp\boldsymbol{\beta}$.

注：显然，若 $\boldsymbol{\alpha}=\mathbf{0}$，则 $\boldsymbol{\alpha}$ 与任何向量都正交.

图4-1-1给出了关于正交向量的一些重要事实.

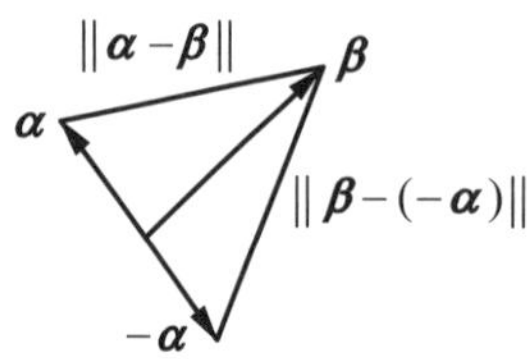

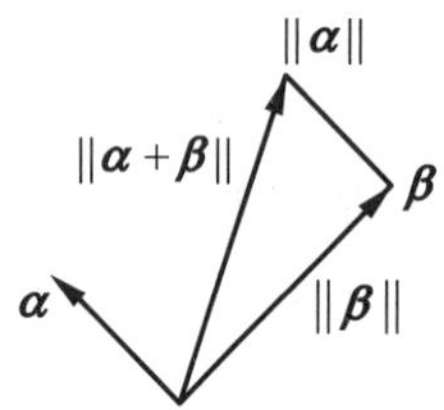

$\boldsymbol{\alpha}$ 与 $\boldsymbol{\beta}$ 相互垂直当且仅当
$\|\boldsymbol{\alpha}-\boldsymbol{\beta}\|=\|\boldsymbol{\beta}-(-\boldsymbol{\alpha})\|$

勾股定理：$\boldsymbol{\alpha}$ 与 $\boldsymbol{\beta}$ 相互垂直当且仅当
$\|\boldsymbol{\alpha}+\boldsymbol{\beta}\|^2=\|\boldsymbol{\alpha}\|^2+\|\boldsymbol{\beta}\|^2$

图 4-1-1

定义 4　若 n 维向量 $\boldsymbol{\alpha}_1,\boldsymbol{\alpha}_2,\cdots,\boldsymbol{\alpha}_r$ 是一个非零向量组，且 $\boldsymbol{\alpha}_1,\boldsymbol{\alpha}_2,\cdots,\boldsymbol{\alpha}_r$ 中的向量两两正交，则称该向量组为**正交向量组**.

例如，$\boldsymbol{R}^n$ 中单位向量 $\boldsymbol{\varepsilon}_1,\boldsymbol{\varepsilon}_2,\cdots,\boldsymbol{\varepsilon}_n$ 是两两正交的，因为

$$[\boldsymbol{\varepsilon}_i,\ \boldsymbol{\varepsilon}_j]=0\quad(i\ne j).$$

定理 1　若 n 维向量 $\boldsymbol{\alpha}_1,\boldsymbol{\alpha}_2,\cdots,\boldsymbol{\alpha}_r$ 是一正交向量组，则 $\boldsymbol{\alpha}_1,\cdots,\boldsymbol{\alpha}_r$ 线性无关.

证明　设有 $k_1,k_2,\cdots,k_r$ 使

$$k_1\boldsymbol{\alpha}_1+k_2\boldsymbol{\alpha}_2+\cdots+k_r\boldsymbol{\alpha}_r=\mathbf{0},$$

以 $\boldsymbol{\alpha}_i^{\mathrm{T}}$ 左乘上式两端，得

$$k_i\boldsymbol{\alpha}_i^{\mathrm{T}}\boldsymbol{\alpha}_i=0\quad(i=1,\ 2,\ \cdots,\ r).$$

因 $\boldsymbol{\alpha}_i\ne\mathbf{0}$，故 $\boldsymbol{\alpha}_i^{\mathrm{T}}\boldsymbol{\alpha}_i=\|\boldsymbol{\alpha}_i\|^2\ne0$，从而必有

$$k_i=0\quad(i=1,\ 2,\ \cdots,\ r),$$

所以向量组 $\boldsymbol{\alpha}_1,\boldsymbol{\alpha}_2,\cdots,\boldsymbol{\alpha}_r$ 线性无关. ■

注：$\boldsymbol{R}^n$ 中任一正交向量组的向量个数不会超过 n. 若向量组 $\boldsymbol{\alpha}_1,\boldsymbol{\alpha}_2,\cdots,\boldsymbol{\alpha}_r$ 两两

正交，且其中每个向量都是单位向量，则称该向量组为**规范正交向量组**.

四、规范正交基及其求法

定义 5 设 $V\subset \boldsymbol{R}^n$ 是一个向量空间.

(1) 若 $\boldsymbol{\alpha}_1,\boldsymbol{\alpha}_2,\cdots,\boldsymbol{\alpha}_r$ 是向量空间 $\boldsymbol{V}$ 的一个基，且是两两正交的向量组，则称 $\boldsymbol{\alpha}_1,\boldsymbol{\alpha}_2,\cdots,\boldsymbol{\alpha}_r$ 是向量空间 $\boldsymbol{V}$ 的**正交基**.

(2) 若 $\boldsymbol{e}_1,\boldsymbol{e}_2,\cdots,\boldsymbol{e}_r$ 是向量空间 $\boldsymbol{V}$ 的一个基，$\boldsymbol{e}_1,\boldsymbol{e}_2,\cdots,\boldsymbol{e}_r$ 两两正交，且都是单位向量，则称 $\boldsymbol{e}_1,\boldsymbol{e}_2,\cdots,\boldsymbol{e}_r$ 是向量空间 $\boldsymbol{V}$ 的一个**规范正交基**(或**标准正交基**).

例如，容易验证

$$\boldsymbol{e}_1=\begin{pmatrix}\frac{1}{\sqrt{2}}\\ \frac{1}{\sqrt{2}}\\ 0\\ 0\end{pmatrix},\quad \boldsymbol{e}_2=\begin{pmatrix}\frac{1}{\sqrt{2}}\\ -\frac{1}{\sqrt{2}}\\ 0\\ 0\end{pmatrix},\quad \boldsymbol{e}_3=\begin{pmatrix}0\\ 0\\ \frac{1}{\sqrt{2}}\\ \frac{1}{\sqrt{2}}\end{pmatrix},\quad \boldsymbol{e}_4=\begin{pmatrix}0\\ 0\\ \frac{1}{\sqrt{2}}\\ -\frac{1}{\sqrt{2}}\end{pmatrix}$$

是向量空间 $\boldsymbol{R}^4$ 的一个规范正交基.

又如，n 维单位向量组 $\boldsymbol{\varepsilon}_1,\boldsymbol{\varepsilon}_2,\cdots,\boldsymbol{\varepsilon}_n$ 也是 $\boldsymbol{R}^n$ 的一个规范正交基.

若 $\boldsymbol{e}_1,\cdots,\boldsymbol{e}_r$ 是 $\boldsymbol{V}$ 的一个规范正交基，则 $\boldsymbol{V}$ 中任一向量 $\boldsymbol{\alpha}$ 都能由 $\boldsymbol{e}_1,\boldsymbol{e}_2,\cdots,\boldsymbol{e}_r$ 线性表示，设表示式为

$$\boldsymbol{\alpha}=\lambda_1\boldsymbol{e}_1+\lambda_2\boldsymbol{e}_2+\cdots+\lambda_r\boldsymbol{e}_r,$$

为求其中的系数 $\lambda_i\,(i=1,2,\cdots,r)$，可用 $\boldsymbol{e}_i^{\mathrm{T}}$ 左乘上式，有

$$\boldsymbol{e}_i^{\mathrm{T}}\boldsymbol{\alpha}=\lambda_i\boldsymbol{e}_i^{\mathrm{T}}\boldsymbol{e}_i=\lambda_i,$$

这就是向量在规范正交基中的坐标的计算公式. 利用这个公式能方便地求得向量 $\boldsymbol{\alpha}$ 在规范正交基 $\boldsymbol{e}_1,\cdots,\boldsymbol{e}_r$ 下的坐标. 因此，我们在给出向量空间的基时常常取规范正交基.

规范正交基的求法:

设 $\boldsymbol{\alpha}_1,\cdots,\boldsymbol{\alpha}_r$ 是向量空间 $\boldsymbol{V}$ 的一个基，要求 $\boldsymbol{V}$ 的一个规范正交基，也就是要找一组两两正交的单位向量 $\boldsymbol{e}_1,\cdots,\boldsymbol{e}_r$，使 $\boldsymbol{e}_1,\cdots,\boldsymbol{e}_r$ 与 $\boldsymbol{\alpha}_1,\cdots,\boldsymbol{\alpha}_r$ 等价. 这一过程称为把基 $\boldsymbol{\alpha}_1,\cdots,\boldsymbol{\alpha}_r$ **规范正交化**，可按如下两个步骤进行:

(1) 正交化: 令

$$\boldsymbol{\beta}_1=\boldsymbol{\alpha}_1,$$

$$\boldsymbol{\beta}_2=\boldsymbol{\alpha}_2-\frac{[\boldsymbol{\beta}_1,\boldsymbol{\alpha}_2]}{[\boldsymbol{\beta}_1,\boldsymbol{\beta}_1]}\boldsymbol{\beta}_1,$$

……

$$\boldsymbol{\beta}_r=\boldsymbol{\alpha}_r-\frac{[\boldsymbol{\beta}_1,\boldsymbol{\alpha}_r]}{[\boldsymbol{\beta}_1,\boldsymbol{\beta}_1]}\boldsymbol{\beta}_1-\frac{[\boldsymbol{\beta}_2,\boldsymbol{\alpha}_r]}{[\boldsymbol{\beta}_2,\boldsymbol{\beta}_2]}\boldsymbol{\beta}_2-\cdots-\frac{[\boldsymbol{\beta}_{r-1},\boldsymbol{\alpha}_r]}{[\boldsymbol{\beta}_{r-1},\boldsymbol{\beta}_{r-1}]}\boldsymbol{\beta}_{r-1},$$

则易验证 $\boldsymbol{\beta}_1,\cdots,\boldsymbol{\beta}_r$ 两两正交，且 $\boldsymbol{\beta}_1,\cdots,\boldsymbol{\beta}_r$ 与 $\boldsymbol{\alpha}_1,\cdots,\boldsymbol{\alpha}_r$ 等价.

注: 上述过程称为**施密特正交化**过程. 它满足: 对任何 $k(1\le k\le r)$, 向量组 $\boldsymbol{\beta}_1,\cdots,\boldsymbol{\beta}_k$ 与 $\boldsymbol{\alpha}_1,\cdots,\boldsymbol{\alpha}_k$ 等价.

(2) 单位化：令

$$\boldsymbol{e}_1=\frac{\boldsymbol{\beta}_1}{\|\boldsymbol{\beta}_1\|},\ \boldsymbol{e}_2=\frac{\boldsymbol{\beta}_2}{\|\boldsymbol{\beta}_2\|},\ \cdots,\ \boldsymbol{e}_r=\frac{\boldsymbol{\beta}_r}{\|\boldsymbol{\beta}_r\|},$$

则 $\boldsymbol{e}_1,\boldsymbol{e}_2,\cdots,\boldsymbol{e}_r$ 是 $\boldsymbol{V}$ 的一个规范正交基.

注: 施密特正交化过程可将 $\boldsymbol{R}^n$ 中的任一线性无关的向量组 $\boldsymbol{\alpha}_1,\cdots,\boldsymbol{\alpha}_r$ 化为与之等价的正交向量组 $\boldsymbol{\beta}_1,\cdots,\boldsymbol{\beta}_r$；再经过单位化，得到与 $\boldsymbol{\alpha}_1,\cdots,\boldsymbol{\alpha}_r$ 等价的规范正交向量组 $\boldsymbol{e}_1,\boldsymbol{e}_2,\cdots,\boldsymbol{e}_r$.

例1 设 $\boldsymbol{\alpha}_1=\begin{pmatrix}1\\2\\-1\end{pmatrix}$, $\boldsymbol{\alpha}_2=\begin{pmatrix}-1\\3\\1\end{pmatrix}$, $\boldsymbol{\alpha}_3=\begin{pmatrix}4\\-1\\0\end{pmatrix}$, 用施密特正交化方法，将向量组正交规范化.

解 不难证明 $\boldsymbol{\alpha}_1,\boldsymbol{\alpha}_2,\boldsymbol{\alpha}_3$ 是线性无关的. 取 $\boldsymbol{\beta}_1=\boldsymbol{\alpha}_1$；

$$\boldsymbol{\beta}_2=\boldsymbol{\alpha}_2-\frac{[\boldsymbol{\alpha}_2,\boldsymbol{\beta}_1]}{\|\boldsymbol{\beta}_1\|^2}\boldsymbol{\beta}_1=\begin{pmatrix}-1\\3\\1\end{pmatrix}-\frac{2}{3}\begin{pmatrix}1\\2\\-1\end{pmatrix}=\frac{5}{3}\begin{pmatrix}-1\\1\\1\end{pmatrix};$$

$$\boldsymbol{\beta}_3=\boldsymbol{\alpha}_3-\frac{[\boldsymbol{\alpha}_3,\boldsymbol{\beta}_1]}{\|\boldsymbol{\beta}_1\|^2}\boldsymbol{\beta}_1-\frac{[\boldsymbol{\alpha}_3,\boldsymbol{\beta}_2]}{\|\boldsymbol{\beta}_2\|^2}\boldsymbol{\beta}_2$$

$$=\begin{pmatrix}4\\-1\\0\end{pmatrix}-\frac{1}{3}\begin{pmatrix}1\\2\\-1\end{pmatrix}+\frac{5}{3}\begin{pmatrix}-1\\1\\1\end{pmatrix}=2\begin{pmatrix}1\\0\\1\end{pmatrix}.$$

计算实验

再把它们单位化，取

$$\boldsymbol{e}_1=\frac{\boldsymbol{\beta}_1}{\|\boldsymbol{\beta}_1\|}=\frac{1}{\sqrt{6}}\begin{pmatrix}1\\2\\-1\end{pmatrix},\quad \boldsymbol{e}_2=\frac{\boldsymbol{\beta}_2}{\|\boldsymbol{\beta}_2\|}=\frac{1}{\sqrt{3}}\begin{pmatrix}-1\\1\\1\end{pmatrix},\quad \boldsymbol{e}_3=\frac{\boldsymbol{\beta}_3}{\|\boldsymbol{\beta}_3\|}=\frac{1}{\sqrt{2}}\begin{pmatrix}1\\0\\1\end{pmatrix},$$

$\boldsymbol{e}_1,\boldsymbol{e}_2,\boldsymbol{e}_3$ 即为所求. ■

注: 本例有明确的几何意义(详见教材配套的网络学习空间).

例2 已知三维向量空间中两个向量 $\boldsymbol{\alpha}_1=\begin{pmatrix}1\\1\\1\end{pmatrix}$, $\boldsymbol{\alpha}_2=\begin{pmatrix}1\\-2\\1\end{pmatrix}$ 正交，试求 $\boldsymbol{\alpha}_3$，使 $\boldsymbol{\alpha}_1,\boldsymbol{\alpha}_2,\boldsymbol{\alpha}_3$ 构成三维向量空间的一个正交基.

解 设 $\boldsymbol{\alpha}_3=(x_1,x_2,x_3)^{\mathrm{T}}\neq\boldsymbol{0}$, 且分别与 $\boldsymbol{\alpha}_1,\boldsymbol{\alpha}_2$ 正交，则

$$[\boldsymbol{\alpha}_1,\boldsymbol{\alpha}_3]=[\boldsymbol{\alpha}_2,\boldsymbol{\alpha}_3]=0,$$

即
$$\begin{cases}[\boldsymbol{\alpha}_1,\boldsymbol{\alpha}_3]=x_1+x_2+x_3=0\\ [\boldsymbol{\alpha}_2,\boldsymbol{\alpha}_3]=x_1-2x_2+x_3=0\end{cases}.$$

解之得 $x_1=-x_3$, $x_2=0$. 令 $x_3=1$, 得到

$$\boldsymbol{\alpha}_3=\begin{pmatrix}x_1\\x_2\\x_3\end{pmatrix}=\begin{pmatrix}-1\\0\\1\end{pmatrix}.$$

由上可知 $\boldsymbol{\alpha}_1$, $\boldsymbol{\alpha}_2$, $\boldsymbol{\alpha}_3$ 构成三维向量空间的一个正交基. ■

五、正交矩阵与正交变换

定义 6 若 n 阶方阵 $\boldsymbol{A}$ 满足 $\boldsymbol{A}^{\mathrm{T}}\boldsymbol{A}=\boldsymbol{E}$, 则称 $\boldsymbol{A}$ 为**正交矩阵**, 简称**正交阵**.

正交矩阵有以下几个重要性质:

(1) $\boldsymbol{A}^{\mathrm{T}}=\boldsymbol{A}^{-1}$, 即 $\boldsymbol{A}\boldsymbol{A}^{\mathrm{T}}=\boldsymbol{A}^{\mathrm{T}}\boldsymbol{A}=\boldsymbol{E}$;

(2) 若 $\boldsymbol{A}$ 是正交矩阵, 则 $\boldsymbol{A}^{\mathrm{T}}$ (或 $\boldsymbol{A}^{-1}$) 也是正交矩阵;

(3) 两个正交矩阵之积仍是正交矩阵;

(4) 正交矩阵的行列式等于 1 或 −1.

定理 2 $\boldsymbol{A}$ 为正交矩阵的充分必要条件是 $\boldsymbol{A}$ 的列向量组是单位正交向量组.

证明 设 $\boldsymbol{A}=(\boldsymbol{\alpha}_1,\boldsymbol{\alpha}_2,\cdots,\boldsymbol{\alpha}_n)$, 其中 $\boldsymbol{\alpha}_1,\boldsymbol{\alpha}_2,\cdots,\boldsymbol{\alpha}_n$ 是 $\boldsymbol{A}$ 的列向量组, 则 $\boldsymbol{A}^{\mathrm{T}}\boldsymbol{A}=\boldsymbol{E}$ 等价于

$$\begin{pmatrix}\boldsymbol{\alpha}_1^{\mathrm{T}}\\\boldsymbol{\alpha}_2^{\mathrm{T}}\\\vdots\\\boldsymbol{\alpha}_n^{\mathrm{T}}\end{pmatrix}(\boldsymbol{\alpha}_1,\ \boldsymbol{\alpha}_2,\ \cdots,\ \boldsymbol{\alpha}_n)=\begin{pmatrix}\boldsymbol{\alpha}_1^{\mathrm{T}}\boldsymbol{\alpha}_1 & \boldsymbol{\alpha}_1^{\mathrm{T}}\boldsymbol{\alpha}_2 & \cdots & \boldsymbol{\alpha}_1^{\mathrm{T}}\boldsymbol{\alpha}_n\\ \boldsymbol{\alpha}_2^{\mathrm{T}}\boldsymbol{\alpha}_1 & \boldsymbol{\alpha}_2^{\mathrm{T}}\boldsymbol{\alpha}_2 & \cdots & \boldsymbol{\alpha}_2^{\mathrm{T}}\boldsymbol{\alpha}_n\\ \vdots & \vdots & & \vdots\\ \boldsymbol{\alpha}_n^{\mathrm{T}}\boldsymbol{\alpha}_1 & \boldsymbol{\alpha}_n^{\mathrm{T}}\boldsymbol{\alpha}_2 & \cdots & \boldsymbol{\alpha}_n^{\mathrm{T}}\boldsymbol{\alpha}_n\end{pmatrix}=\boldsymbol{E},$$

即
$$\boldsymbol{\alpha}_i^{\mathrm{T}}\boldsymbol{\alpha}_j=\delta_{ij}=\begin{cases}1, & i=j\\0, & i\neq j\end{cases}\quad(i,\ j=1,\ 2,\ \cdots,\ n).$$ ■

注: 由 $\boldsymbol{A}^{\mathrm{T}}\boldsymbol{A}=\boldsymbol{E}$ 与 $\boldsymbol{A}\boldsymbol{A}^{\mathrm{T}}=\boldsymbol{E}$ 等价可知, 定理 2 的结论对行向量也成立, 即 $\boldsymbol{A}$ 为正交矩阵的充分必要条件是 $\boldsymbol{A}$ 的行向量组是单位正交向量组.

定义 7 若 $\boldsymbol{P}$ 为正交矩阵, 则线性变换 $\boldsymbol{y}=\boldsymbol{P}\boldsymbol{x}$ 称为**正交变换**.

正交变换的性质: 正交变换保持向量的内积及长度不变.

事实上, 设 $\boldsymbol{y}=\boldsymbol{P}\boldsymbol{x}$ 为正交变换, 且 $\boldsymbol{\beta}_1=\boldsymbol{P}\boldsymbol{\alpha}_1$, $\boldsymbol{\beta}_2=\boldsymbol{P}\boldsymbol{\alpha}_2$, 则

$$[\boldsymbol{\beta}_1,\boldsymbol{\beta}_2]=\boldsymbol{\beta}_1^{\mathrm{T}}\boldsymbol{\beta}_2=\boldsymbol{\alpha}_1^{\mathrm{T}}\boldsymbol{P}^{\mathrm{T}}\boldsymbol{P}\boldsymbol{\alpha}_2=\boldsymbol{\alpha}_1^{\mathrm{T}}\boldsymbol{E}\boldsymbol{\alpha}_2=\boldsymbol{\alpha}_1^{\mathrm{T}}\boldsymbol{\alpha}_2=[\boldsymbol{\alpha}_1,\boldsymbol{\alpha}_2],$$

$$\|\boldsymbol{\beta}_1\|=\sqrt{\boldsymbol{\beta}_1^{\mathrm{T}}\boldsymbol{\beta}_1}=\sqrt{\boldsymbol{\alpha}_1^{\mathrm{T}}\boldsymbol{P}^{\mathrm{T}}\boldsymbol{P}\boldsymbol{\alpha}_1}=\sqrt{\boldsymbol{\alpha}_1^{\mathrm{T}}\boldsymbol{\alpha}_1}=\|\boldsymbol{\alpha}_1\|.$$

例 3 判别下列矩阵是否为正交矩阵.

(1) $\begin{pmatrix} 1 & -1/2 & 1/3 \\ -1/2 & 1 & 1/2 \\ 1/3 & 1/2 & -1 \end{pmatrix}$;　　(2) $\begin{pmatrix} 1/9 & -8/9 & -4/9 \\ -8/9 & 1/9 & -4/9 \\ -4/9 & -4/9 & 7/9 \end{pmatrix}$.

解　(1) 考察矩阵的第 1 列和第 2 列，因

$$1\times\left(-\frac{1}{2}\right)+\left(-\frac{1}{2}\right)\times 1+\frac{1}{3}\times\frac{1}{2}\neq 0,$$

所以它不是正交矩阵；

(2) 由正交矩阵的定义，因

$$\begin{pmatrix} 1/9 & -8/9 & -4/9 \\ -8/9 & 1/9 & -4/9 \\ -4/9 & -4/9 & 7/9 \end{pmatrix}\begin{pmatrix} 1/9 & -8/9 & -4/9 \\ -8/9 & 1/9 & -4/9 \\ -4/9 & -4/9 & 7/9 \end{pmatrix}^{\mathrm{T}}=\begin{pmatrix} 1 & 0 & 0 \\ 0 & 1 & 0 \\ 0 & 0 & 1 \end{pmatrix},$$

所以它是正交矩阵. ■

习题　4-1

1. 在 $\boldsymbol{R}^3$ 中求与向量 $\boldsymbol{\alpha}=(1,1,1)^{\mathrm{T}}$ 正交的向量的全体，并说明其几何意义.

2. 设 $\boldsymbol{\alpha}_1,\boldsymbol{\alpha}_2,\boldsymbol{\alpha}_3$ 是一个规范正交组，求 $\|4\boldsymbol{\alpha}_1-7\boldsymbol{\alpha}_2+4\boldsymbol{\alpha}_3\|$.

3. 求与向量 $\boldsymbol{\alpha}_1=(1,1,-1,1)^{\mathrm{T}}$, $\boldsymbol{\alpha}_2=(1,-1,1,1)^{\mathrm{T}}$, $\boldsymbol{\alpha}_3=(1,1,1,1)^{\mathrm{T}}$ 都正交的单位向量.

4. 将下列各组向量规范正交化：

(1) $\boldsymbol{\alpha}_1=\begin{pmatrix}1\\1\\1\end{pmatrix}$, $\boldsymbol{\alpha}_2=\begin{pmatrix}0\\1\\1\end{pmatrix}$, $\boldsymbol{\alpha}_3=\begin{pmatrix}0\\0\\1\end{pmatrix}$;　　(2) $\boldsymbol{\alpha}_1=\begin{pmatrix}1\\1\\0\\0\end{pmatrix}$, $\boldsymbol{\alpha}_2=\begin{pmatrix}0\\1\\1\\0\end{pmatrix}$, $\boldsymbol{\alpha}_3=\begin{pmatrix}1\\0\\1\\1\end{pmatrix}$.

5. 判断下列矩阵是否为正交矩阵：

(1) $\begin{pmatrix} 3 & -3 & 1 \\ -3 & 1 & 3 \\ 1 & 3 & -3 \end{pmatrix}$;　　(2) $\begin{pmatrix} \frac{2}{3} & \frac{2}{3} & \frac{1}{3} \\ \frac{2}{3} & -\frac{1}{3} & -\frac{2}{3} \\ \frac{1}{3} & -\frac{2}{3} & \frac{2}{3} \end{pmatrix}$.

6. 设 $\boldsymbol{A}$ 与 $\boldsymbol{B}$ 都是 n 阶正交矩阵，证明 $\boldsymbol{AB}$ 也是正交矩阵.

§4.2　矩阵的特征值与特征向量

一、特征值与特征向量

定义 1　设 $\boldsymbol{A}$ 是 n 阶方阵，如果数 λ 和 n 维非零向量 $\boldsymbol{x}$ 使 $\boldsymbol{Ax}=\lambda\boldsymbol{x}$ 成立，则数

λ 称为方阵 $\boldsymbol{A}$ 的**特征值**, 非零向量 $\boldsymbol{x}$ 称为 $\boldsymbol{A}$ 的对应于特征值 λ 的**特征向量** (或称为 $\boldsymbol{A}$ 的属于特征值 λ 的特征向量).

注: n 阶方阵 $\boldsymbol{A}$ 的特征值 λ, 就是使齐次线性方程组

$$(\lambda\boldsymbol{E}-\boldsymbol{A})\boldsymbol{x}=\boldsymbol{0}$$

有非零解的值, 即满足方程 $|\lambda\boldsymbol{E}-\boldsymbol{A}|=0$ 的 λ 都是矩阵 $\boldsymbol{A}$ 的特征值.

称关于 λ 的一元 n 次方程 $|\lambda\boldsymbol{E}-\boldsymbol{A}|=0$ 为矩阵 $\boldsymbol{A}$ 的**特征方程**, 称 λ 的一元 n 次多项式 $f(\lambda)=|\lambda\boldsymbol{E}-\boldsymbol{A}|$ 为矩阵 $\boldsymbol{A}$ 的**特征多项式**.

根据上述定义, 即可给出特征向量的求法:

设 $\lambda=\lambda_i$ 为方阵 $\boldsymbol{A}$ 的一个特征值, 则由齐次线性方程组

$$(\lambda_i\boldsymbol{E}-\boldsymbol{A})\boldsymbol{x}=\boldsymbol{0} \tag{2.1}$$

可求得非零解 $\boldsymbol{p}_i$, 那么 $\boldsymbol{p}_i$ 就是 $\boldsymbol{A}$ 的对应于特征值 λ_i 的特征向量, 且 $\boldsymbol{A}$ 的对应于特征值 λ_i 的特征向量的全体是方程组 (2.1) 的全体非零解, 即设 $\boldsymbol{p}_1, \boldsymbol{p}_2, \cdots, \boldsymbol{p}_s$ 为方程组(2.1) 的基础解系, 则 $\boldsymbol{A}$ 的对应于特征值 λ_i 的全部特征向量为

$$k_1\boldsymbol{p}_1+k_2\boldsymbol{p}_2+\cdots+k_s\boldsymbol{p}_s\ (k_1, \cdots, k_s \text{ 不同时为 } 0).$$

例1 求矩阵 $\boldsymbol{A}=\begin{pmatrix}3 & 1\\ 5 & -1\end{pmatrix}$ 的特征值和特征向量.

解 $\boldsymbol{A}$ 的特征方程为

$$|\lambda\boldsymbol{E}-\boldsymbol{A}|=\begin{vmatrix}\lambda-3 & -1\\ -5 & \lambda+1\end{vmatrix}=(\lambda-4)(2+\lambda)=0,$$

所以 $\boldsymbol{A}$ 的特征值为 $\lambda_1=4$, $\lambda_2=-2$.

当 $\lambda_1=4$ 时, 对应的特征向量应满足 $\begin{cases}x_1-\ x_2=0\\ -5x_1+5x_2=0\end{cases}$, 解得 $x_1=x_2$, 所以对应的特征向量可取为 $\boldsymbol{p}_1=\begin{pmatrix}1\\ 1\end{pmatrix}$. 而 $k_1\boldsymbol{p}_1(k_1\neq 0)$ 就是矩阵 $\boldsymbol{A}$ 对应于 $\lambda_1=4$ 的全部特征向量.

当 $\lambda_2=-2$ 时, 对应的特征向量应满足

$$\begin{cases}-5x_1-x_2=0\\ -5x_1-x_2=0\end{cases},$$

解得 $x_2=-5x_1$, 所以对应的特征向量可取为 $\boldsymbol{p}_2=\begin{pmatrix}1\\ -5\end{pmatrix}$. 而 $k_2\boldsymbol{p}_2\ (k_2\neq 0)$ 就是矩阵 $\boldsymbol{A}$ 对应于 $\lambda_2=-2$ 的全部特征向量 (见图 4-2-1). ■

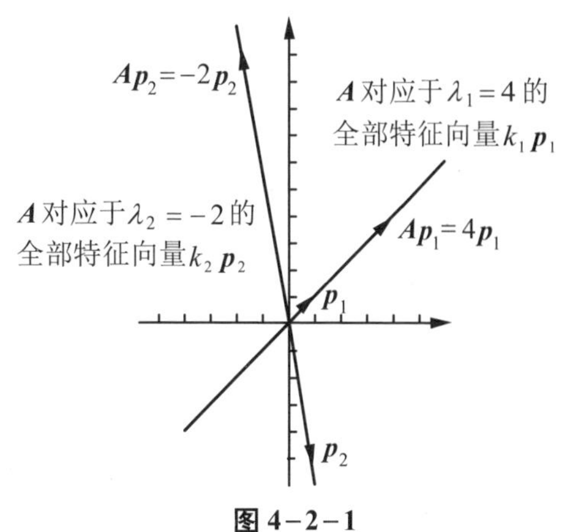

图 4-2-1

例 2　设 $\boldsymbol{A}=\begin{pmatrix}-2 & 1 & 1\\ 0 & 2 & 0\\ -4 & 1 & 3\end{pmatrix}$，求 $\boldsymbol{A}$ 的特征值与特征向量.

解　$\boldsymbol{A}$ 的特征方程为

$$|\lambda\boldsymbol{E}-\boldsymbol{A}|=\begin{vmatrix}\lambda+2 & -1 & -1\\ 0 & \lambda-2 & 0\\ 4 & -1 & \lambda-3\end{vmatrix}=(\lambda+1)(\lambda-2)^2=0,$$

故得 $\boldsymbol{A}$ 的特征值为 $\lambda_1=-1$，$\lambda_2=\lambda_3=2$.

当 $\lambda_1=-1$ 时，解方程 $(-\boldsymbol{E}-\boldsymbol{A})\boldsymbol{x}=\boldsymbol{0}$.

由 $-\boldsymbol{E}-\boldsymbol{A}=\begin{pmatrix}1 & -1 & -1\\ 0 & -3 & 0\\ 4 & -1 & -4\end{pmatrix}\to\begin{pmatrix}1 & 0 & -1\\ 0 & 1 & 0\\ 0 & 0 & 0\end{pmatrix}$，得基础解系 $\boldsymbol{p}_1=\begin{pmatrix}1\\ 0\\ 1\end{pmatrix}$，故对应于 $\lambda_1=-1$ 的全体特征向量为 $k_1\boldsymbol{p}_1\,(k_1\neq 0)$.

当 $\lambda_2=\lambda_3=2$ 时，解方程 $(2\boldsymbol{E}-\boldsymbol{A})\boldsymbol{x}=\boldsymbol{0}$.

由 $2\boldsymbol{E}-\boldsymbol{A}=\begin{pmatrix}4 & -1 & -1\\ 0 & 0 & 0\\ 4 & -1 & -1\end{pmatrix}\to\begin{pmatrix}4 & -1 & -1\\ 0 & 0 & 0\\ 0 & 0 & 0\end{pmatrix}\to\begin{pmatrix}1 & -1/4 & -1/4\\ 0 & 0 & 0\\ 0 & 0 & 0\end{pmatrix}$，得基础解系

$$\boldsymbol{p}_2=\begin{pmatrix}1\\ 4\\ 0\end{pmatrix},\ \boldsymbol{p}_3=\begin{pmatrix}1\\ 0\\ 4\end{pmatrix},$$

故对应于 $\lambda_2=\lambda_3=2$ 的全部特征向量为

$$k_2\boldsymbol{p}_2+k_3\boldsymbol{p}_3\ (k_2,k_3\text{不同时为}\ 0).$$

■

例 3　求 n 阶数量矩阵 $\boldsymbol{A}=\begin{pmatrix}a & 0 & \cdots & 0\\ 0 & a & \cdots & 0\\ \vdots & \vdots & & \vdots\\ 0 & 0 & \cdots & a\end{pmatrix}$ 的特征值与特征向量.

解
$$|\lambda\boldsymbol{E}-\boldsymbol{A}|=\begin{vmatrix}\lambda-a & 0 & \cdots & 0\\ 0 & \lambda-a & \cdots & 0\\ \vdots & \vdots & & \vdots\\ 0 & 0 & \cdots & \lambda-a\end{vmatrix}=(\lambda-a)^n=0,$$

故 $\boldsymbol{A}$ 的特征值为 $\lambda_1=\lambda_2=\cdots=\lambda_n=a$.

把 $\lambda=a$ 代入 $(\lambda\boldsymbol{E}-\boldsymbol{A})\boldsymbol{x}=\boldsymbol{0}$ 得

$$0\cdot x_1=0,\ 0\cdot x_2=0,\cdots,\ 0\cdot x_n=0.$$

这个方程组的系数矩阵是零矩阵，所以任意 n 个线性无关的向量都是它的基础解系，取单位向量组

$$\boldsymbol{\varepsilon}_1=\begin{pmatrix}1\\ 0\\ \vdots\\ 0\end{pmatrix},\ \boldsymbol{\varepsilon}_2=\begin{pmatrix}0\\ 1\\ \vdots\\ 0\end{pmatrix},\cdots,\ \boldsymbol{\varepsilon}_n=\begin{pmatrix}0\\ 0\\ \vdots\\ 1\end{pmatrix}$$

作为基础解系，于是，$\boldsymbol{A}$ 的全部特征向量为

$$k_1\boldsymbol{\varepsilon}_1+k_2\boldsymbol{\varepsilon}_2+\cdots+k_n\boldsymbol{\varepsilon}_n\quad(k_1,k_2,\cdots,k_n\text{不全为}0).$$ ■

注：特征方程 $|\lambda\boldsymbol{E}-\boldsymbol{A}|=0$ 与特征方程 $|\boldsymbol{A}-\lambda\boldsymbol{E}|=0$ 有相同的特征根；$\boldsymbol{A}$ 的对应于特征值 λ 的特征向量是齐次线性方程组

$$(\lambda\boldsymbol{E}-\boldsymbol{A})\boldsymbol{x}=\boldsymbol{0}$$

的非零解，也是方程组 $(\boldsymbol{A}-\lambda\boldsymbol{E})\boldsymbol{x}=\boldsymbol{0}$ 的非零解. 因此，在实际计算特征值和特征向量时，以上两种形式均可采用.

二、特征值与特征向量的性质

性质 1 n 阶矩阵 $\boldsymbol{A}$ 与它的转置矩阵 $\boldsymbol{A}^{\mathrm{T}}$ 有相同的特征值.

证明 因为

$$|\lambda\boldsymbol{E}-\boldsymbol{A}^{\mathrm{T}}|=|(\lambda\boldsymbol{E}-\boldsymbol{A})^{\mathrm{T}}|=|\lambda\boldsymbol{E}-\boldsymbol{A}|,$$

所以 $\boldsymbol{A}^{\mathrm{T}}$ 与 $\boldsymbol{A}$ 有相同的特征多项式，故它们的特征值相同. ■

性质 2 设 $\boldsymbol{A}=(a_{ij})$ 是 n 阶矩阵，则

$$f(\lambda)=|\lambda\boldsymbol{E}-\boldsymbol{A}|=\begin{vmatrix}\lambda-a_{11} & -a_{12} & \cdots & -a_{1n}\\ -a_{21} & \lambda-a_{22} & \cdots & -a_{2n}\\ \vdots & \vdots & & \vdots\\ -a_{n1} & -a_{n2} & \cdots & \lambda-a_{nn}\end{vmatrix}$$

$$=\lambda^n-\left(\sum_{i=1}^{n}a_{ii}\right)\lambda^{n-1}+\cdots+(-1)^kS_k\lambda^{n-k}+\cdots+(-1)^n|\boldsymbol{A}|,$$

其中 S_k 是 $\boldsymbol{A}$ 的全体 k 阶主子式的和. 设 $\lambda_1,\lambda_2,\cdots,\lambda_n$ 是 $\boldsymbol{A}$ 的 n 个特征值，则由 n 次代数方程的根与系数的关系知，

(i) $\lambda_1+\lambda_2+\cdots+\lambda_n=a_{11}+a_{22}+\cdots+a_{nn}$;

(ii) $\lambda_1\lambda_2\cdots\lambda_n=|\boldsymbol{A}|$.

其中 $\boldsymbol{A}$ 的全体特征值的和 $a_{11}+a_{22}+\cdots+a_{nn}$ 称为矩阵 $\boldsymbol{A}$ 的**迹**，记为 $\mathrm{tr}(\boldsymbol{A})$.

例如，设 $\boldsymbol{A}=\begin{pmatrix}5 & -18\\ 1 & -1\end{pmatrix}$，则有

$$\det(\boldsymbol{A})=-5+18=13,\ \mathrm{tr}(\boldsymbol{A})=5-1=4,$$

而 $\boldsymbol{A}$ 的特征多项式为

$$\begin{vmatrix}5-\lambda & -18\\ 1 & -1-\lambda\end{vmatrix}=\lambda^2-4\lambda+13,$$

此时 $\boldsymbol{A}$ 的特征值(复数解)为 $\lambda_1=2+3\mathrm{i}$ 和 $\lambda_2=2-3\mathrm{i}$. 但仍满足

$$\lambda_1+\lambda_2=4=\mathrm{tr}(\boldsymbol{A}),\ \lambda_1\lambda_2=13=\det(\boldsymbol{A}).$$

*数学实验

实验4.1 试用计算软件求下列矩阵的特征多项式：

(1) $\begin{pmatrix} 1 & -1/2 & 1/3 & -1/4 & 1/5 & -1/6 & 1/7 & -1/8 \\ -2 & 1 & -2/3 & 1/2 & -2/5 & 1/3 & -2/7 & 1/4 \\ 3 & -3/2 & 1 & -3/4 & 3/5 & -1/2 & 3/7 & -3/8 \\ -4 & 2 & -4/3 & 1 & -4/5 & 2/3 & -4/7 & 1/2 \\ 5 & -5/2 & 5/3 & -5/4 & 1 & -5/6 & 5/7 & -5/8 \\ -6 & 3 & -2 & 3/2 & -6/5 & 1 & -6/7 & 3/4 \\ 7 & -7/2 & 7/3 & -7/4 & 7/5 & -7/6 & 1 & -7/8 \\ -8 & 4 & -8/3 & 2 & -8/5 & 4/3 & -8/7 & 1 \end{pmatrix}$;

(2) $\begin{pmatrix} k & 1 & 0 & -2 & 1 & 0 \\ 0 & k & 1 & 0 & -2 & 1 \\ 1 & 0 & k & 1 & 0 & -2 \\ -2 & 1 & 0 & k & 1 & 0 \\ 0 & -2 & 1 & 0 & k & 1 \\ 1 & 0 & -2 & 1 & 0 & k \end{pmatrix}$.

计算实验

微信扫描右侧的二维码即可进行计算实验(详见教材配套的网络学习空间).

例 4　试证：n 阶矩阵 $\boldsymbol{A}$ 是奇异矩阵的充分必要条件是 $\boldsymbol{A}$ 有一个特征值为零.

证明　必要性. 若 $\boldsymbol{A}$ 是奇异矩阵, 则 $|\boldsymbol{A}|=0$. 于是

$$|0\boldsymbol{E}-\boldsymbol{A}|=|-\boldsymbol{A}|=(-1)^n|\boldsymbol{A}|=0,$$

即 0 是 $\boldsymbol{A}$ 的一个特征值.

充分性. 设 $\boldsymbol{A}$ 有一个特征值为 0, 对应的特征向量为 $\boldsymbol{p}$. 由特征值的定义, 有

$$\boldsymbol{Ap}=0\boldsymbol{p}=\boldsymbol{0}\quad(\boldsymbol{p}\neq\boldsymbol{0}),$$

所以齐次线性方程组 $\boldsymbol{Ax}=\boldsymbol{0}$ 有非零解 $\boldsymbol{p}$. 由此可知 $|\boldsymbol{A}|=0$, 即 $\boldsymbol{A}$ 为奇异矩阵. ■

注: 此例也可以叙述为:“n 阶矩阵 $\boldsymbol{A}$ 可逆, 当且仅当它的任一特征值不为零”.

***性质 3**　设 $\boldsymbol{A}=(a_{ij})$ 是 n 阶矩阵, 如果

$$(1)\ \sum_{j=1}^{n}|a_{ij}|<1\quad(i=1,2,\cdots,n)\ \text{或}\ (2)\ \sum_{i=1}^{n}|a_{ij}|<1\quad(j=1,2,\cdots,n)$$

有一个成立, 则矩阵 $\boldsymbol{A}$ 的所有特征值 λ_i 的模小于 1, 即 $|\lambda_i|<1\ (i=1,2,\cdots,n)$.

证明　设 λ 是 $\boldsymbol{A}$ 的任意一个特征值, 其对应的特征向量为 $\boldsymbol{x}$, 则

$$\boldsymbol{Ax}=\lambda\boldsymbol{x},$$

即

$$\sum_{j=1}^{n}a_{ij}x_j=\lambda x_i\quad(i=1,2,\cdots,n).$$

令 $|x_k|=\max|x_j|$, 故有

$$|\lambda|=\left|\lambda\frac{x_k}{x_k}\right|=\left|\sum_{j=1}^{n}a_{kj}\frac{x_j}{x_k}\right|\le\sum_{j=1}^{n}|a_{kj}|\frac{|x_j|}{|x_k|}\le\sum_{j=1}^{n}|a_{kj}|.$$

若 (1) 成立, 则 $|\lambda|\le\sum\limits_{j=1}^{n}|a_{kj}|<1$, 再由 λ 的任意性可知, $\lambda_i\,(i=1,2,\cdots,n)$ 的模

小于 1.

若 (2) 成立，则对于$\boldsymbol{A}^{\mathrm{T}}$的所有特征值，结论成立. 再由 $\boldsymbol{A}$ 与 $\boldsymbol{A}^{\mathrm{T}}$ 有相同的特征值可知，对 $\boldsymbol{A}$ 的特征值亦有 $|\lambda_i|<1\ (i=1,2,\cdots,n)$. ■

例 5 设 λ 是方阵 $\boldsymbol{A}$ 的特征值，证明：

(1) λ^2 是 $\boldsymbol{A}^2$ 的特征值；

(2) 当 $\boldsymbol{A}$ 可逆时，$\dfrac{1}{\lambda}$ 是 $\boldsymbol{A}^{-1}$ 的特征值.

证明 因 λ 是 $\boldsymbol{A}$ 的特征值，故有 $\boldsymbol{p}\neq\boldsymbol{0}$ 使 $\boldsymbol{A}\boldsymbol{p}=\lambda\boldsymbol{p}$. 于是

(1) $$\boldsymbol{A}^2\boldsymbol{p}=\boldsymbol{A}(\boldsymbol{A}\boldsymbol{p})=\boldsymbol{A}(\lambda\boldsymbol{p})=\lambda(\boldsymbol{A}\boldsymbol{p})=\lambda^2\boldsymbol{p},$$

所以 λ^2 是 $\boldsymbol{A}^2$ 的特征值.

(2) 当 $\boldsymbol{A}$ 可逆时，由 $\boldsymbol{A}\boldsymbol{p}=\lambda\boldsymbol{p}$，有 $\boldsymbol{p}=\lambda\boldsymbol{A}^{-1}\boldsymbol{p}$，因 $\boldsymbol{p}\neq\boldsymbol{0}$，知 $\lambda\neq0$，故

$$\boldsymbol{A}^{-1}\boldsymbol{p}=\frac{1}{\lambda}\boldsymbol{p},$$

所以 $\dfrac{1}{\lambda}$ 是 $\boldsymbol{A}^{-1}$ 的特征值. ■

注：可以进一步证明：若 λ 是 $\boldsymbol{A}$ 的特征值，则 λ^k 是 $\boldsymbol{A}^k$ 的特征值，$\varphi(\lambda)$ 是 $\varphi(\boldsymbol{A})$ 的特征值，其中

$$\varphi(x)=a_0x^m+a_1x^{m-1}+\cdots+a_{m-1}x+a_m.$$

特别地，设特征多项式 $f(\lambda)=|\lambda\boldsymbol{E}-\boldsymbol{A}|$，则 $f(\lambda)$ 是 $f(\boldsymbol{A})$ 的特征值，且

$$\boldsymbol{A}^n-(a_{11}+a_{22}+\cdots+a_{nn})\boldsymbol{A}^{n-1}+\cdots+(-1)^n|\boldsymbol{A}|\boldsymbol{E}=\boldsymbol{O}.$$

定理 1 n 阶矩阵 $\boldsymbol{A}$ 的互不相等的特征值 $\lambda_1,\cdots,\lambda_m$ 对应的特征向量 $\boldsymbol{p}_1,\boldsymbol{p}_2,\cdots,\boldsymbol{p}_m$ 线性无关.

证明 已知 $\boldsymbol{A}\boldsymbol{p}_i=\lambda_i\boldsymbol{p}_i\ (i=1,2,\cdots,m)$. 下面用数学归纳法证之.

$m=1$ 时，$\boldsymbol{p}_1\neq\boldsymbol{0}$，所以结论成立.

假设 $m-1$ 时结论成立. 设有常数 $k_1,k_2,\cdots,k_m$，使

$$k_1\boldsymbol{p}_1+k_2\boldsymbol{p}_2+\cdots+k_{m-1}\boldsymbol{p}_{m-1}+k_m\boldsymbol{p}_m=\boldsymbol{0}, \tag{2.2}$$

以矩阵 $\boldsymbol{A}$ 左乘上式两端，得

$$k_1\boldsymbol{A}\boldsymbol{p}_1+k_2\boldsymbol{A}\boldsymbol{p}_2+\cdots+k_{m-1}\boldsymbol{A}\boldsymbol{p}_{m-1}+k_m\boldsymbol{A}\boldsymbol{p}_m=\boldsymbol{0}.$$

由 $\boldsymbol{A}\boldsymbol{p}_i=\lambda_i\boldsymbol{p}_i\ (i=1,2,\cdots,m)$，故有

$$k_1\lambda_1\boldsymbol{p}_1+k_2\lambda_2\boldsymbol{p}_2+\cdots+k_{m-1}\lambda_{m-1}\boldsymbol{p}_{m-1}+k_m\lambda_m\boldsymbol{p}_m=\boldsymbol{0}. \tag{2.3}$$

由式 (2.3) $-\lambda_m\times$式 (2.2) 消去 $\boldsymbol{p}_m$，得

$$k_1(\lambda_1-\lambda_m)\boldsymbol{p}_1+k_2(\lambda_2-\lambda_m)\boldsymbol{p}_2+\cdots+k_{m-1}(\lambda_{m-1}-\lambda_m)\boldsymbol{p}_{m-1}=\boldsymbol{0}.$$

由归纳假设，$\boldsymbol{p}_1,\boldsymbol{p}_2,\cdots,\boldsymbol{p}_{m-1}$ 线性无关，故

$$k_i(\lambda_i-\lambda_m)=0\quad(i=1,2,\cdots,m-1).$$

因为 $\lambda_1, \lambda_2, \cdots, \lambda_m$ 互不相同，于是有

$$k_i = 0 \quad (i = 1, 2, \cdots, m-1).$$

代入式 (2.2) 得 $k_m \boldsymbol{p}_m = \mathbf{0}$，而 $\boldsymbol{p}_m \neq \mathbf{0}$，只有 $k_m = 0$. 所以

$$k_1 = k_2 = \cdots = k_m = 0.$$

即 $\boldsymbol{p}_1, \boldsymbol{p}_2, \cdots, \boldsymbol{p}_m$ 线性无关. ■

矩阵的特征向量总是相对于矩阵的特征值而言的，一个特征值具有的特征向量并不是唯一的，但一个特征向量不能属于不同的特征值. 事实上，若反设 $\boldsymbol{p}$ 是 $\boldsymbol{A}$ 的属于两个不同的特征值 λ_1, λ_2 的特征向量，即

$$\boldsymbol{A}\boldsymbol{p} = \lambda_1 \boldsymbol{p},\ \boldsymbol{A}\boldsymbol{p} = \lambda_2 \boldsymbol{p},\ 且\ \boldsymbol{p} \neq \mathbf{0},$$

则有 $(\lambda_1 - \lambda_2)\boldsymbol{p} = \mathbf{0}$，由 $\lambda_1 - \lambda_2 \neq 0$，得 $\boldsymbol{p} = \mathbf{0}$，与定义矛盾，故结论成立.

例 6 证明：正交矩阵的实特征值的绝对值为 1.

证明 $\boldsymbol{A}$ 为正交矩阵，$\boldsymbol{p}$ 是方阵 $\boldsymbol{A}$ 对应于特征值 λ 的特征向量，设 $\boldsymbol{A}\boldsymbol{p} = \lambda\boldsymbol{p}$，因

$$(\boldsymbol{A}\boldsymbol{p})^{\mathrm{T}}\boldsymbol{A}\boldsymbol{p} = \boldsymbol{p}^{\mathrm{T}}\boldsymbol{A}^{\mathrm{T}}\boldsymbol{A}\boldsymbol{p} = \boldsymbol{p}^{\mathrm{T}}\boldsymbol{p} = \|\boldsymbol{p}\|^2, \tag{2.4}$$

$$(\boldsymbol{A}\boldsymbol{p})^{\mathrm{T}}\boldsymbol{A}\boldsymbol{p} = (\lambda\boldsymbol{p})^{\mathrm{T}}(\lambda\boldsymbol{p}) = \lambda^2\boldsymbol{p}^{\mathrm{T}}\boldsymbol{p} = \lambda^2\|\boldsymbol{p}\|^2, \tag{2.5}$$

又 $\boldsymbol{p} \neq \mathbf{0}$，所以 $\|\boldsymbol{p}\| > 0$，于是，式 (2.4) − 式 (2.5) 得 $\lambda^2 = 1$，即 $|\lambda| = 1$. ■

习题 4-2

1. 设 $\boldsymbol{A} = \begin{pmatrix} 3 & 2 \\ 0 & -1 \end{pmatrix}$, $\boldsymbol{\alpha} = \begin{pmatrix} -1 \\ 2 \end{pmatrix}$, $\boldsymbol{\beta} = \begin{pmatrix} 1 \\ 1 \end{pmatrix}$. 判断 $\boldsymbol{\alpha}$ 和 $\boldsymbol{\beta}$ 是否为 $\boldsymbol{A}$ 的特征向量.

2. 证明：5 不是 $\boldsymbol{A} = \begin{pmatrix} 6 & -3 & 1 \\ 3 & 0 & 5 \\ 2 & 2 & 6 \end{pmatrix}$ 的特征值.

3. 证明：三角形矩阵的特征值为其主对角线上的元素.

4. $\boldsymbol{A}$ 为 n 阶方阵，λ_1, λ_2 是 $\boldsymbol{A}$ 的两个不同特征值，$\boldsymbol{\alpha}_1, \boldsymbol{\alpha}_2$ 是分别属于 $\boldsymbol{A}$ 的两个不同特征值的特征向量，若 $k_1\boldsymbol{\alpha}_1 + k_2\boldsymbol{\alpha}_2$ 仍为 $\boldsymbol{A}$ 的特征向量，则 k_1, k_2 的关系为________.

5. 求下列矩阵的特征值及特征向量：

(1) $\begin{pmatrix} 1 & 2 & 3 \\ 2 & 1 & 3 \\ 3 & 3 & 6 \end{pmatrix}$； (2) $\begin{pmatrix} 1 & 1 & 1 & 1 \\ 1 & 1 & -1 & -1 \\ 1 & -1 & 1 & -1 \\ 1 & -1 & -1 & 1 \end{pmatrix}$.

6. 已知三阶矩阵 $\boldsymbol{A}$ 的特征值为 $1, -2, 3$，求：

(1) $2\boldsymbol{A}$ 的特征值； (2) $\boldsymbol{A}^{-1}$ 的特征值.

7. 已知 0 是矩阵 $\boldsymbol{A} = \begin{pmatrix} 1 & 0 & 1 \\ 0 & 2 & 0 \\ 1 & 0 & a \end{pmatrix}$ 的特征值，求 $\boldsymbol{A}$ 的特征值和特征向量.

8. 设 $\boldsymbol{\alpha}$ 是 $\boldsymbol{A}$ 的对应于特征值 λ_0 的特征向量, 证明:

(1) $\boldsymbol{\alpha}$ 是 $\boldsymbol{A}^m$ 的对应于特征值 λ_0^m 的特征向量;

(2) 对于多项式 $f(x)$, $\boldsymbol{\alpha}$ 是 $f(\boldsymbol{A})$ 的对应于 $f(\lambda_0)$ 的特征向量.

9. $\boldsymbol{A}$ 为 n 阶方阵, $\boldsymbol{Ax}=\boldsymbol{0}$ 有非零解, 则 $\boldsymbol{A}$ 必有一个特征值是 ______.

10. 已知三阶矩阵 $\boldsymbol{A}$ 的特征值为 $1,2,3$, 求 $|\boldsymbol{A}^3-5\boldsymbol{A}^2+7\boldsymbol{A}|$.

§4.3 相 似 矩 阵

一、相似矩阵的概念

定义 1 设 $\boldsymbol{A},\boldsymbol{B}$ 都是 n 阶矩阵, 若存在可逆矩阵 $\boldsymbol{P}$, 使

$$\boldsymbol{P}^{-1}\boldsymbol{AP}=\boldsymbol{B},$$

则称 $\boldsymbol{B}$ 是 $\boldsymbol{A}$ 的**相似矩阵**, 并称**矩阵 $\boldsymbol{A}$ 与 $\boldsymbol{B}$ 相似**.

对 $\boldsymbol{A}$ 进行 $\boldsymbol{P}^{-1}\boldsymbol{AP}$ 运算称为**对 $\boldsymbol{A}$ 进行相似变换**, 称可逆矩阵 $\boldsymbol{P}$ 为**相似变换矩阵**.

矩阵的相似关系是一种等价关系, 满足:

(1) 自反性: 对任意 n 阶矩阵 $\boldsymbol{A}$, 有 $\boldsymbol{A}$ 与 $\boldsymbol{A}$ 相似;

(2) 对称性: 若 $\boldsymbol{A}$ 与 $\boldsymbol{B}$ 相似, 则 $\boldsymbol{B}$ 与 $\boldsymbol{A}$ 相似;

(3) 传递性: 若 $\boldsymbol{A}$ 与 $\boldsymbol{B}$ 相似, $\boldsymbol{B}$ 与 $\boldsymbol{C}$ 相似, 则 $\boldsymbol{A}$ 与 $\boldsymbol{C}$ 相似.

证明 (1)、(2) 显然成立, 现证 (3).

因为若 $\boldsymbol{A}$ 与 $\boldsymbol{B}$ 相似, $\boldsymbol{B}$ 与 $\boldsymbol{C}$ 相似, 则分别有可逆矩阵 $\boldsymbol{P}$ 与 $\boldsymbol{Q}$ 使得

$$\boldsymbol{P}^{-1}\boldsymbol{AP}=\boldsymbol{B},\quad \boldsymbol{Q}^{-1}\boldsymbol{BQ}=\boldsymbol{C},$$

从而有 $\quad \boldsymbol{C}=\boldsymbol{Q}^{-1}(\boldsymbol{P}^{-1}\boldsymbol{AP})\boldsymbol{Q}=(\boldsymbol{Q}^{-1}\boldsymbol{P}^{-1})\boldsymbol{A}(\boldsymbol{PQ})=(\boldsymbol{PQ})^{-1}\boldsymbol{A}(\boldsymbol{PQ})$.

由定义 1 即知 $\boldsymbol{A}$ 与 $\boldsymbol{C}$ 相似. ■

注: 两个常用运算表达式为:

① $\boldsymbol{P}^{-1}\boldsymbol{ABP}=(\boldsymbol{P}^{-1}\boldsymbol{AP})(\boldsymbol{P}^{-1}\boldsymbol{BP})$;

② $\boldsymbol{P}^{-1}(k\boldsymbol{A}+l\boldsymbol{B})\boldsymbol{P}=k\boldsymbol{P}^{-1}\boldsymbol{AP}+l\boldsymbol{P}^{-1}\boldsymbol{BP}$, 其中 k,l 为任意实数.

例 1 设有矩阵 $\boldsymbol{A}=\begin{pmatrix}3&1\\5&-1\end{pmatrix}$, $\boldsymbol{B}=\begin{pmatrix}4&0\\0&-2\end{pmatrix}$, 试验证存在可逆矩阵 $\boldsymbol{P}=\begin{pmatrix}1&1\\1&-5\end{pmatrix}$, 使得 $\boldsymbol{A}$ 与 $\boldsymbol{B}$ 相似.

证明 易见 $\boldsymbol{P}$ 可逆, 且 $\boldsymbol{P}^{-1}=\begin{pmatrix}5/6&1/6\\1/6&-1/6\end{pmatrix}$, 由

$$\boldsymbol{P}^{-1}\boldsymbol{AP}=\begin{pmatrix}5/6&1/6\\1/6&-1/6\end{pmatrix}\begin{pmatrix}3&1\\5&-1\end{pmatrix}\begin{pmatrix}1&1\\1&-5\end{pmatrix}=\begin{pmatrix}4&0\\0&-2\end{pmatrix}=\boldsymbol{B},$$

故 $\boldsymbol{A}$ 与 $\boldsymbol{B}$ 相似. ■

矩阵间的相似关系实质上考虑的是矩阵的一种分解, 特别地, 若矩阵 $\boldsymbol{A}$ 与一个

对角矩阵 $\boldsymbol{\Lambda}$ 相似，则有 $\boldsymbol{A}=\boldsymbol{P}^{-1}\boldsymbol{\Lambda}\boldsymbol{P}$，这种分解使得对于较大的 k 值，我们能够快速地计算 $\boldsymbol{A}^k$，这也是线性代数很多应用中的一个基本思想.

例如，设 $\boldsymbol{\Lambda}=\begin{pmatrix}3&0\\0&5\end{pmatrix}$，则

$$\boldsymbol{\Lambda}^2=\begin{pmatrix}3&0\\0&5\end{pmatrix}\begin{pmatrix}3&0\\0&5\end{pmatrix}=\begin{pmatrix}3^2&0\\0&5^2\end{pmatrix},$$

$$\boldsymbol{\Lambda}^3=\begin{pmatrix}3&0\\0&5\end{pmatrix}\begin{pmatrix}3^2&0\\0&5^2\end{pmatrix}=\begin{pmatrix}3^3&0\\0&5^3\end{pmatrix},$$

一般地，我们有

$$\boldsymbol{\Lambda}^n=\begin{pmatrix}3^n&0\\0&5^n\end{pmatrix},\ n\geq 1.$$

二、相似矩阵的性质

定理 1 若 n 阶矩阵 $\boldsymbol{A}$ 与 $\boldsymbol{B}$ 相似，则 $\boldsymbol{A}$ 与 $\boldsymbol{B}$ 的特征多项式相同，从而 $\boldsymbol{A}$ 与 $\boldsymbol{B}$ 的特征值亦相同.

证明 因为 $\boldsymbol{A}$ 与 $\boldsymbol{B}$ 相似，故存在可逆矩阵 $\boldsymbol{P}$ 使得 $\boldsymbol{P}^{-1}\boldsymbol{A}\boldsymbol{P}=\boldsymbol{B}$，则

$$\begin{aligned}|\boldsymbol{B}-\lambda\boldsymbol{E}|&=|\boldsymbol{P}^{-1}\boldsymbol{A}\boldsymbol{P}-\boldsymbol{P}^{-1}(\lambda\boldsymbol{E})\boldsymbol{P}|=|\boldsymbol{P}^{-1}(\boldsymbol{A}-\lambda\boldsymbol{E})\boldsymbol{P}|\\&=|\boldsymbol{P}^{-1}||\boldsymbol{A}-\lambda\boldsymbol{E}||\boldsymbol{P}|=|\boldsymbol{A}-\lambda\boldsymbol{E}|,\end{aligned}$$

即 $\boldsymbol{A}$ 与 $\boldsymbol{B}$ 有相同的特征多项式，从而有相同的特征值. ■

如对例 1 中的矩阵，由

$$|\boldsymbol{A}-\lambda\boldsymbol{E}|=\begin{vmatrix}3-\lambda&1\\5&-1-\lambda\end{vmatrix}=(\lambda-4)(\lambda+2),$$

$$|\boldsymbol{B}-\lambda\boldsymbol{E}|=\begin{vmatrix}4-\lambda&0\\0&-2-\lambda\end{vmatrix}=(\lambda-4)(\lambda+2),$$

易见它们有相同的特征值 $\lambda_1=4$，$\lambda_2=-2$.

相似矩阵的其他性质：

(1) 相似矩阵的秩相等.

提示：相似矩阵一定等价，而等价的矩阵具有相同的秩.

(2) 相似矩阵的行列式相等.

提示：由 $\boldsymbol{A}$ 与 $\boldsymbol{B}$ 相似，可推出 $\boldsymbol{P}^{-1}\boldsymbol{A}\boldsymbol{P}=\boldsymbol{B}$，两边取行列式即得.

(3) 相似矩阵具有相同的可逆性，当它们可逆时，它们的逆矩阵也相似.

证明 设 n 阶矩阵 $\boldsymbol{A}$ 与 $\boldsymbol{B}$ 相似，则 $|\boldsymbol{A}|=|\boldsymbol{B}|$，故 $\boldsymbol{A}$ 与 $\boldsymbol{B}$ 具有相同的可逆性.

若 $\boldsymbol{A}$ 与 $\boldsymbol{B}$ 相似且都可逆，则存在非奇异矩阵 $\boldsymbol{P}$，使

$$\boldsymbol{P}^{-1}\boldsymbol{A}\boldsymbol{P}=\boldsymbol{B},$$

于是 $$\boldsymbol{B}^{-1}=(\boldsymbol{P}^{-1}\boldsymbol{A}\boldsymbol{P})^{-1}=\boldsymbol{P}^{-1}\boldsymbol{A}^{-1}(\boldsymbol{P}^{-1})^{-1}=\boldsymbol{P}^{-1}\boldsymbol{A}^{-1}\boldsymbol{P},$$
即 $\boldsymbol{A}^{-1}$ 与 $\boldsymbol{B}^{-1}$ 相似. ■

三、矩阵与对角矩阵相似的条件

定理 2 n 阶矩阵 $\boldsymbol{A}$ 与对角矩阵 $\boldsymbol{\Lambda}=\begin{pmatrix}\lambda_1 & & & \\ & \lambda_2 & & \\ & & \ddots & \\ & & & \lambda_n\end{pmatrix}$ 相似的充分必要条件为矩阵 $\boldsymbol{A}$ 有 n 个线性无关的特征向量.

证明 必要性. 若 $\boldsymbol{A}$ 与 $\boldsymbol{\Lambda}$ 相似，则存在可逆矩阵 $\boldsymbol{P}$ 使得
$$\boldsymbol{P}^{-1}\boldsymbol{A}\boldsymbol{P}=\boldsymbol{\Lambda},$$
设 $\boldsymbol{P}=(\boldsymbol{p}_1,\ \boldsymbol{p}_2,\ \cdots,\ \boldsymbol{p}_n)$，则由 $\boldsymbol{A}\boldsymbol{P}=\boldsymbol{P}\boldsymbol{\Lambda}$ 得
$$\boldsymbol{A}(\boldsymbol{p}_1,\ \boldsymbol{p}_2,\cdots,\ \boldsymbol{p}_n)=(\boldsymbol{p}_1,\ \boldsymbol{p}_2,\ \cdots,\ \boldsymbol{p}_n)\begin{pmatrix}\lambda_1 & & & \\ & \lambda_2 & & \\ & & \ddots & \\ & & & \lambda_n\end{pmatrix},$$
即 $$\boldsymbol{A}\boldsymbol{p}_i=\lambda_i\boldsymbol{p}_i\quad(i=1,\ 2,\ \cdots,\ n).$$

因 $\boldsymbol{P}$ 可逆，则 $|\boldsymbol{P}|\neq 0$，得 $\boldsymbol{p}_i\,(i=1,2,\cdots,n)$ 都是非零向量，故 $\boldsymbol{p}_1,\boldsymbol{p}_2,\cdots,\boldsymbol{p}_n$ 都是 $\boldsymbol{A}$ 的特征向量，且它们线性无关.

充分性. 设 $\boldsymbol{p}_1,\boldsymbol{p}_2,\cdots,\boldsymbol{p}_n$ 为 $\boldsymbol{A}$ 的 n 个线性无关的特征向量，它们所对应的特征值分别为$\lambda_1,\lambda_2,\cdots,\lambda_n$，则有
$$\boldsymbol{A}\boldsymbol{p}_i=\lambda_i\boldsymbol{p}_i\quad(i=1,2,\cdots,n).$$

令 $\boldsymbol{P}=(\boldsymbol{p}_1,\ \boldsymbol{p}_2,\cdots,\ \boldsymbol{p}_n)$，易知 $\boldsymbol{P}$ 可逆，且
$$\begin{aligned}\boldsymbol{A}\boldsymbol{P}&=\boldsymbol{A}(\boldsymbol{p}_1,\ \boldsymbol{p}_2,\cdots,\ \boldsymbol{p}_n)=(\boldsymbol{A}\boldsymbol{p}_1,\ \boldsymbol{A}\boldsymbol{p}_2,\ \cdots,\ \boldsymbol{A}\boldsymbol{p}_n)\\&=(\lambda_1\boldsymbol{p}_1,\ \lambda_2\boldsymbol{p}_2,\ \cdots,\ \lambda_n\boldsymbol{p}_n)=(\boldsymbol{p}_1,\ \boldsymbol{p}_2,\cdots,\ \boldsymbol{p}_n)\begin{pmatrix}\lambda_1 & & & \\ & \lambda_2 & & \\ & & \ddots & \\ & & & \lambda_n\end{pmatrix}=\boldsymbol{P}\boldsymbol{\Lambda},\end{aligned}$$
用 $\boldsymbol{P}^{-1}$ 左乘上式两端得 $\boldsymbol{P}^{-1}\boldsymbol{A}\boldsymbol{P}=\boldsymbol{\Lambda}$，即 $\boldsymbol{A}$ 与 $\boldsymbol{\Lambda}$ 相似. ■

注：定理 2 的证明过程实际上已经给出了把方阵对角化的方法.

例 2 试对矩阵 $\boldsymbol{A}=\begin{pmatrix}3 & 1\\ 5 & -1\end{pmatrix}$ 验证前述定理 2 的结论.

解 从 § 4.2 例 1 知，题设矩阵 $\boldsymbol{A}$ 有两个互不相等的特征值 $\lambda_1=4,\ \lambda_2=-2$，其对应的特征向量分别为
$$\boldsymbol{p}_1=\begin{pmatrix}1\\1\end{pmatrix},\quad \boldsymbol{p}_2=\begin{pmatrix}1\\-5\end{pmatrix}.$$

如果取 $\boldsymbol{\Lambda}_1=\begin{pmatrix}4&0\\0&-2\end{pmatrix}$，$\boldsymbol{P}=(\boldsymbol{p}_1,\ \boldsymbol{p}_2)=\begin{pmatrix}1&1\\1&-5\end{pmatrix}$，则有 $\boldsymbol{P}^{-1}\boldsymbol{A}\boldsymbol{P}=\boldsymbol{\Lambda}_1$，即 $\boldsymbol{A}$ 与 $\boldsymbol{\Lambda}_1$ 相似.

如果取 $\boldsymbol{\Lambda}_2=\begin{pmatrix}-2&0\\0&4\end{pmatrix}$，$\boldsymbol{P}=(\boldsymbol{p}_2,\ \boldsymbol{p}_1)=\begin{pmatrix}1&1\\-5&1\end{pmatrix}$，则亦有 $\boldsymbol{P}^{-1}\boldsymbol{A}\boldsymbol{P}=\boldsymbol{\Lambda}_2$，即 $\boldsymbol{A}$ 与 $\boldsymbol{\Lambda}_2$ 相似. ■

显然，由§4.2 定理 1 及本节定理 2 可得：

推论 1　若 n 阶矩阵 $\boldsymbol{A}$ 有 n 个互异的特征值 $\lambda_1, \lambda_2, \cdots, \lambda_n$，则 $\boldsymbol{A}$ 与对角矩阵

$$\boldsymbol{\Lambda}=\begin{pmatrix}\lambda_1&&&\\&\lambda_2&&\\&&\ddots&\\&&&\lambda_n\end{pmatrix}$$

相似.

对于 n 阶方阵 $\boldsymbol{A}$，若存在可逆矩阵 $\boldsymbol{P}$，使 $\boldsymbol{P}^{-1}\boldsymbol{A}\boldsymbol{P}=\boldsymbol{\Lambda}$ 为对角矩阵，则称**方阵 $\boldsymbol{A}$ 可对角化**.

*数学实验

实验4.2 试用计算软件判断下列矩阵能否对角化，若能，请求出相应的对角矩阵：

(1) $\begin{pmatrix}-31/3&22/3&-10/3&7/3&38/3&4/3&56/3&-71/3\\-26/3&20/3&-8/3&5/3&-28/3&5/3&43/3&-55/3\\-6&4&-1&1&6&2&10&-13\\-21/5&3&-9/5&13/5&13/5&11/5&6&-41/5\\2/5&0&-2/5&-1/5&-11/5&18/5&0&-3/5\\8/5&-1&2/5&-9/5&-14/5&22/5&-1&3/5\\68/15&-7/3&2/15&-14/15&-124/15&67/15&-26/3&-148/15\\103/15&-11/3&7/15&-19/15&-179/15&77/15&-40/3&233/15\end{pmatrix}$；

(2) $\begin{pmatrix}2k&2k-1&2k-1&1-2k&2-3k&1-3k\\2k-1&2k&2k-1&1-2k&2-3k&1-3k\\2k-1&2k-1&2k&1-2k&2-3k&1-3k\\2k-1&2k-1&2k-1&2-2k&2-3k&1-3k\\k&k&k&-k&1-k&-2k\\k-1&k-1&k-1&1-k&2-2k&2-k\end{pmatrix}$.

计算实验

微信扫描右侧的二维码即可进行计算实验(详见教材配套的网络学习空间).

习题　4-3

1. 若 n 阶方阵 $\boldsymbol{A}$ 与 $\boldsymbol{B}$ 相似，证明：

(1) $\mathrm{r}(\boldsymbol{A})=\mathrm{r}(\boldsymbol{B})$;　　　　(2) $|\boldsymbol{A}|=|\boldsymbol{B}|$;

(3) $(\lambda\boldsymbol{E}-\boldsymbol{A})^k$ 与 $(\lambda\boldsymbol{E}-\boldsymbol{B})^k$ 相似，其中 k 为任意正整数.

2. 设 $\boldsymbol{A},\boldsymbol{B}$ 都是 n 阶方阵，且 $|\boldsymbol{A}|\neq 0$，证明 $\boldsymbol{AB}$ 与 $\boldsymbol{BA}$ 相似.

3. 设矩阵 $\boldsymbol{A}=\begin{pmatrix}2&0&1\\3&1&x\\4&0&5\end{pmatrix}$ 可相似对角化，求 x.

4. 已知向量 $\boldsymbol{p}=\begin{pmatrix}1\\1\\-1\end{pmatrix}$ 是矩阵 $\boldsymbol{A}=\begin{pmatrix}2&-1&2\\5&a&3\\-1&b&-2\end{pmatrix}$ 的一个特征向量.

(1) 确定参数 a,b 及 $\boldsymbol{p}$ 所对应的特征值；　　(2) 判断 $\boldsymbol{A}$ 能否相似对角化，并说明理由.

5. 设三阶矩阵 $\boldsymbol{A}$ 的特征值为 $\lambda_1=2$，$\lambda_2=-2$，$\lambda_3=1$，对应的特征向量依次为

$$\boldsymbol{p}_1=\begin{pmatrix}0\\1\\1\end{pmatrix},\ \boldsymbol{p}_2=\begin{pmatrix}1\\1\\1\end{pmatrix},\ \boldsymbol{p}_3=\begin{pmatrix}1\\1\\0\end{pmatrix},$$

求 $\boldsymbol{A}$.

6. 设 $\boldsymbol{A}=\begin{pmatrix}-1&1&0\\-2&2&0\\4&-2&1\end{pmatrix}$，求 $\boldsymbol{A}^{100}$.

7. 三阶方阵 $\boldsymbol{A}$ 有 3 个特征值 1, 0, −1，对应的特征向量分别为 $\begin{pmatrix}1\\1\\0\end{pmatrix},\begin{pmatrix}1\\0\\1\end{pmatrix},\begin{pmatrix}0\\1\\1\end{pmatrix}$，又知三阶方阵 $\boldsymbol{B}$ 满足 $\boldsymbol{B}=\boldsymbol{PAP}^{-1}$，其中 $\boldsymbol{P}=\begin{pmatrix}3&0&1\\0&1&-2\\1&4&0\end{pmatrix}$，求 $\boldsymbol{B}$ 的特征值及对应的特征向量.

§4.4　实对称矩阵的对角化

一个 n 阶矩阵 $\boldsymbol{A}$ 具备什么条件才能对角化？这是一个比较复杂的问题. 本节我们仅对 $\boldsymbol{A}$ 为实对称矩阵的情况进行讨论. 实对称矩阵具有许多一般矩阵所没有的特殊性质.

定理 1　实对称矩阵的特征值都为实数.

证明　设实对称矩阵 $\boldsymbol{A}$ 的特征值为复数 λ，其对应的特征向量 $\boldsymbol{x}$ 为复向量，即

$$\boldsymbol{Ax}=\lambda\boldsymbol{x},\quad \boldsymbol{x}\neq\boldsymbol{0}.$$

以 $\overline{\lambda}$ 表示 λ 的共轭复数，$\overline{\boldsymbol{x}}$ 表示 $\boldsymbol{x}$ 的共轭复向量，则

$$\boldsymbol{A}\overline{\boldsymbol{x}}=\overline{\boldsymbol{A}}\,\overline{\boldsymbol{x}}=(\overline{\boldsymbol{Ax}})=(\overline{\lambda\boldsymbol{x}})=\overline{\lambda}\,\overline{\boldsymbol{x}}.$$

于是有
$$\overline{\boldsymbol{x}}^{\mathrm{T}}\boldsymbol{Ax}=\overline{\boldsymbol{x}}^{\mathrm{T}}(\boldsymbol{Ax})=\overline{\boldsymbol{x}}^{\mathrm{T}}\lambda\boldsymbol{x}=\lambda\overline{\boldsymbol{x}}^{\mathrm{T}}\boldsymbol{x},$$

及
$$\overline{\boldsymbol{x}}^{\mathrm{T}}\boldsymbol{Ax}=(\overline{\boldsymbol{x}}^{\mathrm{T}}\boldsymbol{A}^{\mathrm{T}})\boldsymbol{x}=(\boldsymbol{A}\overline{\boldsymbol{x}})^{\mathrm{T}}\boldsymbol{x}=(\overline{\lambda}\,\overline{\boldsymbol{x}})^{\mathrm{T}}\boldsymbol{x}=\overline{\lambda}\,\overline{\boldsymbol{x}}^{\mathrm{T}}\boldsymbol{x}.$$

以上两式相减，得

$$(\lambda-\bar{\lambda})\bar{\boldsymbol{x}}^{\mathrm{T}}\boldsymbol{x}=\boldsymbol{0}.$$

但因 $\boldsymbol{x}\neq\boldsymbol{0}$，所以

$$\bar{\boldsymbol{x}}^{\mathrm{T}}\boldsymbol{x}=\sum_{i=1}^{n}\bar{x}_i x_i=\sum_{i=1}^{n}|x_i|^2\neq 0,$$

故 $\lambda-\bar{\lambda}=0$，即 $\lambda=\bar{\lambda}$，这说明 λ 是实数. ■

注：对实对称矩阵 $\boldsymbol{A}$，因其特征值 λ_i 为实数，故方程组

$$(\boldsymbol{A}-\lambda_i\boldsymbol{E})\boldsymbol{x}=\boldsymbol{0}$$

是实系数方程组，由 $|\boldsymbol{A}-\lambda_i\boldsymbol{E}|=0$ 知它必有实的基础解系，所以 $\boldsymbol{A}$ 的特征向量可以取实向量.

定理 2　设 λ_1,λ_2 是实对称矩阵 $\boldsymbol{A}$ 的两个特征值，$\boldsymbol{p}_1,\boldsymbol{p}_2$ 是对应的特征向量. 若 $\lambda_1\neq\lambda_2$，则 $\boldsymbol{p}_1$ 与 $\boldsymbol{p}_2$ 正交.

证明　$$\lambda_1\boldsymbol{p}_1=\boldsymbol{A}\boldsymbol{p}_1,\ \lambda_2\boldsymbol{p}_2=\boldsymbol{A}\boldsymbol{p}_2,\ \lambda_1\neq\lambda_2.$$

因 $\boldsymbol{A}$ 对称，故

$$\lambda_1\boldsymbol{p}_1^{\mathrm{T}}=(\lambda_1\boldsymbol{p}_1)^{\mathrm{T}}=(\boldsymbol{A}\boldsymbol{p}_1)^{\mathrm{T}}=\boldsymbol{p}_1^{\mathrm{T}}\boldsymbol{A}^{\mathrm{T}}=\boldsymbol{p}_1^{\mathrm{T}}\boldsymbol{A},$$

于是

$$\lambda_1\boldsymbol{p}_1^{\mathrm{T}}\boldsymbol{p}_2=\boldsymbol{p}_1^{\mathrm{T}}\boldsymbol{A}\boldsymbol{p}_2=\boldsymbol{p}_1^{\mathrm{T}}(\lambda_2\boldsymbol{p}_2)=\lambda_2\boldsymbol{p}_1^{\mathrm{T}}\boldsymbol{p}_2,$$

即

$$(\lambda_1-\lambda_2)\boldsymbol{p}_1^{\mathrm{T}}\boldsymbol{p}_2=0.$$

但 $\lambda_1\neq\lambda_2$，故 $\boldsymbol{p}_1^{\mathrm{T}}\boldsymbol{p}_2=0$，即 $\boldsymbol{p}_1$ 与 $\boldsymbol{p}_2$ 正交. ■

定理 3　设 $\boldsymbol{A}$ 为 n 阶实对称矩阵，λ 是 $\boldsymbol{A}$ 的特征方程的 r 重根，则矩阵 $\boldsymbol{A}-\lambda\boldsymbol{E}$ 的秩 $\mathrm{r}(\boldsymbol{A}-\lambda\boldsymbol{E})=n-r$，从而对应于特征值 λ 恰有 r 个线性无关的特征向量.

证明　略. ■

定理 4　设 $\boldsymbol{A}$ 为 n 阶实对称矩阵，则必有正交矩阵 $\boldsymbol{P}$，使

$$\boldsymbol{P}^{-1}\boldsymbol{A}\boldsymbol{P}=\boldsymbol{\Lambda},$$

其中 $\boldsymbol{\Lambda}$ 是以 $\boldsymbol{A}$ 的 n 个特征值为对角元素的对角矩阵.

证明　设 $\boldsymbol{A}$ 的互不相等的特征值为 $\lambda_1,\lambda_2,\cdots,\lambda_s$，它们的重数分别为

$$r_1,r_2,\cdots,r_s\ (r_1+r_2+\cdots+r_s=n).$$

根据定理 1 和定理 3 知，对应于特征值 $\lambda_i\,(i=1,2,\cdots,s)$ 恰有 r_i 个线性无关的特征向量，把它们正交化并且单位化，即得 r_i 个单位正交的特征向量，由 $r_1+r_2+\cdots+r_s=n$ 知，这样的特征向量共有 n 个. 再由定理 2 知，这 n 个单位特征向量两两正交，以它们为列向量构成正交矩阵 $\boldsymbol{P}$，则

$$\boldsymbol{P}^{-1}\boldsymbol{A}\boldsymbol{P}=\boldsymbol{P}^{-1}\boldsymbol{P}\boldsymbol{\Lambda}=\boldsymbol{\Lambda},$$

而 $\boldsymbol{\Lambda}$ 的对角元素含有 r_i 个 $\lambda_i\,(i=1,2,\cdots,s)$，恰是 $\boldsymbol{A}$ 的 n 个特征值. ■

与 §4.3 中将一般矩阵对角化的方法类似，根据上述结论，可求得正交变换矩阵 $\boldsymbol{P}$ 将实对称矩阵 $\boldsymbol{A}$ 对角化，其具体步骤为：

(1) 求出 $\boldsymbol{A}$ 的全部特征值 $\lambda_1, \lambda_2, \cdots, \lambda_s$；

(2) 对于每一个特征值 λ_i，由 $(\lambda_i\boldsymbol{E}-\boldsymbol{A})\boldsymbol{x}=\boldsymbol{0}$ 求出基础解系 (特征向量)；

(3) 将基础解系 (特征向量) 正交化，再单位化；

(4) 以这些单位向量作为列向量构成一个正交矩阵 $\boldsymbol{P}$，使 $\boldsymbol{P}^{-1}\boldsymbol{A}\boldsymbol{P}=\boldsymbol{\Lambda}$.

注: $\boldsymbol{P}$ 中列向量的次序与矩阵 $\boldsymbol{\Lambda}$ 对角线上的特征值的次序相对应.

例 1　设实对称矩阵 $\boldsymbol{A}=\begin{pmatrix}1&-2&0\\-2&2&-2\\0&-2&3\end{pmatrix}$，求正交矩阵 $\boldsymbol{P}$，使 $\boldsymbol{P}^{-1}\boldsymbol{A}\boldsymbol{P}$ 为对角矩阵.

解　矩阵 $\boldsymbol{A}$ 的特征方程为

$$|\lambda\boldsymbol{E}-\boldsymbol{A}|=\begin{vmatrix}\lambda-1&2&0\\2&\lambda-2&2\\0&2&\lambda-3\end{vmatrix}=(\lambda+1)(\lambda-2)(\lambda-5)=0.$$

解得 $\lambda_1=-1$，$\lambda_2=2$，$\lambda_3=5$.

当 $\lambda_1=-1$ 时，由 $(-\boldsymbol{E}-\boldsymbol{A})\boldsymbol{x}=\boldsymbol{0}$，得基础解系 $\boldsymbol{p}_1=(2, 2, 1)^{\mathrm{T}}$；

当 $\lambda_2=2$ 时，由 $(2\boldsymbol{E}-\boldsymbol{A})\boldsymbol{x}=\boldsymbol{0}$，得基础解系 $\boldsymbol{p}_2=(2, -1, -2)^{\mathrm{T}}$；

当 $\lambda_3=5$ 时，由 $(5\boldsymbol{E}-\boldsymbol{A})\boldsymbol{x}=\boldsymbol{0}$，得基础解系 $\boldsymbol{p}_3=(1, -2, 2)^{\mathrm{T}}$.

不难验证 $\boldsymbol{p}_1$，$\boldsymbol{p}_2$，$\boldsymbol{p}_3$ 是正交向量组. 把 $\boldsymbol{p}_1$，$\boldsymbol{p}_2$，$\boldsymbol{p}_3$ 单位化，得

$$\boldsymbol{\eta}_1=\frac{\boldsymbol{p}_1}{\|\boldsymbol{p}_1\|}=\begin{pmatrix}2/3\\2/3\\1/3\end{pmatrix},\quad \boldsymbol{\eta}_2=\frac{\boldsymbol{p}_2}{\|\boldsymbol{p}_2\|}=\begin{pmatrix}2/3\\-1/3\\-2/3\end{pmatrix},\quad \boldsymbol{\eta}_3=\frac{\boldsymbol{p}_3}{\|\boldsymbol{p}_3\|}=\begin{pmatrix}1/3\\-2/3\\2/3\end{pmatrix}.$$

令

$$\boldsymbol{P}=(\boldsymbol{\eta}_1, \boldsymbol{\eta}_2, \boldsymbol{\eta}_3)=\begin{pmatrix}\frac{2}{3}&\frac{2}{3}&\frac{1}{3}\\\frac{2}{3}&-\frac{1}{3}&-\frac{2}{3}\\\frac{1}{3}&-\frac{2}{3}&\frac{2}{3}\end{pmatrix},$$

则

$$\boldsymbol{P}^{-1}\boldsymbol{A}\boldsymbol{P}=\boldsymbol{P}^{\mathrm{T}}\boldsymbol{A}\boldsymbol{P}=\begin{pmatrix}-1&0&0\\0&2&0\\0&0&5\end{pmatrix}.$$

■

例 2　设对称矩阵 $\boldsymbol{A}=\begin{pmatrix}4&0&0\\0&3&1\\0&1&3\end{pmatrix}$，试求出正交矩阵 $\boldsymbol{P}$，使 $\boldsymbol{P}^{-1}\boldsymbol{A}\boldsymbol{P}$ 为对角矩阵.

解

$$|\lambda\boldsymbol{E}-\boldsymbol{A}|=\begin{vmatrix}\lambda-4&0&0\\0&\lambda-3&-1\\0&-1&\lambda-3\end{vmatrix}=(\lambda-2)(4-\lambda)^2=0,$$

解得 $\lambda_1=2$，$\lambda_2=\lambda_3=4$.

对于 $\lambda_1=2$，由 $(2\boldsymbol{E}-\boldsymbol{A})\boldsymbol{x}=\boldsymbol{0}$，解得基础解系 $\boldsymbol{p}_1=\begin{pmatrix}0\\1\\-1\end{pmatrix}$；

对于 $\lambda_2=\lambda_3=4$，由 $(4\boldsymbol{E}-\boldsymbol{A})\boldsymbol{x}=\boldsymbol{0}$，解得基础解系 $\boldsymbol{p}_2=\begin{pmatrix}1\\0\\0\end{pmatrix}$，$\boldsymbol{p}_3=\begin{pmatrix}0\\1\\1\end{pmatrix}$.

$\boldsymbol{p}_2$ 与 $\boldsymbol{p}_3$ 恰好正交，所以 $\boldsymbol{p}_1$，$\boldsymbol{p}_2$，$\boldsymbol{p}_3$ 两两正交.

再将 $\boldsymbol{p}_1$，$\boldsymbol{p}_2$，$\boldsymbol{p}_3$ 单位化，令 $\boldsymbol{\eta}_i=\boldsymbol{p}_i/\|\boldsymbol{p}_i\|$ $(i=1,2,3)$，得

$$\boldsymbol{\eta}_1=\begin{pmatrix}0\\1/\sqrt{2}\\-1/\sqrt{2}\end{pmatrix},\quad \boldsymbol{\eta}_2=\begin{pmatrix}1\\0\\0\end{pmatrix},\quad \boldsymbol{\eta}_3=\begin{pmatrix}0\\1/\sqrt{2}\\1/\sqrt{2}\end{pmatrix}.$$

故所求的正交矩阵

$$\boldsymbol{P}=(\boldsymbol{\eta}_1,\boldsymbol{\eta}_2,\boldsymbol{\eta}_3)=\begin{pmatrix}0&1&0\\1/\sqrt{2}&0&1/\sqrt{2}\\-1/\sqrt{2}&0&1/\sqrt{2}\end{pmatrix}\text{ 且 }\boldsymbol{P}^{-1}\boldsymbol{A}\boldsymbol{P}=\begin{pmatrix}2&0&0\\0&4&0\\0&0&4\end{pmatrix}.$$ ■

***数学实验**

实验4.3 设有实对称矩阵

$$\boldsymbol{A}=\begin{pmatrix}-5&-5&-4&-3&-2&-1&0\\-5&-3&-3&-2&-1&0&1\\-4&-3&-1&-1&0&1&2\\-3&-2&-1&1&1&2&3\\-2&-1&0&1&3&3&4\\-1&0&1&2&3&5&5\\0&1&2&3&4&5&7\end{pmatrix},$$

计算实验

试用计算软件求正交矩阵 $\boldsymbol{P}$，使 $\boldsymbol{P}^{-1}\boldsymbol{A}\boldsymbol{P}$ 为对角矩阵，并计算 $\boldsymbol{A}^n$ (详见教材配套的网络学习空间).

习题　4-4

1. n 阶矩阵 $\boldsymbol{A}$ 的 n 个特征值互不相同，是 $\boldsymbol{A}$ 可与对角矩阵相似的________条件.

2. 将矩阵 $\boldsymbol{A}=\begin{pmatrix}-1&0&2\\0&1&2\\2&2&0\end{pmatrix}$ 用两种方法对角化：

(1) 求可逆阵 $\boldsymbol{P}$，使 $\boldsymbol{P}^{-1}\boldsymbol{A}\boldsymbol{P}=\boldsymbol{\Lambda}$；　　(2) 求正交阵 $\boldsymbol{Q}$，使 $\boldsymbol{Q}^{-1}\boldsymbol{A}\boldsymbol{Q}=\boldsymbol{\Lambda}$.

3. 试求一个正交的相似变换矩阵，将下列对称矩阵化为对角矩阵：

(1) $\begin{pmatrix} 2 & -2 & 0 \\ -2 & 1 & -2 \\ 0 & -2 & 0 \end{pmatrix}$; (2) $\begin{pmatrix} 2 & 2 & -2 \\ 2 & 5 & -4 \\ -2 & -4 & 5 \end{pmatrix}$.

4. 设矩阵 $\boldsymbol{A}=\begin{pmatrix} 1 & 1 & a \\ 1 & a & 1 \\ a & 1 & 1 \end{pmatrix}$, $\boldsymbol{\beta}=\begin{pmatrix} 1 \\ 1 \\ -2 \end{pmatrix}$, 已知线性方程组 $\boldsymbol{Ax}=\boldsymbol{\beta}$ 有解但不唯一, 试求:

(1) a 的值; (2) 正交矩阵 $\boldsymbol{Q}$, 使 $\boldsymbol{Q}^{\mathrm{T}}\boldsymbol{AQ}$ 为对角阵.

5. 设方阵 $\boldsymbol{A}=\begin{pmatrix} 1 & -2 & -4 \\ -2 & x & -2 \\ -4 & -2 & 1 \end{pmatrix}$ 与 $\boldsymbol{\Lambda}=\begin{pmatrix} 5 & 0 & 0 \\ 0 & y & 0 \\ 0 & 0 & -4 \end{pmatrix}$ 相似, 求 x, y.

6. 设三阶对称矩阵 $\boldsymbol{A}$ 的特征值为6, 3, 3, 特征值6对应的特征向量为 $\boldsymbol{p}_1=(1,1,1)^{\mathrm{T}}$, 求 $\boldsymbol{A}$.

§4.5 离散动态系统模型

要理解并预测由差分方程 $\boldsymbol{x}_{n+1}=\boldsymbol{Ax}_n$ 所描述的动态系统的长期行为或演化, 关键在于掌握矩阵 $\boldsymbol{A}$ 的特征值与特征向量. 在本节中, 我们将通过应用实例来介绍矩阵对角化在离散动态系统模型中的应用. 这些应用实例主要针对生态问题, 是因为相对于物理问题或工程问题, 它们更容易说明和解释, 但实际上动态系统在许多科学领域中都会出现.

例 1(教师职业转换预测问题) 在某城市有15万人具有本科以上学历, 其中有1.5万人是教师. 据调查, 平均每年有10%的人从教师职业转为其他职业, 又有1%的人从其他职业转为教师职业. 试预测10年以后这15万人中还有多少人在从事教师职业.

解 用 $\boldsymbol{x}_n$ 表示 n 年后从事教师职业和其他职业的人数, 则 $\boldsymbol{x}_0=\begin{pmatrix} 1.5 \\ 13.5 \end{pmatrix}$, 用矩阵 $\boldsymbol{A}=(a_{ij})=\begin{pmatrix} 0.90 & 0.01 \\ 0.10 & 0.99 \end{pmatrix}$ 表示教师职业和其他职业间的转移情况, 其中 $a_{11}=0.90$ 表示每年有90%的人原来是教师现在还是教师; $a_{21}=0.10$ 表示每年有10%的人从教师职业转为其他职业. 显然

$$\boldsymbol{x}_1=\boldsymbol{Ax}_0=\begin{pmatrix} 0.90 & 0.01 \\ 0.10 & 0.99 \end{pmatrix}\begin{pmatrix} 1.5 \\ 13.5 \end{pmatrix}=\begin{pmatrix} 1.485 \\ 13.515 \end{pmatrix},$$

即一年后, 从事教师职业和其他职业的人数分别为1.485万及13.515万. 又

$$\boldsymbol{x}_2=\boldsymbol{Ax}_1=\boldsymbol{A}^2\boldsymbol{x}_0, \cdots, \boldsymbol{x}_n=\boldsymbol{Ax}_{n-1}=\boldsymbol{A}^n\boldsymbol{x}_0,$$

所以 $\boldsymbol{x}_{10}=\boldsymbol{A}^{10}\boldsymbol{x}_0$, 为计算 $\boldsymbol{A}^{10}$ 需要先把 $\boldsymbol{A}$ 对角化.

$$|\lambda\boldsymbol{E}-\boldsymbol{A}|=\begin{vmatrix} \lambda-0.9 & -0.01 \\ -0.1 & \lambda-0.99 \end{vmatrix}=(\lambda-0.9)(\lambda-0.99)-0.001$$

$$=\lambda^2-1.89\lambda+0.891-0.001=\lambda^2-1.89\lambda+0.890=0.$$

$\lambda_1=1,\ \lambda_2=0.89$. $\lambda_1\neq\lambda_2$，故 $\boldsymbol{A}$ 可对角化.

将 $\lambda_1=1$ 代入 $(\lambda\boldsymbol{E}-\boldsymbol{A})\boldsymbol{x}=\boldsymbol{0}$，得其对应的特征向量 $\boldsymbol{p}_1=\begin{pmatrix}1\\10\end{pmatrix}$.

将 $\lambda_2=0.89$ 代入 $(\lambda\boldsymbol{E}-\boldsymbol{A})\boldsymbol{x}=\boldsymbol{0}$，得其对应的特征向量 $\boldsymbol{p}_2=\begin{pmatrix}1\\-1\end{pmatrix}$.

令 $\boldsymbol{P}=(\boldsymbol{p}_1,\boldsymbol{p}_2)=\begin{pmatrix}1&1\\10&-1\end{pmatrix}$，有

$$\boldsymbol{P}^{-1}\boldsymbol{A}\boldsymbol{P}=\boldsymbol{\Lambda}=\begin{pmatrix}1&0\\0&0.89\end{pmatrix},\ \boldsymbol{A}=\boldsymbol{P}\boldsymbol{\Lambda}\boldsymbol{P}^{-1},\ \boldsymbol{A}^{10}=\boldsymbol{P}\boldsymbol{\Lambda}^{10}\boldsymbol{P}^{-1},$$

而

$$\boldsymbol{P}^{-1}=-\frac{1}{11}\begin{pmatrix}-1&-1\\-10&1\end{pmatrix}=\frac{1}{11}\begin{pmatrix}1&1\\10&-1\end{pmatrix},$$

计算实验

$$\boldsymbol{x}_{10}=\boldsymbol{P}\boldsymbol{\Lambda}^{10}\boldsymbol{P}^{-1}\boldsymbol{x}_0=\frac{1}{11}\begin{pmatrix}1&1\\10&-1\end{pmatrix}\begin{pmatrix}1&0\\0&0.89^{10}\end{pmatrix}\begin{pmatrix}1&1\\10&-1\end{pmatrix}\begin{pmatrix}1.5\\13.5\end{pmatrix}$$

$$=\frac{1}{11}\begin{pmatrix}1&1\\10&-1\end{pmatrix}\begin{pmatrix}1&0\\0&0.311\,817\end{pmatrix}\begin{pmatrix}1&1\\10&-1\end{pmatrix}\begin{pmatrix}1.5\\13.5\end{pmatrix}=\begin{pmatrix}1.406\,2\\13.593\,8\end{pmatrix}.$$

所以 10 年后，15 万人中仍约有 1.41 万人是教师，约有 13.59 万人从事其他职业. ■

例 2（区域人口迁移预测问题）　使用 § 3.7 中的人口迁移模型的数据，忽略其他因素对人口规模的影响，计算 2028 年的人口分布.

解　迁移矩阵 $\boldsymbol{M}=\begin{pmatrix}0.95&0.12\\0.05&0.88\end{pmatrix}$ 的全部特征值是 $\lambda_1=1,\ \lambda_2=0.83$，其对应的特征向量分别是

$$\boldsymbol{p}_1=\begin{pmatrix}2.4\\1\end{pmatrix},\ \boldsymbol{p}_2=\begin{pmatrix}1\\-1\end{pmatrix}.$$

因为 $\lambda_1\neq\lambda_2$，故 $\boldsymbol{M}$ 可对角化.

令 $\boldsymbol{P}=(\boldsymbol{p}_1,\boldsymbol{p}_2)=\begin{pmatrix}2.4&1\\1&-1\end{pmatrix}$，有 $\boldsymbol{P}^{-1}\boldsymbol{M}\boldsymbol{P}=\begin{pmatrix}1&0\\0&0.83\end{pmatrix}=\boldsymbol{\Lambda}$，则 $\boldsymbol{M}=\boldsymbol{P}\boldsymbol{\Lambda}\boldsymbol{P}^{-1}$.

因 2008 年的初始人口为 $\boldsymbol{x}_0=\begin{pmatrix}5\,000\,000\\7\,800\,000\end{pmatrix}$，故对 2028 年，有

$$\boldsymbol{x}_{20}=\boldsymbol{M}\boldsymbol{x}_{19}=\cdots=\boldsymbol{M}^{20}\boldsymbol{x}_0=\boldsymbol{P}\boldsymbol{\Lambda}^{20}\boldsymbol{P}^{-1}\boldsymbol{x}_0$$

$$=\begin{pmatrix}2.4&1\\1&-1\end{pmatrix}\begin{pmatrix}1&0\\0&0.83\end{pmatrix}^{20}\begin{pmatrix}2.4&1\\1&-1\end{pmatrix}^{-1}\begin{pmatrix}5\,000\,000\\7\,800\,000\end{pmatrix}$$

$$\approx\begin{pmatrix}8\,938\,145\\3\,861\,855\end{pmatrix}.$$

计算实验

即 2028 年的城市人口约为 8 938 145，农村人口约为 3 861 855. ■

随着时间的变化，以上两个系统最终将如何变化？

在教师职业转换模型中，当 $\boldsymbol{q}=\begin{pmatrix}15/11\\150/11\end{pmatrix}$ 时，容易得到 $\boldsymbol{Aq}=\boldsymbol{q}$，这表明该系统最终有个稳定的状态，即最终将有15/11（理想数值，忽略了人数取正整数）万人从事教师职业，有150/11 万人从事其他职业. 例 1 中 $\boldsymbol{x}_1, \boldsymbol{x}_{10}$ 也是在不断地“接近” $\boldsymbol{q}$，这也正说明了该问题.

类似地，在人口迁移模型中，当 $\boldsymbol{q}=\begin{pmatrix}153\,600\,000/17\\64\,000\,000/17\end{pmatrix}$ 时，有 $\boldsymbol{Mq}=\boldsymbol{q}$，这是该系统最终的稳定状态，即最终区域的城市人口将有153 600 000/17（理想数值，忽略了人数取正整数），农村人口有64 000 000 / 17.

例3（捕食者与被捕食者系统） 某森林中，猫头鹰以鼠为食. 记猫头鹰和鼠在时间n的数量为 $\boldsymbol{x}_n=\begin{pmatrix}O_n\\M_n\end{pmatrix}$，其中 n 是以月份为单位的时间，O_n 是研究区域中的猫头鹰的数量，M_n 是鼠的数量，单位：千只. 假定生态学家已建立了猫头鹰与鼠的自然系统模型：

$$\begin{cases}O_{n+1}=0.4\,O_n+0.3\,M_n\\M_{n+1}=-pO_n+1.2\,M_n\end{cases},\tag{5.1}$$

其中p是一个待定的正参数. 第一个方程中的 $0.4\,O_n$ 表明，如果没有鼠做食物，每个月只有 40% 的猫头鹰可以存活；第二个方程中的 $1.2\,M_n$ 表明，如果没有猫头鹰捕食，鼠的数量每个月会增加20%. 如果鼠充足，猫头鹰的数量将会增加$0.3\,M_n$，负项 $-pO_n$ 用以表示猫头鹰的捕食所导致的鼠的死亡数（事实上，平均每个月一只猫头鹰吃掉约$1\,000p$ 只鼠）. 当捕食参数 $p=0.325$ 时，则两个种群都会增长. 估计这个长期增长率及猫头鹰与鼠的最终比值.

解 当 $p=0.325$ 时，式 (5.1) 的系数矩阵为

$$\boldsymbol{A}=\begin{pmatrix}0.4&0.3\\-0.325&1.2\end{pmatrix},$$

求得$\boldsymbol{A}$的全部特征值$\lambda_1=0.55$，$\lambda_2=1.05$，其对应的特征向量分别是

$$\boldsymbol{p}_1=\begin{pmatrix}2\\1\end{pmatrix},\ \boldsymbol{p}_2=\begin{pmatrix}6\\13\end{pmatrix}.$$

初始向量 $\boldsymbol{x}_0=c_1\boldsymbol{p}_1+c_2\boldsymbol{p}_2$. 令 $\boldsymbol{P}=(\boldsymbol{p}_1,\boldsymbol{p}_2)=\begin{pmatrix}2&6\\1&13\end{pmatrix}$，当 $n\geq 0$ 时，则

$$\boldsymbol{P}^{-1}\boldsymbol{AP}=\begin{pmatrix}0.55&0\\0&1.05\end{pmatrix}=\boldsymbol{\Lambda},$$

故
$$A = P\Lambda P^{-1},$$

$$x_n = P\Lambda^n P^{-1}x_0 = \begin{pmatrix} 2 & 6 \\ 1 & 13 \end{pmatrix}\begin{pmatrix} 0.55^n & 0 \\ 0 & 1.05^n \end{pmatrix}\begin{pmatrix} 2 & 6 \\ 1 & 13 \end{pmatrix}^{-1} x_0$$
$$= c_1 0.55^n \begin{pmatrix} 2 \\ 1 \end{pmatrix} + c_2 1.05^n \begin{pmatrix} 6 \\ 13 \end{pmatrix}.$$

假定 $c_2 > 0$，则对足够大的 n，0.55^n 趋于 0，进而

$$x_n \approx c_2 p_2 = c_2 1.05^n \begin{pmatrix} 6 \\ 13 \end{pmatrix}. \tag{5.2}$$

n 越大，式(5.2) 的近似程度越高，故对于充分大的 n，

$$x_{n+1} \approx c_2 1.05^{n+1} \begin{pmatrix} 6 \\ 13 \end{pmatrix} = 1.05 x_n. \tag{5.3}$$

式(5.3)的近似表明，最后 x_n 的每个元素（猫头鹰和鼠的数量）几乎每个月都近似地增长了0.05 倍，即有 5% 的月增长率. 由式 (5.2) 知，x_n 约为 $(6, 13)^{\mathrm{T}}$ 的倍数，所以 x_n 中元素的比值约为 6 : 13，即每 6 只猫头鹰对应着约 13 000 只鼠． ■

习题 4-5

1. 在某国，每年有比例为 p 的农村居民移居城镇，有比例为 q 的城镇居民移居农村. 假设该国总人口数不变，且上述人口迁移的规律也不变. 把 n 年后农村人口和城镇人口占总人口的比例依次记为 x_n 和 y_n $(x_n + y_n = 1)$.

(1) 求关系式 $\begin{pmatrix} x_{n+1} \\ y_{n+1} \end{pmatrix} = A\begin{pmatrix} x_n \\ y_n \end{pmatrix}$ 中的矩阵 A；

(2) 设目前农村人口与城镇人口相等，即 $\begin{pmatrix} x_0 \\ y_0 \end{pmatrix} = \begin{pmatrix} 0.5 \\ 0.5 \end{pmatrix}$，求 $\begin{pmatrix} x_n \\ y_n \end{pmatrix}$.

2. 某偏僻村庄可以接收到的无线电广播来自两个电台，一个新闻台和一个音乐台. 两个台的广播每隔半小时都会中断休息. 每当出现中断时，新闻台的听众有 70% 会继续收听新闻台，30% 会换到音乐台；音乐台的听众有 60% 会换到新闻台，40% 会继续收听音乐台. 假设上午 8:15 所有人都在收听新闻台.

(1) 给出描述无线电广播听众在中断时换台的矩阵；

(2) 给出初始的状态向量；

(3) 上午 9:25 时音乐台的听众所占百分比是多少(假设电台在上午8:30和9:00中断休息)?

3. 在任意给定的一天中，一个学生或是健康的，或是生病的. 在今天所有健康的学生中，95% 在第二天仍是健康的；在今天所有生病的学生中，55% 在第二天仍是生病的.

(1) 这种情况的矩阵是怎样的？

(2) 假设在星期一有 20% 的学生生病，则星期二生病的学生的百分比是多少？星期日呢？

4. 假设猫头鹰与鼠的捕食者与被捕食者矩阵为 $A=\begin{pmatrix}0.5 & 0.4\\ -p & 1.1\end{pmatrix}$. 证明：如果捕食参数 $p=0.104$（事实上，平均每个月一只猫头鹰吃掉约 $1\,000p$ 只鼠），则两个种群都会增长. 估计这个长期增长率及猫头鹰与鼠的最终比值.

5. 当上题中的捕食参数 $p=0.125$ 时，试确定该系统的演化（给出 $\boldsymbol{x}_n$ 的计算公式）. 猫头鹰和鼠的数量随着时间如何变化？

总 习 题 四

1. 已知 $\boldsymbol{\alpha}_1=\begin{pmatrix}1\\1\\2\\3\end{pmatrix}$, $\boldsymbol{\alpha}_2=\begin{pmatrix}-1\\1\\4\\-1\end{pmatrix}$, 求与 $\boldsymbol{\alpha}_1,\boldsymbol{\alpha}_2$ 都正交的向量.

2. 设 $\boldsymbol{x}$ 为 n 维列向量, $\boldsymbol{x}^{\mathrm{T}}\boldsymbol{x}=1$, 令 $\boldsymbol{H}=\boldsymbol{E}-2\boldsymbol{x}\boldsymbol{x}^{\mathrm{T}}$, 证明 $\boldsymbol{H}$ 是对称的正交矩阵.

3. 设 $\boldsymbol{\alpha}_1,\cdots,\boldsymbol{\alpha}_n$ 是 $\boldsymbol{R}^n$ 的一组标准正交基，$\boldsymbol{A}$ 是 n 阶正交矩阵, 证明: $\boldsymbol{A}\boldsymbol{\alpha}_1, \boldsymbol{A}\boldsymbol{\alpha}_2,\cdots,\boldsymbol{A}\boldsymbol{\alpha}_n$ 是 $\boldsymbol{R}^n$ 的一组标准正交基.

4. 设 $\boldsymbol{\alpha}_1,\boldsymbol{\alpha}_2,\boldsymbol{\alpha}_3$ 与 $\boldsymbol{\beta}_1,\boldsymbol{\beta}_2$ 是两个线性无关的向量组，且

$$[\boldsymbol{\alpha}_i,\boldsymbol{\beta}_j]=0\ \ (i=1,2,3;j=1,2),$$

证明 $\boldsymbol{\alpha}_1,\boldsymbol{\alpha}_2,\boldsymbol{\alpha}_3$ 与 $\boldsymbol{\beta}_1,\boldsymbol{\beta}_2$ 线性无关.

5. 已知 $\boldsymbol{A}=\begin{pmatrix}1&1&1&1\\1&1&1&1\\1&1&1&1\\1&1&1&1\end{pmatrix}$, 则 $\boldsymbol{A}$ 的非零特征值是_______.

6. 设矩阵 $\boldsymbol{A}=\begin{pmatrix}1&-3&3\\3&a&3\\6&-6&b\end{pmatrix}$ 有特征值 $\lambda_1=-2$, $\lambda_2=4$, 试求参数 a,b 的值.

7. 已知 $\boldsymbol{A}=\begin{pmatrix}0&0&1\\x&1&0\\1&0&0\end{pmatrix}$ 有三个线性无关的特征向量，求 x.

8. 设矩阵 $\boldsymbol{A}$ 与 $\boldsymbol{B}$ 相似，且 $\boldsymbol{A}=\begin{pmatrix}1&-1&1\\2&4&-2\\-3&-3&a\end{pmatrix}$, $\boldsymbol{B}=\begin{pmatrix}2&0&0\\0&2&0\\0&0&b\end{pmatrix}$.

(1) 求 a,b 的值；　　　　(2) 求可逆矩阵 $\boldsymbol{P}$, 使 $\boldsymbol{P}^{-1}\boldsymbol{A}\boldsymbol{P}=\boldsymbol{B}$.

9. 已知 $\boldsymbol{\xi}=\begin{pmatrix}1\\1\\-1\end{pmatrix}$ 是 $\boldsymbol{A}=\begin{pmatrix}a&-1&2\\5&b&3\\-1&0&-2\end{pmatrix}$ 的特征向量，求 a,b 的值，并证明 $\boldsymbol{A}$ 的任一特征向量均能由 $\boldsymbol{\xi}$ 线性表出.

10. 已知三阶矩阵 $\boldsymbol{A}$ 的特征值为 $1,-2,3$, 则 $(2\boldsymbol{A})^{-1}$ 的特征值是_________.

11. 设 $\boldsymbol{A}$ 为三阶实对称矩阵，$\boldsymbol{A}$ 的特征值为 1, 2, 3. 若 $\boldsymbol{A}$ 属于 1, 2 的特征向量分别为 $\boldsymbol{\alpha}_1=(-1,-1,1)^{\mathrm{T}}$，$\boldsymbol{\alpha}_2=(1,-2,-1)^{\mathrm{T}}$，则 $\boldsymbol{A}$ 属于特征值 3 的特征向量为 ____________.

12. 假设 $\boldsymbol{A}$ 满足方程 $\boldsymbol{A}^2-5\boldsymbol{A}+6\boldsymbol{E}=\boldsymbol{O}$，其中 $\boldsymbol{E}$ 为单位矩阵，试求 $\boldsymbol{A}$ 的特征值.

13. 已知可逆矩阵 $\boldsymbol{A}$ 的特征值为 $1,2,-2$，则 $\boldsymbol{A}^*$ 的三个特征值分别是 _______，$|\boldsymbol{A}|$ 的代数余子式 $A_{11}+A_{22}+A_{33}$ 之和为 _______.

14. $\boldsymbol{A}$ 是三阶实对称矩阵，$\boldsymbol{A}$ 的特征值是 1, −1, 0，其中属于特征值 $\lambda=1$ 与 $\lambda=0$ 的特征向量分别是 $(1,a,1)^{\mathrm{T}}$ 及 $(a,\ a+1,1)^{\mathrm{T}}$，求矩阵 $\boldsymbol{A}$.

15. 判断矩阵 $\boldsymbol{A}=\begin{pmatrix}2&-1&2\\5&-3&3\\-1&0&-2\end{pmatrix}$ 能否对角化，若能的话，求出对角形.

16. 已知矩阵 $\boldsymbol{A}=\begin{pmatrix}2&0&0\\0&0&1\\0&1&x\end{pmatrix}$，$\boldsymbol{B}=\begin{pmatrix}2&0&0\\0&y&0\\0&0&-1\end{pmatrix}$ 相似，则 $y=$ _________.

17. 试判断下列矩阵 $\boldsymbol{A},\boldsymbol{B}$ 是否相似. 若相似，求出可逆矩阵 $\boldsymbol{M}$，使得 $\boldsymbol{B}=\boldsymbol{M}^{-1}\boldsymbol{A}\boldsymbol{M}$：

$$\boldsymbol{A}=\begin{pmatrix}2&0&0\\0&3&5\\0&1&2\end{pmatrix},\quad \boldsymbol{B}=\begin{pmatrix}3&1&0\\7&3&0\\0&0&1\end{pmatrix}.$$

18. 设 $\boldsymbol{\alpha}=(1,0,-1)^{\mathrm{T}}$，矩阵 $\boldsymbol{A}=\boldsymbol{\alpha}\boldsymbol{\alpha}^{\mathrm{T}}$，$n$ 为正整数，则行列式

$$|a\boldsymbol{E}-\boldsymbol{A}^n|=\_\_\_\_\_\_\_\ (\text{其中 } a \text{ 为常数}).$$

19. 已知 $\boldsymbol{A}=\begin{pmatrix}-1&1&0\\-2&2&0\\4&x&1\end{pmatrix}$ 能对角化，求 $\boldsymbol{A}^n$.

第5章　二 次 型

在解析几何中，为了便于研究二次曲线

$$ax^2+bxy+cy^2=1$$

的几何性质，可以选择适当的坐标旋转变换

$$\begin{cases} x=x'\cos\theta-y'\sin\theta \\ y=x'\sin\theta+y'\cos\theta \end{cases},$$

把方程化为标准形式

$$mx'^2+cy'^2=1.$$

这类问题具有普遍性，在许多理论问题和实际问题中常会遇到，本章将把这类问题一般化，讨论 n 个变量的二次多项式的化简问题.

§5.1　二次型及其矩阵

一、二次型的概念

定义1　含有 n 个变量 $x_1,x_2,\cdots,x_n$ 的二次齐次函数

$$\begin{aligned} f(x_1,x_2,\cdots,x_n)=&a_{11}x_1^2+a_{22}x_2^2+\cdots+a_{nn}x_n^2 \\ &+2a_{12}x_1x_2+2a_{13}x_1x_3+\cdots+2a_{n-1,n}x_{n-1}x_n \end{aligned} \tag{1.1}$$

称为**二次型**. 当 a_{ij} 为复数时，f 称为**复二次型**；当 a_{ij} 为实数时，f 称为**实二次型**.

本章中只讨论实二次型. 例如，

$$f(x_1,x_2,x_3)=2x_1^2+4x_2^2+5x_3^2-4x_1x_3,$$

$$f(x_1,x_2,x_3)=x_1x_2+x_1x_3+x_2x_3$$

都是二次型.

二、二次型的矩阵

在式(1.1)中，取 $a_{ji}=a_{ij}$，则 $2a_{ij}x_ix_j=a_{ij}x_ix_j+a_{ji}x_jx_i$，于是式(1.1)可改写为

$$\begin{aligned} f(x_1,x_2,\cdots,x_n)=&a_{11}x_1^2+a_{12}x_1x_2+\cdots+a_{1n}x_1x_n \\ &+a_{21}x_2x_1+\cdots+a_{2n}x_2x_n+\cdots+a_{n1}x_nx_1+\cdots+a_{nn}x_n^2 \\ =&\sum_{i,j=1}^{n}a_{ij}x_ix_j=x_1(a_{11}x_1+a_{12}x_2+\cdots+a_{1n}x_n) \\ &+x_2(a_{21}x_1+\cdots+a_{2n}x_n)+\cdots+x_n(a_{n1}x_1+\cdots+a_{nn}x_n) \end{aligned}$$

$$=(x_1,x_2,\cdots,x_n)\begin{pmatrix} a_{11}x_1+a_{12}x_2+\cdots+a_{1n}x_n \\ a_{21}x_1+a_{22}x_2+\cdots+a_{2n}x_n \\ \cdots\cdots \\ a_{n1}x_1+a_{n2}x_2+\cdots+a_{nn}x_n \end{pmatrix}$$

$$=(x_1,x_2,\cdots,x_n)\begin{pmatrix} a_{11} & a_{12} & \cdots & a_{1n} \\ a_{21} & a_{22} & \cdots & a_{2n} \\ \vdots & \vdots & & \vdots \\ a_{n1} & a_{n2} & \cdots & a_{nn} \end{pmatrix}\begin{pmatrix} x_1 \\ x_2 \\ \vdots \\ x_n \end{pmatrix}=\boldsymbol{x}^{\mathrm{T}}\boldsymbol{A}\boldsymbol{x}.$$

其中
$$\boldsymbol{x}=\begin{pmatrix} x_1 \\ x_2 \\ \vdots \\ x_n \end{pmatrix},\qquad \boldsymbol{A}=\begin{pmatrix} a_{11} & a_{12} & \cdots & a_{1n} \\ a_{21} & a_{22} & \cdots & a_{2n} \\ \vdots & \vdots & & \vdots \\ a_{n1} & a_{n2} & \cdots & a_{nn} \end{pmatrix},$$
称 $f(x)=\boldsymbol{x}^{\mathrm{T}}\boldsymbol{A}\boldsymbol{x}$ 为二次型的**矩阵形式**. 其中实对称矩阵 $\boldsymbol{A}$ 称为该二次型的**矩阵**. 二次型 f 称为实对称矩阵 $\boldsymbol{A}$ 的**二次型**. 实对称矩阵 $\boldsymbol{A}$ 的秩称为二次型的**秩**. 于是，二次型 f 与实对称矩阵 $\boldsymbol{A}$ 之间有一一对应关系.

例 1 二次型 $x_1x_2+x_1x_3+2x_2^2-3x_2x_3$ 的矩阵是

$$\boldsymbol{A}=\begin{pmatrix} 0 & 1/2 & 1/2 \\ 1/2 & 2 & -3/2 \\ 1/2 & -3/2 & 0 \end{pmatrix};$$

反之，上述对称矩阵 $\boldsymbol{A}$ 所对应的二次型是

$$\boldsymbol{x}^{\mathrm{T}}\boldsymbol{A}\boldsymbol{x}=(x_1,x_2,x_3)\begin{pmatrix} 0 & 1/2 & 1/2 \\ 1/2 & 2 & -3/2 \\ 1/2 & -3/2 & 0 \end{pmatrix}\begin{pmatrix} x_1 \\ x_2 \\ x_3 \end{pmatrix}=x_1x_2+x_1x_3+2x_2^2-3x_2x_3.$$ ■

例 2 求二次型 $f(x_1,x_2,x_3)=x_1^2-4x_1x_2+2x_1x_3-2x_2^2+6x_3^2$ 的秩.

解 先求二次型的矩阵. 由

$$f(x_1,x_2,x_3)=x_1^2-2x_1x_2+x_1x_3-2x_2x_1-2x_2^2+0x_2x_3+x_3x_1+0x_3x_2+6x_3^2,$$

所以 $\boldsymbol{A}=\begin{pmatrix} 1 & -2 & 1 \\ -2 & -2 & 0 \\ 1 & 0 & 6 \end{pmatrix}$，对 $\boldsymbol{A}$ 作初等变换:

$$\boldsymbol{A}\to\begin{pmatrix} 1 & -2 & 1 \\ 0 & -6 & 2 \\ 0 & 2 & 5 \end{pmatrix}\to\begin{pmatrix} 1 & -2 & 1 \\ 0 & 2 & 5 \\ 0 & 0 & 17 \end{pmatrix},$$

即 $\mathrm{r}(\boldsymbol{A})=3$，所以二次型的秩为 3. ■

三、矩阵的合同

关系式 $\begin{cases} x_1=c_{11}y_1+c_{12}y_2+\cdots+c_{1n}y_n \\ x_2=c_{21}y_1+c_{22}y_2+\cdots+c_{2n}y_n \\ \cdots\cdots \\ x_n=c_{n1}y_1+c_{n2}y_2+\cdots+c_{nn}y_n \end{cases}$ 称为由变量 $x_1,x_2,\cdots,x_n$ 到 $y_1,y_2,\cdots,$

y_n 的**线性变换**. 矩阵

$$C=\begin{pmatrix} c_{11} & c_{12} & \cdots & c_{1n} \\ c_{21} & c_{22} & \cdots & c_{2n} \\ \vdots & \vdots & & \vdots \\ c_{n1} & c_{n2} & \cdots & c_{nn} \end{pmatrix}$$

称为**线性变换矩阵**. 当 $\boldsymbol{C}$ 可逆时，称该线性变换为**可逆线性变换**.

对于一般二次型 $f=\boldsymbol{x}^{\mathrm{T}}\boldsymbol{A}\boldsymbol{x}$，经可逆线性变换 $\boldsymbol{x}=\boldsymbol{C}\boldsymbol{y}$，可将其化为

$$f=\boldsymbol{x}^{\mathrm{T}}\boldsymbol{A}\boldsymbol{x}=(\boldsymbol{C}\boldsymbol{y})^{\mathrm{T}}\boldsymbol{A}(\boldsymbol{C}\boldsymbol{y})=\boldsymbol{y}^{\mathrm{T}}(\boldsymbol{C}^{\mathrm{T}}\boldsymbol{A}\boldsymbol{C})\boldsymbol{y},$$

其中，$\boldsymbol{y}^{\mathrm{T}}(\boldsymbol{C}^{\mathrm{T}}\boldsymbol{A}\boldsymbol{C})\boldsymbol{y}$ 为关于 $y_1,y_2,\cdots,y_n$ 的二次型，对应的矩阵为 $\boldsymbol{C}^{\mathrm{T}}\boldsymbol{A}\boldsymbol{C}$. 关于 $\boldsymbol{A}$ 与 $\boldsymbol{C}^{\mathrm{T}}\boldsymbol{A}\boldsymbol{C}$ 的关系，我们给出下列定义.

定义 2　设 $\boldsymbol{A}$, $\boldsymbol{B}$ 为两个 n 阶方阵，如果存在 n 阶可逆矩阵 $\boldsymbol{C}$，使得 $\boldsymbol{C}^{\mathrm{T}}\boldsymbol{A}\boldsymbol{C}=\boldsymbol{B}$，则称**矩阵 $\boldsymbol{A}$ 合同于矩阵 $\boldsymbol{B}$**，或 **$\boldsymbol{A}$ 与 $\boldsymbol{B}$ 合同**.

易见，二次型 $f(x_1,x_2,\cdots,x_n)=\boldsymbol{x}^{\mathrm{T}}\boldsymbol{A}\boldsymbol{x}$ 的矩阵 $\boldsymbol{A}$ 与经过可逆线性变换 $\boldsymbol{x}=\boldsymbol{C}\boldsymbol{y}$ 得到的二次型的矩阵 $\boldsymbol{B}=\boldsymbol{C}^{\mathrm{T}}\boldsymbol{A}\boldsymbol{C}$ 是合同的.

矩阵合同的基本性质：

(1) **自反性**　对任意方阵 $\boldsymbol{A}$，$\boldsymbol{A}$ 合同于 $\boldsymbol{A}$.

因为 $\boldsymbol{E}^{\mathrm{T}}\boldsymbol{A}\boldsymbol{E}=\boldsymbol{A}$.

(2) **对称性**　若 $\boldsymbol{A}$ 合同于 $\boldsymbol{B}$，则 $\boldsymbol{B}$ 合同于 $\boldsymbol{A}$.

因为若 $\boldsymbol{B}=\boldsymbol{C}^{\mathrm{T}}\boldsymbol{A}\boldsymbol{C}$，则 $\boldsymbol{A}=(\boldsymbol{C}^{\mathrm{T}})^{-1}\boldsymbol{B}\boldsymbol{C}^{-1}=(\boldsymbol{C}^{-1})^{\mathrm{T}}\boldsymbol{B}\boldsymbol{C}^{-1}$.

(3) **传递性**　若 $\boldsymbol{A}$ 合同于 $\boldsymbol{B}$，$\boldsymbol{B}$ 合同于 $\boldsymbol{C}$，则 $\boldsymbol{A}$ 合同于 $\boldsymbol{C}$.

因为若 $\boldsymbol{B}=\boldsymbol{C}_1^{\mathrm{T}}\boldsymbol{A}\boldsymbol{C}_1$，$\boldsymbol{C}=\boldsymbol{C}_2^{\mathrm{T}}\boldsymbol{B}\boldsymbol{C}_2$，则 $\boldsymbol{C}=(\boldsymbol{C}_1\boldsymbol{C}_2)^{\mathrm{T}}\boldsymbol{A}(\boldsymbol{C}_1\boldsymbol{C}_2)$.

习题　5-1

1. 若 n 阶矩阵 $\boldsymbol{A}$ 与 $\boldsymbol{B}$ 合同，则（　）.

(A) $\boldsymbol{A}=\boldsymbol{B}$;　(B) $\boldsymbol{A}\sim\boldsymbol{B}$;　(C) $|\boldsymbol{A}|=|\boldsymbol{B}|$;　(D) $\mathrm{r}(\boldsymbol{A})=\mathrm{r}(\boldsymbol{B})$.

2. 用矩阵记号表示下列二次型：

(1) $f=x^2+4xy+4y^2+2xz+z^2+4yz$;

(2) $f=x^2+y^2-7z^2-2xy-4xz-4yz$;

(3) $f=x_1^2+x_2^2+x_3^2+x_4^2-2x_1x_2+4x_1x_3-2x_1x_4+6x_2x_3-4x_2x_4$.

3. 写出对称矩阵 $\boldsymbol{A}=\begin{pmatrix} 1 & -1 & -3 & 1 \\ -1 & 0 & -2 & 1/2 \\ -3 & -2 & 1/3 & -3/2 \\ 1 & 1/2 & -3/2 & 0 \end{pmatrix}$ 所对应的二次型.

4. 写出二次型 $f(x)=\boldsymbol{x}^{\mathrm{T}}\begin{pmatrix}1&2&3\\4&5&6\\7&8&9\end{pmatrix}\boldsymbol{x}$ 的对称矩阵.

5. 对于下列对称矩阵 $\boldsymbol{A}$ 与 $\boldsymbol{B}$, 求出非奇异矩阵 $\boldsymbol{C}$, 使 $\boldsymbol{C}^{\mathrm{T}}\boldsymbol{A}\boldsymbol{C}=\boldsymbol{B}$,

$$\boldsymbol{A}=\begin{pmatrix}0&1&1\\1&2&1\\1&1&0\end{pmatrix},\ \boldsymbol{B}=\begin{pmatrix}2&1&1\\1&0&1\\1&1&0\end{pmatrix}.$$

6. 求二次型 $f(x_1,x_2,x_3)=\boldsymbol{x}^{\mathrm{T}}\begin{pmatrix}1&2&1\\0&1&0\\1&2&1\end{pmatrix}\boldsymbol{x}$ 的秩.

7. 设二次型 $f=2x_1^2+x_2^2-4x_1x_2-4x_2x_3$, 分别作下列可逆矩阵变换, 求出新的二次型:

(1) $\boldsymbol{x}=\begin{pmatrix}1&1&-2\\0&1&-2\\0&0&1\end{pmatrix}\boldsymbol{y}$;　　(2) $\boldsymbol{x}=\begin{pmatrix}1/\sqrt{2}&1&-1\\0&1&-1\\0&0&1/2\end{pmatrix}\boldsymbol{y}$.

§5.2 化二次型为标准形

若二次型 $f(x_1,x_2,\cdots,x_n)$ 经可逆线性变换 $\boldsymbol{x}=\boldsymbol{C}\boldsymbol{y}$ 可化为只含平方项的形式:

$$b_1y_1^2+b_2y_2^2+\cdots+b_ny_n^2, \tag{2.1}$$

则称式(2.1)为二次型 $f(x_1,x_2,\cdots,x_n)$ 的**标准形**.

由第4章实对称矩阵的对角化方法知, 可取 $\boldsymbol{C}$ 为正交变换矩阵, 则二次型

$$f(x_1,x_2,\cdots,x_n)=\boldsymbol{x}^{\mathrm{T}}\boldsymbol{A}\boldsymbol{x}$$

在线性变换 $\boldsymbol{x}=\boldsymbol{C}\boldsymbol{y}$ 下, 可化为 $\boldsymbol{y}^{\mathrm{T}}(\boldsymbol{C}^{\mathrm{T}}\boldsymbol{A}\boldsymbol{C})\boldsymbol{y}$. 如果 $\boldsymbol{C}^{\mathrm{T}}\boldsymbol{A}\boldsymbol{C}$ 为对角矩阵

$$\boldsymbol{B}=\begin{pmatrix}b_1&&&\\&b_2&&\\&&\ddots&\\&&&b_n\end{pmatrix},$$

则 $f(x_1,x_2,\cdots,x_n)$ 就可化为标准形(2.1), 其标准形中的系数恰好为对角矩阵 $\boldsymbol{B}$ 的对角线上的元素, 因此, 上面的问题归结为 $\boldsymbol{A}$ 能否合同于一个对角矩阵.

一、用配方法化二次型为标准形

例如, 用配方法将 $\boldsymbol{R}^2$ 中的二次型 $2x^2+xy$ 化为标准形.

$$2x^2+xy=2\left(x^2+\frac{xy}{2}\right)=2\left[x^2+\frac{xy}{2}+\left(\frac{y}{4}\right)^2\right]-2\left(\frac{y}{4}\right)^2$$
$$=2\left(x+\frac{y}{4}\right)^2-\frac{y^2}{8}=2y_1^2-\frac{1}{8}y_2^2,$$

其中 $y_1=x+\dfrac{y}{4}$，$y_2=y$.

对于一般的二次型 $f=\sum\limits_{i,j=1}^{n}a_{ij}x_ix_j=\boldsymbol{x}^{\mathrm{T}}\boldsymbol{A}\boldsymbol{x}$，利用拉格朗日配方法可证得下列结论.

定理 1 任意二次型都可以通过可逆线性变换化为标准形.

证明 略. ■

拉格朗日配方法的步骤：

(1) 若二次型含有 x_i 的平方项，则先把含有 x_i 的乘积项集中，然后配方，再对其余的变量重复上述过程，直到所有变量都配成平方项为止，经过可逆线性变换，就得到标准形.

(2) 若二次型中不含有平方项，但是 $a_{ij}\neq 0\ (i\neq j)$，则先作可逆变换

$$\begin{cases}x_i=y_i-y_j\\x_j=y_i+y_j\\x_k=y_k\end{cases}\quad(k=1,2,\cdots,n\text{ 且 }k\neq i,j),$$

化二次型为含有平方项的二次型，然后再按 (1) 中的方法配方.

注：配方法是一种可逆线性变换，但平方项的系数与 $\boldsymbol{A}$ 的特征值无关. 因为二次型 f 与它的对称矩阵 $\boldsymbol{A}$ 有一一对应的关系，由定理 1 即得：

定理 2 对任一实对称矩阵 $\boldsymbol{A}$，存在可逆矩阵 $\boldsymbol{C}$，使 $\boldsymbol{B}=\boldsymbol{C}^{\mathrm{T}}\boldsymbol{A}\boldsymbol{C}$ 为对角矩阵. 即任一实对称矩阵都与一个对角矩阵合同.

例 1 将 $x_1^2+2x_1x_2+2x_1x_3+2x_2^2+4x_2x_3+x_3^2$ 化为标准形.

解 因标准形是平方项的代数和，可利用配方法解之.

$$\begin{aligned}&x_1^2+2x_1x_2+2x_1x_3+2x_2^2+4x_2x_3+x_3^2\\&\quad=x_1^2+2x_1(x_2+x_3)+(x_2+x_3)^2-(x_2+x_3)^2+2x_2^2+4x_2x_3+x_3^2\\&\quad=(x_1+x_2+x_3)^2+x_2^2+2x_2x_3=(x_1+x_2+x_3)^2+(x_2+x_3)^2-x_3^2.\end{aligned}\tag{2.2}$$

$$\text{令}\quad\begin{cases}y_1=x_1+x_2+x_3\\y_2=x_2+x_3\\y_3=x_3\end{cases},\quad\text{即}\quad\begin{cases}x_1=y_1-y_2\\x_2=y_2-y_3\\x_3=y_3\end{cases}.\tag{2.3}$$

其线性变换矩阵的行列式

$$|\boldsymbol{C}|=\begin{vmatrix}1&-1&0\\0&1&-1\\0&0&1\end{vmatrix}=1\neq 0,$$

将式(2.3)代入式(2.2)得所求二次型的标准形

$$y_1^2+y_2^2-y_3^2,$$

它的矩阵为 $\boldsymbol{B}=\begin{pmatrix}1&0&0\\0&1&0\\0&0&-1\end{pmatrix}$，而原二次型的矩阵为 $\boldsymbol{A}=\begin{pmatrix}1&1&1\\1&2&2\\1&2&1\end{pmatrix}$，线性变换矩阵

为 $C=\begin{pmatrix}1&-1&0\\0&1&-1\\0&0&1\end{pmatrix}$, 易验证 $C^{\mathrm{T}}AC=B=\begin{pmatrix}1&0&0\\0&1&0\\0&0&-1\end{pmatrix}$, 且 $y^{\mathrm{T}}By=y_1^2+y_2^2-y_3^2$. ■

可见，要把二次型化为标准形，关键在于求出一个可逆矩阵 C，使得 $C^{\mathrm{T}}AC$ 是对角矩阵.

例 2　化二次型 $f=2x_1x_2+2x_1x_3-6x_2x_3$ 为标准形，并求所用的变换矩阵.

解　在 f 中不含平方项. 由于含有 x_1x_2 乘积项，故令

$$\begin{cases}x_1=y_1+y_2\\x_2=y_1-y_2,\\x_3=y_3\end{cases}\quad 即\quad \begin{pmatrix}x_1\\x_2\\x_3\end{pmatrix}=\begin{pmatrix}1&1&0\\1&-1&0\\0&0&1\end{pmatrix}\begin{pmatrix}y_1\\y_2\\y_3\end{pmatrix},$$

代入可得

$$f=2y_1^2-2y_2^2-4y_1y_3+8y_2y_3,$$

再配方，得

$$f=2(y_1-y_3)^2-2(y_2-2y_3)^2+6y_3^2.$$

令

$$\begin{cases}z_1=y_1-y_3\\z_2=y_2-2y_3,\\z_3=y_3\end{cases}\quad 即\quad \begin{cases}y_1=z_1+z_3\\y_2=z_2+2z_3,\\y_3=z_3\end{cases}$$

亦即

$$\begin{pmatrix}y_1\\y_2\\y_3\end{pmatrix}=\begin{pmatrix}1&0&1\\0&1&2\\0&0&1\end{pmatrix}\begin{pmatrix}z_1\\z_2\\z_3\end{pmatrix},$$

就把 f 化为标准形 $f=2z_1^2-2z_2^2+6z_3^2$, 所用变换矩阵为

$$C=\begin{pmatrix}1&1&0\\1&-1&0\\0&0&1\end{pmatrix}\begin{pmatrix}1&0&1\\0&1&2\\0&0&1\end{pmatrix}=\begin{pmatrix}1&1&3\\1&-1&-1\\0&0&1\end{pmatrix}\quad(|C|=-2\neq0),$$

所用线性变换为 $x=Cz$. ■

一般地，对于任何二次型都可用上面两例的方法找到可逆线性变换，把二次型化成标准形.

二、用初等变换化二次型为标准形

设有可逆线性变换 $x=Cy$, 它把二次型 $x^{\mathrm{T}}Ax$ 化为标准形 $y^{\mathrm{T}}By$, 则 $C^{\mathrm{T}}AC=B$. 已知任一可逆矩阵均可表示为若干个初等矩阵的乘积，故存在初等矩阵 $P_1,P_2,\cdots,P_s$, 使 $C=P_1P_2\cdots P_s$, 于是

$$C^{\mathrm{T}}AC=P_s^{\mathrm{T}}\cdots P_2^{\mathrm{T}}P_1^{\mathrm{T}}AP_1P_2\cdots P_s=\Lambda.$$

由此可见，对 $2n\times n$ 矩阵 $\begin{pmatrix}A\\E\end{pmatrix}$ 施以相应于右乘 $P_1P_2\cdots P_s$ 的初等列变换，再对 A 施以相应于左乘 $P_1^{\mathrm{T}},P_2^{\mathrm{T}},\cdots,P_s^{\mathrm{T}}$ 的初等行变换，则矩阵 A 变为对角矩阵 Λ, 而单位

矩阵 $\boldsymbol{E}$ 就变为所求的可逆矩阵 $\boldsymbol{C}$.

例3 求一可逆线性变换将 $x_1^2+2x_2^2+x_3^2+2x_1x_2+2x_1x_3+4x_2x_3$ 化为标准形.

解 题设二次型对应的矩阵为 $\boldsymbol{A}=\begin{pmatrix}1&1&1\\1&2&2\\1&2&1\end{pmatrix}$, 利用初等变换, 有

$$\begin{pmatrix}\boldsymbol{A}\\\boldsymbol{E}\end{pmatrix}=\begin{pmatrix}1&1&1\\1&2&2\\1&2&1\\1&0&0\\0&1&0\\0&0&1\end{pmatrix}\xrightarrow[c_3-c_1]{c_2-c_1}\begin{pmatrix}1&0&0\\1&1&1\\1&1&0\\1&-1&-1\\0&1&0\\0&0&1\end{pmatrix}$$

$$\xrightarrow[r_3-r_1]{r_2-r_1}\begin{pmatrix}1&0&0\\0&1&1\\0&1&0\\1&-1&-1\\0&1&0\\0&0&1\end{pmatrix}\xrightarrow[r_3-r_2]{c_3-c_2}\begin{pmatrix}1&0&0\\0&1&0\\0&0&-1\\1&-1&0\\0&1&-1\\0&0&1\end{pmatrix},$$

因此, $\boldsymbol{C}=\begin{pmatrix}1&-1&0\\0&1&-1\\0&0&1\end{pmatrix}$, $|\boldsymbol{C}|=1\neq0$. 令 $\begin{cases}x_1=z_1-z_2\\x_2=z_2-z_3\\x_3=z_3\end{cases}$, 代入原二次型可得标准形

$$z_1^2+z_2^2-z_3^2.$$ ■

*数学实验

实验5.1 试用计算软件将下列二次型化为标准形:

(1) $f(x_1,x_2,x_3,x_4,x_5,x_6,x_7)=310x_1^2-216x_1x_2-122x_1x_3+92x_1x_4$
$-274x_1x_5+100x_1x_6-14x_1x_7+42x_2^2+48x_2x_3-40x_2x_4+110x_2x_5$
$-52x_2x_6+14x_2x_7+21x_3^2-36x_3x_4+74x_3x_5-40x_3x_6+14x_3x_7$
$+22x_4^2-74x_4x_5+40x_4x_6-14x_4x_7+87x_5^2-92x_5x_6+28x_5x_7$
$+34x_6^2-28x_6x_7+7x_7^2$;

(2) $f(x_1,x_2,x_3,x_4,x_5,x_6,x_7)=427x_1^2-312x_1x_2-480x_1x_3+360x_1x_4$
$+20x_1x_5-136x_1x_6+60x_1x_7+91x_2^2+120x_2x_3-140x_2x_4+18x_2x_5$
$+44x_2x_6-24x_2x_7+169x_3^2-104x_3x_4-40x_3x_5+92x_3x_6-36x_3x_7$
$+83x_4^2+4x_4x_5-64x_4x_6+30x_4x_7+9x_5^2-8x_5x_6+14x_6^2$
$-12x_6x_7+3x_7^2$.

计算实验

微信扫描右侧的二维码即可进行计算实验(详见教材配套的网络学习空间).

三、用正交变换化二次型为标准形

定理3 若 $\boldsymbol{A}$ 为对称矩阵, $\boldsymbol{C}$ 为任一可逆矩阵, 令 $\boldsymbol{B}=\boldsymbol{C}^{\mathrm{T}}\boldsymbol{A}\boldsymbol{C}$, 则 $\boldsymbol{B}$ 也为对称矩

阵, 且 $\mathrm{r}(\boldsymbol{B})=\mathrm{r}(\boldsymbol{A})$.

证明 $\boldsymbol{A}$ 为对称矩阵, 即有 $\boldsymbol{A}=\boldsymbol{A}^{\mathrm{T}}$, 于是

$$\boldsymbol{B}^{\mathrm{T}}=(\boldsymbol{C}^{\mathrm{T}}\boldsymbol{A}\boldsymbol{C})^{\mathrm{T}}=\boldsymbol{C}^{\mathrm{T}}\boldsymbol{A}^{\mathrm{T}}\boldsymbol{C}=\boldsymbol{C}^{\mathrm{T}}\boldsymbol{A}\boldsymbol{C}=\boldsymbol{B},$$

即 $\boldsymbol{B}$ 为对称矩阵.

又因为 $\boldsymbol{A}$ 与 $\boldsymbol{B}$ 合同, 故 $\boldsymbol{A}$ 与 $\boldsymbol{B}$ 等价, 所以 $\mathrm{r}(\boldsymbol{B})=\mathrm{r}(\boldsymbol{A})$. ■

注: ① 二次型经可逆变换 $\boldsymbol{x}=\boldsymbol{C}\boldsymbol{y}$ 后, 其秩不变, 但 f 的矩阵由 $\boldsymbol{A}$ 变为

$$\boldsymbol{B}=\boldsymbol{C}^{\mathrm{T}}\boldsymbol{A}\boldsymbol{C};$$

② 要使二次型 f 经可逆变换 $\boldsymbol{x}=\boldsymbol{C}\boldsymbol{y}$ 变成标准形, 即要使 $\boldsymbol{C}^{\mathrm{T}}\boldsymbol{A}\boldsymbol{C}$ 成为对角矩阵,

即
$$\boldsymbol{y}^{\mathrm{T}}\boldsymbol{C}^{\mathrm{T}}\boldsymbol{A}\boldsymbol{C}\boldsymbol{y}=(y_1,y_2,\cdots,y_n)\begin{pmatrix}b_1&&&\\&b_2&&\\&&\ddots&\\&&&b_n\end{pmatrix}\begin{pmatrix}y_1\\y_2\\\vdots\\y_n\end{pmatrix}$$

$$=b_1y_1^2+b_2y_2^2+\cdots+b_ny_n^2.$$

定理 4 任给二次型

$$f=\sum_{i,j=1}^{n}a_{ij}x_ix_j \quad (a_{ji}=a_{ij}),$$

总有正交变换 $\boldsymbol{x}=\boldsymbol{P}\boldsymbol{y}$, 使 f 化为标准形

$$f=\lambda_1y_1^2+\lambda_2y_2^2+\cdots+\lambda_ny_n^2,$$

其中, $\lambda_1,\lambda_2,\cdots,\lambda_n$ 是 f 的矩阵 $\boldsymbol{A}=(a_{ij})$ 的特征值.

证明提示: 对任意的实对称矩阵 $\boldsymbol{A}$, 总存在正交矩阵 $\boldsymbol{P}$, 使 $\boldsymbol{P}^{-1}\boldsymbol{A}\boldsymbol{P}=\boldsymbol{\Lambda}$, 即 $\boldsymbol{P}^{\mathrm{T}}\boldsymbol{A}\boldsymbol{P}=\boldsymbol{\Lambda}$. 将此结论应用于二次型即得证. ■

用正交变换化二次型为标准形的基本步骤:

(1) 将二次型表示成矩阵形式 $f=\boldsymbol{x}^{\mathrm{T}}\boldsymbol{A}\boldsymbol{x}$, 求出 $\boldsymbol{A}$;

(2) 求出 $\boldsymbol{A}$ 的所有特征值 $\lambda_1,\lambda_2,\cdots,\lambda_n$;

(3) 求出对应于各特征值的线性无关的特征向量 $\boldsymbol{\xi}_1,\boldsymbol{\xi}_2,\cdots,\boldsymbol{\xi}_n$;

(4) 将特征向量 $\boldsymbol{\xi}_1,\boldsymbol{\xi}_2,\cdots,\boldsymbol{\xi}_n$ 正交化、单位化, 得 $\boldsymbol{\eta}_1,\boldsymbol{\eta}_2,\cdots,\boldsymbol{\eta}_n$, 记

$$\boldsymbol{C}=(\boldsymbol{\eta}_1,\boldsymbol{\eta}_2,\cdots,\boldsymbol{\eta}_n);$$

(5) 作正交变换 $\boldsymbol{x}=\boldsymbol{C}\boldsymbol{y}$, 则得 f 的标准形

$$f=\lambda_1y_1^2+\lambda_2y_2^2+\cdots+\lambda_ny_n^2.$$

例 4 将二次型 $f=17x_1^2+14x_2^2+14x_3^2-4x_1x_2-4x_1x_3-8x_2x_3$ 通过正交变换 $\boldsymbol{x}=\boldsymbol{C}\boldsymbol{y}$ 化为标准形.

解 (1) 写出二次型矩阵 $\boldsymbol{A}=\begin{pmatrix}17&-2&-2\\-2&14&-4\\-2&-4&14\end{pmatrix}$.

(2) 求其特征值：由

$$|\lambda\boldsymbol{E}-\boldsymbol{A}|=\begin{vmatrix}\lambda-17 & 2 & 2\\ 2 & \lambda-14 & 4\\ 2 & 4 & \lambda-14\end{vmatrix}=(\lambda-18)^2(\lambda-9)=0,$$

得 $\lambda_1=9,\lambda_2=\lambda_3=18$.

(3) 求特征向量：

将 $\lambda_1=9$ 代入 $(\lambda\boldsymbol{E}-\boldsymbol{A})\boldsymbol{x}=\boldsymbol{0}$, 得基础解系 $\boldsymbol{\xi}_1=(1/2,1,1)^{\mathrm{T}}$. 将 $\lambda_2=\lambda_3=18$ 代入 $(\lambda\boldsymbol{E}-\boldsymbol{A})\boldsymbol{x}=\boldsymbol{0}$, 得基础解系 $\boldsymbol{\xi}_2=(-2,1,0)^{\mathrm{T}}$, $\boldsymbol{\xi}_3=(-2,0,1)^{\mathrm{T}}$.

(4) 将特征向量正交化：

取 $\boldsymbol{\alpha}_1=\boldsymbol{\xi}_1$, $\boldsymbol{\alpha}_2=\boldsymbol{\xi}_2$, $\boldsymbol{\alpha}_3=\boldsymbol{\xi}_3-\dfrac{[\boldsymbol{\alpha}_2,\boldsymbol{\xi}_3]}{[\boldsymbol{\alpha}_2,\boldsymbol{\alpha}_2]}\boldsymbol{\alpha}_2$, 得正交向量组：

$$\boldsymbol{\alpha}_1=(1/2,1,1)^{\mathrm{T}},\ \boldsymbol{\alpha}_2=(-2,1,0)^{\mathrm{T}},\ \boldsymbol{\alpha}_3=(-2/5,-4/5,1)^{\mathrm{T}}.$$

将其单位化得：

$$\boldsymbol{\eta}_1=\begin{pmatrix}1/3\\2/3\\2/3\end{pmatrix},\ \boldsymbol{\eta}_2=\begin{pmatrix}-2/\sqrt{5}\\1/\sqrt{5}\\0\end{pmatrix},\ \boldsymbol{\eta}_3=\begin{pmatrix}-2/3\sqrt{5}\\-4/3\sqrt{5}\\5/3\sqrt{5}\end{pmatrix}.$$

作正交矩阵：
$$\boldsymbol{P}=\begin{pmatrix}1/3 & -2/\sqrt{5} & -2/3\sqrt{5}\\ 2/3 & 1/\sqrt{5} & -4/3\sqrt{5}\\ 2/3 & 0 & 5/3\sqrt{5}\end{pmatrix}.$$

(5) 故所求的正交变换为

$$\begin{pmatrix}x_1\\x_2\\x_3\end{pmatrix}=\begin{pmatrix}1/3 & -2/\sqrt{5} & -2/3\sqrt{5}\\ 2/3 & 1/\sqrt{5} & -4/3\sqrt{5}\\ 2/3 & 0 & 5/3\sqrt{5}\end{pmatrix}\begin{pmatrix}y_1\\y_2\\y_3\end{pmatrix},$$

在此变换下原二次型化为标准形

$$f=9y_1^2+18y_2^2+18y_3^2.$$ ■

四、二次型与对称矩阵的规范形

将二次型化为平方项的代数和的形式后，如有必要可重新安排变量的次序(相当于作一次可逆线性变换)，使这个标准形为

$$d_1x_1^2+\cdots+d_px_p^2-d_{p+1}x_{p+1}^2-\cdots-d_rx_r^2, \tag{2.4}$$

其中 $d_i>0\ (i=1,2,\cdots,r)$.

我们常对标准形各项的符号感兴趣．通过如下可逆线性变换

$$\begin{cases}x_i=y_i/\sqrt{d_i} & (i=1,2,\cdots,r)\\ x_j=y_j & (j=r+1,r+2,\cdots,n)\end{cases},$$

可将二次型 (2.4) 化为

$$y_1^2+\cdots+y_p^2-y_{p+1}^2-\cdots-y_r^2.$$

这种形式的二次型称为二次型的**规范形**，因此有下面的定理:

定理 5　任何二次型都可通过可逆线性变换化为规范形，且规范形是由二次型本身决定的唯一形式，与所作的可逆线性变换无关.

证明　略. ■

常把规范形中的正项个数 p 称为二次型的**正惯性指数**，负项个数 $r-p$ 称为二次型的**负惯性指数**，r 是二次型的秩.

注: 任何合同的对称矩阵都具有相同的规范形 $\begin{pmatrix} \boldsymbol{E}_p & \boldsymbol{O} & \boldsymbol{O} \\ \boldsymbol{O} & -\boldsymbol{E}_{r-p} & \boldsymbol{O} \\ \boldsymbol{O} & \boldsymbol{O} & \boldsymbol{O} \end{pmatrix}$.

定理 6　设 $\boldsymbol{A}$ 为任意对称矩阵，如果存在可逆矩阵 $\boldsymbol{C}, \boldsymbol{Q}$，且 $\boldsymbol{C}\neq\boldsymbol{Q}$，使得

$$\boldsymbol{C}^{\mathrm{T}}\boldsymbol{A}\boldsymbol{C}=\begin{pmatrix} \boldsymbol{E}_p & \boldsymbol{O} & \boldsymbol{O} \\ \boldsymbol{O} & -\boldsymbol{E}_{r-p} & \boldsymbol{O} \\ \boldsymbol{O} & \boldsymbol{O} & \boldsymbol{O} \end{pmatrix},\quad \boldsymbol{Q}^{\mathrm{T}}\boldsymbol{A}\boldsymbol{Q}=\begin{pmatrix} \boldsymbol{E}_q & \boldsymbol{O} & \boldsymbol{O} \\ \boldsymbol{O} & -\boldsymbol{E}_{r-q} & \boldsymbol{O} \\ \boldsymbol{O} & \boldsymbol{O} & \boldsymbol{O} \end{pmatrix},$$

则 $p=q$.

证明　略. ■

例 5　化二次型 $f=2x_1x_2+2x_1x_3-6x_2x_3$ 为规范形，并求其正惯性指数.

解　由例 2 知，f 经线性变换

$$\begin{cases} x_1=z_1+z_2+3z_3 \\ x_2=z_1-z_2-z_3 \\ x_3=z_3 \end{cases}$$

化为标准形 $f=2z_1^2-2z_2^2+6z_3^2$. 令

$$\begin{cases} w_1=\sqrt{2}z_1 \\ w_3=\sqrt{2}z_2 \\ w_2=\sqrt{6}z_3 \end{cases},\quad 即 \begin{cases} z_1=w_1/\sqrt{2} \\ z_2=w_3/\sqrt{2} \\ z_3=w_2/\sqrt{6} \end{cases},$$

就可把 f 化成规范形 $f=w_1^2+w_2^2-w_3^2$，且 f 的正惯性指数为2. ■

习题　5-2

1. 求一个正交变换将下列二次型化成标准形:

(1) $f=2x_1^2+3x_2^2+3x_3^2+4x_2x_3$;

(2) $f=x_1^2+x_2^2+x_3^2+x_4^2+2x_1x_2-2x_1x_4-2x_2x_3+2x_3x_4$.

2. 已知二次型 $5x_1^2+5x_2^2+cx_3^2-2x_1x_2+6x_1x_3-6x_2x_3$ 的秩为2，求 c，并用正交变换化二次型为标准形.

3. 用配方法化下列二次型为标准形，并写出所用变换的矩阵.

(1) $f(x_1,x_2,x_3)=x_1^2+2x_3^2+2x_1x_3-2x_2x_3$;

(2) $f(x_1,x_2,x_3)=-4x_1x_2+2x_1x_3+2x_2x_3$.

4. 用初等变换法将二次型 $f(x_1,x_2,x_3)=x_1^2-x_3^2+2x_1x_2+2x_2x_3$ 化为标准形.

5. 将下列二次型化为规范形，并指出其正惯性指数及秩.

(1) $x_1^2+2x_2^2+2x_1x_2-2x_1x_3$;

(2) $2x_1x_2+2x_2x_3+2x_3x_4+2x_1x_4$;

(3) $x_1^2+x_2^2-x_4^2-2x_1x_4$.

§5.3　正定二次型

一、二次型有定性的概念

定义1　具有对称矩阵 $\boldsymbol{A}$ 的二次型 $f=\boldsymbol{x}^{\mathrm{T}}\boldsymbol{A}\boldsymbol{x}$,

(1) 如果对任何非零向量 $\boldsymbol{x}$，都有

$$\boldsymbol{x}^{\mathrm{T}}\boldsymbol{A}\boldsymbol{x}>0\ \ (\boldsymbol{x}^{\mathrm{T}}\boldsymbol{A}\boldsymbol{x}<0)$$

成立，则称 $f=\boldsymbol{x}^{\mathrm{T}}\boldsymbol{A}\boldsymbol{x}$ 为**正定(负定)二次型**，矩阵 $\boldsymbol{A}$ 称为**正定矩阵(负定矩阵)**.

(2) 如果对任何非零向量 $\boldsymbol{x}$，都有

$$\boldsymbol{x}^{\mathrm{T}}\boldsymbol{A}\boldsymbol{x}\geq 0\ \ (\boldsymbol{x}^{\mathrm{T}}\boldsymbol{A}\boldsymbol{x}\leq 0)$$

成立，且有非零向量 $\boldsymbol{x}_0$，使 $\boldsymbol{x}_0^{\mathrm{T}}\boldsymbol{A}\boldsymbol{x}_0=0$，则称 $f=\boldsymbol{x}^{\mathrm{T}}\boldsymbol{A}\boldsymbol{x}$ 为**半正定(半负定)二次型**，矩阵 $\boldsymbol{A}$ 称为**半正定矩阵(半负定矩阵)**.

注：二次型的正定(负定)、半正定(半负定)统称为二次型及其矩阵的**有定性**. 不具备有定性的二次型及其矩阵称为**不定的**. 二次型的有定性与其矩阵的有定性之间具有一一对应关系. 因此，二次型的正定性判别可转化为对称矩阵的**正定性判别**.

例1　二次型 $f(x_1,x_2,\cdots,x_n)=x_1^2+x_2^2+\cdots+x_n^2$，当 $\boldsymbol{x}=(x_1,x_2,\cdots,x_n)^{\mathrm{T}}\neq\boldsymbol{0}$ 时，显然有 $f(x_1,x_2,\cdots,x_n)>0$，所以这个二次型是正定的，其矩阵 $\boldsymbol{E}_n$ 是正定矩阵. ■

例2　二次型 $f=-x_1^2-2x_1x_2+4x_1x_3-x_2^2+4x_2x_3-4x_3^2$，将其改写成

$$f(x_1,x_2,x_3)=-(x_1+x_2-2x_3)^2\leq 0,$$

当 $x_1+x_2-2x_3=0$ 时，$f(x_1,x_2,x_3)=0$，故 $f(x_1,x_2,x_3)$ 是半负定的，其对应的矩阵

$$\begin{pmatrix}-1&-1&2\\-1&-1&2\\2&2&-4\end{pmatrix}$$

是半负定矩阵. ■

例3 $f(x_1, x_2) = x_1^2 - 2x_2^2$ 是不定二次型，因其符号有时正有时负，如

$$f(1,1) = -1 < 0,\ f(2,1) = 2 > 0.$$

■

二、正定矩阵的判别法

定理1 设 $\boldsymbol{A}$ 为正定矩阵，若 $\boldsymbol{A}$ 与 $\boldsymbol{B}$ 合同，则 $\boldsymbol{B}$ 也是正定矩阵.

证明 因为 $\boldsymbol{A}$ 与 $\boldsymbol{B}$ 合同，所以存在可逆矩阵 $\boldsymbol{C}$，使 $\boldsymbol{C}^{\mathrm{T}}\boldsymbol{A}\boldsymbol{C}=\boldsymbol{B}$，令 $\boldsymbol{x}=\boldsymbol{C}\boldsymbol{y}$，$|\boldsymbol{C}| \neq 0$，对任意非零向量 $\boldsymbol{y}$，有

$$\boldsymbol{y}^{\mathrm{T}}\boldsymbol{B}\boldsymbol{y} = \boldsymbol{y}^{\mathrm{T}}\boldsymbol{C}^{\mathrm{T}}\boldsymbol{A}\boldsymbol{C}\boldsymbol{y} = (\boldsymbol{C}\boldsymbol{y})^{\mathrm{T}}\boldsymbol{A}(\boldsymbol{C}\boldsymbol{y}) = \boldsymbol{x}^{\mathrm{T}}\boldsymbol{A}\boldsymbol{x} > 0,$$

故 $\boldsymbol{B}$ 为正定矩阵. ■

注：由定理1的证明知：若 $\boldsymbol{A}$ 与 $\boldsymbol{B}$ 合同，则 $\boldsymbol{A}$ 与 $\boldsymbol{B}$ 具有相同的有定性.

定理2 对角矩阵 $\boldsymbol{D} = \mathrm{diag}(d_1, d_2, \cdots, d_n)$ 正定的充分必要条件是

$$d_i > 0\ (i = 1, 2, \cdots, n).$$

证明 必要性. 设 $\boldsymbol{D}$ 为正定矩阵，则对任一非零向量 $\boldsymbol{x}$，有

$$\boldsymbol{x}^{\mathrm{T}}\boldsymbol{D}\boldsymbol{x} = \sum_{i=1}^{n} d_i x_i^2 > 0,$$

取 $\boldsymbol{x} = \boldsymbol{\varepsilon}_i\ (i = 1, 2, \cdots, n)$，则

$$\boldsymbol{\varepsilon}_i^{\mathrm{T}}\boldsymbol{D}\boldsymbol{\varepsilon}_i = d_i > 0 \quad (i = 1, 2, \cdots, n).$$

充分性. 对任意给定的非零向量 $\boldsymbol{x}$，至少有 $\boldsymbol{x}$ 的某个分量 $x_k \neq 0$，因 $d_k > 0$，$x_k \neq 0$，故 $d_k x_k^2 > 0$，而当 $i \neq k$ 时，$d_i x_i^2 \geq 0$，所以

$$\boldsymbol{x}^{\mathrm{T}}\boldsymbol{D}\boldsymbol{x} = \sum_{i=1}^{n} d_i x_i^2 > 0,$$

即 $\boldsymbol{D}$ 为正定矩阵. ■

定理3 对称矩阵 $\boldsymbol{A}$ 正定的充分必要条件是它的特征值全大于零.

证明 由于对任一对称矩阵 $\boldsymbol{A}$，总存在一正交矩阵 $\boldsymbol{C}$，使得

$$\boldsymbol{C}^{\mathrm{T}}\boldsymbol{A}\boldsymbol{C} = \begin{pmatrix} \lambda_1 & & & \\ & \lambda_2 & & \\ & & \ddots & \\ & & & \lambda_n \end{pmatrix},$$

其中 $\lambda_1, \lambda_2, \cdots, \lambda_n$ 是 $\boldsymbol{A}$ 的全部特征值(重根按重数计算)，则由定理1及定理2可得. ■

定理4 矩阵 $\boldsymbol{A}$ 为正定矩阵的充分必要条件是 $\boldsymbol{A}$ 的正惯性指数 $p = n$.

证明 由定理1及定理2可得. ■

定理5 矩阵 $\boldsymbol{A}$ 为正定矩阵的充分必要条件是：存在可逆矩阵 $\boldsymbol{C}$，使

$$\boldsymbol{A} = \boldsymbol{C}^{\mathrm{T}}\boldsymbol{C},$$

即 $\boldsymbol{A}$ 与 $\boldsymbol{E}$ 合同.

证明 由定理4，结论显然成立. ■

推论1 若矩阵 $\boldsymbol{A}$ 为正定矩阵，则 $|\boldsymbol{A}| > 0$.

证明 $|\boldsymbol{A}|=\left|\boldsymbol{C}^{\mathrm{T}}\boldsymbol{C}\right|=|\boldsymbol{C}|^2$, 因 $\boldsymbol{C}$ 是可逆矩阵，$|\boldsymbol{C}|\neq 0$，故 $|\boldsymbol{A}|>0$. ■

下面的定理给出了二次型的规范形与其有定性之间的关系.

定理 6 秩为 r 的 n 元实二次型 $f=\boldsymbol{x}^{\mathrm{T}}\boldsymbol{A}\boldsymbol{x}$, 设其规范形为

$$z_1^2+z_2^2+\cdots+z_p^2-z_{p+1}^2-\cdots-z_r^2,$$

则 (1) f 正定的充分必要条件是 $p=n$, 且 $r=0$.

(即正定二次型的规范形为 $f=z_1^2+z_2^2+\cdots+z_n^2$.)

(2) f 负定的充分必要条件是 $p=0$, 且 $r=n$.

(即负定二次型的规范形为 $f=-z_1^2-z_2^2-\cdots-z_n^2$.)

(3) f 半正定的充分必要条件是 $p=r<n$.

(即半正定二次型的规范形为 $f=z_1^2+z_2^2+\cdots+z_r^2$, $r<n$.)

(4) f 半负定的充分必要条件是 $p=0, r<n$.

(即 $f=-z_1^2-z_2^2-\cdots-z_r^2$, $r<n$.)

(5) f 不定的充分必要条件是 $0<p<r\leq n$.

(即 $f=z_1^2+z_2^2+\cdots+z_p^2-z_{p+1}^2-\cdots-z_r^2$.)

定义 2 设 $\boldsymbol{A}=(a_{ij})$ 为 n 阶矩阵, 在 n 阶行列式 $|\boldsymbol{A}|$ 中, 任意选定 k 行 k 列 $(1\leq k\leq n)$, 位于这些行和列交叉处的 k^2 个元素, 按原来的顺序构成一个 ***k* 阶子式**, k 个行标和列标相同的子式

$$\begin{vmatrix} a_{i_1i_1} & a_{i_1i_2} & \cdots & a_{i_1i_k} \\ a_{i_2i_1} & a_{i_2i_2} & \cdots & a_{i_2i_k} \\ \vdots & \vdots & & \vdots \\ a_{i_ki_1} & a_{i_ki_2} & \cdots & a_{i_ki_k} \end{vmatrix} \quad (1\leq i_1<i_2<\cdots<i_k\leq n)$$

称为 $\boldsymbol{A}$ 的一个 ***k* 阶主子式**. 而子式

$$|\boldsymbol{A}_k|=\begin{vmatrix} a_{11} & a_{12} & \cdots & a_{1k} \\ a_{21} & a_{22} & \cdots & a_{2k} \\ \vdots & \vdots & & \vdots \\ a_{k1} & a_{k2} & \cdots & a_{kk} \end{vmatrix} \quad (k=1,2,\cdots,n)$$

称为 $\boldsymbol{A}$ 的 ***k* 阶顺序主子式**.

定理 7 n 阶矩阵 $\boldsymbol{A}=(a_{ij})$ 为正定矩阵的充分必要条件是 $\boldsymbol{A}$ 的所有顺序主子式

$$|\boldsymbol{A}_k|>0 \ (k=1,2,\cdots,n).$$

证明 略. ■

注: 对于负定矩阵、半正定与半负定矩阵, 也有类似于上述正定矩阵的结论:

① 若 $\boldsymbol{A}$ 是负定矩阵, 则 $-\boldsymbol{A}$ 为正定矩阵.

② $\boldsymbol{A}$ 是负定矩阵的充要条件是:

$$(-1)^k|\boldsymbol{A}_k|>0 \ (k=1,2,\cdots,n),$$

其中 $\boldsymbol{A}_k$ 是 $\boldsymbol{A}$ 的 k 阶顺序主子式.

③ 对半正定（半负定）矩阵，可证明下列结论等价：

(a) 对称矩阵 $\boldsymbol{A}$ 是半正定(半负定)的；

(b) $\boldsymbol{A}$ 的所有主子式大于（小于）或等于零；

(c) $\boldsymbol{A}$ 的全部特征值大于（小于）或等于零.

例 4 当 λ 取何值时，下面的二次型 $f(x_1, x_2, x_3)$ 是正定的？

$$f(x_1,x_2,x_3)=x_1^2+2x_1x_2+4x_1x_3+2x_2^2+6x_2x_3+\lambda x_3^2.$$

解 题设二次型的矩阵 $\boldsymbol{A}=\begin{pmatrix}1&1&2\\1&2&3\\2&3&\lambda\end{pmatrix}$，根据定理 7，因

$$|\boldsymbol{A}_1|=1>0,\ |\boldsymbol{A}_2|=\begin{vmatrix}1&1\\1&2\end{vmatrix}=1>0,\ |\boldsymbol{A}_3|=|\boldsymbol{A}|=\lambda-5>0,$$

故当 $\lambda>5$ 时，$f(x_1,x_2,x_3)$ 是正定的. ■

例 5 判断二次型 $f(x, y, z)$ 是否为负定的，

$$f(x,y,z)=-5x^2-6y^2-4z^2+4xy+4xz.$$

解 题设二次型的矩阵 $\boldsymbol{A}=\begin{pmatrix}-5&2&2\\2&-6&0\\2&0&-4\end{pmatrix}$，由定理 7 的注，因

$$|\boldsymbol{A}_1|=-5<0,\ |\boldsymbol{A}_2|=\begin{vmatrix}-5&2\\2&-6\end{vmatrix}=26>0,\ |\boldsymbol{A}_3|=|\boldsymbol{A}|=-80<0,$$

所以 $f(x_1,x_2,x_3)$ 是负定的. ■

例 6 证明：如果 $\boldsymbol{A}$ 为正定矩阵，则 $\boldsymbol{A}^{-1}$ 也是正定矩阵.

证明 $\boldsymbol{A}$ 正定，则存在可逆矩阵 $\boldsymbol{C}$，使 $\boldsymbol{C}^{\mathrm{T}}\boldsymbol{A}\boldsymbol{C}=\boldsymbol{E}$，两边取逆得：

$$\boldsymbol{C}^{-1}\boldsymbol{A}^{-1}(\boldsymbol{C}^{\mathrm{T}})^{-1}=\boldsymbol{E},$$

又因为 $$(\boldsymbol{C}^{\mathrm{T}})^{-1}=(\boldsymbol{C}^{-1})^{\mathrm{T}},\ ((\boldsymbol{C}^{-1})^{\mathrm{T}})^{\mathrm{T}}=\boldsymbol{C}^{-1},$$

因此 $$((\boldsymbol{C}^{-1})^{\mathrm{T}})^{\mathrm{T}}\boldsymbol{A}^{-1}(\boldsymbol{C}^{-1})^{\mathrm{T}}=\boldsymbol{E},$$

又因 $$|(\boldsymbol{C}^{-1})^{\mathrm{T}}|=|\boldsymbol{C}|^{-1}\neq 0,$$

故 $\boldsymbol{A}^{-1}$ 为正定矩阵. ■

习题 5-3

1. 判别下列二次型的正定性：

(1) $f=-2x_1^2-6x_2^2-4x_3^2+2x_1x_2+2x_1x_3$；

(2) $f=x_1^2+3x_2^2+9x_3^2+19x_4^2-2x_1x_2+4x_1x_3+2x_1x_4-6x_2x_4-12x_3x_4$.

2. 求 a 的值，使二次型为正定的.

(1) $x_1^2+x_2^2+5x_3^2+2ax_1x_2-2x_1x_3+4x_2x_3$；　(2) $5x_1^2+x_2^2+ax_3^2+4x_1x_2-2x_1x_3-2x_2x_3$.

3. n 元实二次型 $f(x_1,x_2,\cdots,x_n)=\boldsymbol{x}^{\mathrm T}\boldsymbol{A}\boldsymbol{x}$ 正定，它的正惯性指数 p，秩 r 与 n 之间的关系是 ________.

4. 已知 $\begin{pmatrix} 2-a & 1 & 0 \\ 1 & 1 & 0 \\ 0 & 0 & a+3 \end{pmatrix}$ 是正定矩阵，求 a 的值.

5. 设对称矩阵 $\boldsymbol{A}$ 为正定矩阵，证明：存在可逆矩阵 $\boldsymbol{U}$，使 $\boldsymbol{A}=\boldsymbol{U}^{\mathrm T}\boldsymbol{U}$.

6. 已知 $\boldsymbol{A}$ 是 n 阶正定矩阵，证明：$\boldsymbol{A}$ 的伴随矩阵 $\boldsymbol{A}^*$ 也是正定矩阵.

总 习 题 五

1. 二次型 $f(x_1,x_2,x_3)=x_1^2+x_2^2+ax_3^2+4x_1x_2+6x_2x_3$ 的秩为 2，求 a 的值.

2. 设矩阵 $\boldsymbol{A}=\begin{pmatrix} 0 & 1 & 0 & 0 \\ 1 & 0 & 0 & 0 \\ 0 & 0 & y & 1 \\ 0 & 0 & 1 & 2 \end{pmatrix}$.

(1) 已知 $\boldsymbol{A}$ 的一个特征值为 3，试求 y；　　(2) 求矩阵 $\boldsymbol{P}$，使 $(\boldsymbol{AP})^{\mathrm T}(\boldsymbol{AP})$ 为对角矩阵.

3. 设二次型

$$f=x_1^2+x_2^2+x_3^2+2ax_1x_2+2bx_2x_3+2x_1x_3$$

经正交变换 $\boldsymbol{x}=\boldsymbol{Q}\boldsymbol{y}$ 化为 $f=y_2^2+2y_3^2$，试求常数 a，b.

4. 二次型 $x^2+ay^2+z^2+2bxy+2xz+2yz$ 可经过正交变换

$$\begin{pmatrix} x \\ y \\ z \end{pmatrix}=\boldsymbol{P}\begin{pmatrix} \boldsymbol{\xi} \\ \boldsymbol{\eta} \\ \boldsymbol{\varsigma} \end{pmatrix}$$

化为标准形 $\boldsymbol{\eta}^2+4\boldsymbol{\varsigma}^2$，求 a，b 的值和正交矩阵 $\boldsymbol{P}$.

5. $\boldsymbol{A}$ 为三阶实对称矩阵，且满足 $\boldsymbol{A}^3-\boldsymbol{A}^2-\boldsymbol{A}=2\boldsymbol{E}$，二次型 $\boldsymbol{x}^{\mathrm T}\boldsymbol{A}\boldsymbol{x}$ 经正交变换可化为标准形，求此标准形的表达式.

6. 证明：二次型 $f=\boldsymbol{x}^{\mathrm T}\boldsymbol{A}\boldsymbol{x}$ 在 $\|\boldsymbol{x}\|=1$ 时的最大值为矩阵 $\boldsymbol{A}$ 的最大特征值.

7. 判断三元二次型 $f=x_1^2+5x_2^2+x_3^2+4x_1x_2-4x_2x_3$ 的正定性.

8. 求二次型 $f(x_1,x_2,x_3)=(x_1+x_2)^2+(x_2-x_3)^2+(x_3+x_1)^2$ 的正、负惯性指数，指出方程 $f(x_1,x_2,x_3)=1$ 表示何种二次曲面.

9. 考虑二次型 $f(x_1,x_2,x_3)=x_1^2+2x_2^2+(1-k)x_3^2+2kx_1x_2+2x_1x_3$，问 k 为何值时，f 为正定二次型？

10. 对任意实数 $\lambda>0$，$\mu>0$，试证：

(1) 当 $\boldsymbol{A},\boldsymbol{B}$ 均半正定时，$\lambda\boldsymbol{A}+\mu\boldsymbol{B}$ 也半正定；

(2) 当 $\boldsymbol{A},\boldsymbol{B}$ 中有一个正定，另一个半正定时，$\lambda\boldsymbol{A}+\mu\boldsymbol{B}$ 正定.

习题答案

第1章　答案

习题 1-1

1. (1) 1;　(2) 5;　(3) $ab(b-a)$;　(4) x^3-x^2-1;　(5) 0.

2. (1) 18;　(2) 5;　(3) -7;　(4) $3abc-a^3-b^3-c^3$;
   (5) $(a-b)(b-c)(c-a)$;　(6) $-2(x^3+y^3)$.

3. $x\neq 0$ 且 $x\neq 2$.

习题 1-2

1. (1) 4;　(2) 3;　(3) 13;　(4) 7.

2. $-a_{11}a_{23}a_{32}a_{44}$ 和 $a_{11}a_{23}a_{34}a_{42}$ 为所求.

3. (1) 正号;　(2) 负号;　(3) 负号.　4. (1) 1;　(2) 0;　(3) $(-1)^{(n-1)}n!$.

习题 1-3

1. (1) $6\ 123\ 000$;　(2) 0;　(3) $4abcdef$;　(4) 0;　(5) 8.

2. (1) -270;　(2) 160.　4. (1) $n!$;　(2) $b_1b_2\cdots b_n$.

5. $x=\pm 1,\ x=\pm 2$.

习题 1-4

1. $0,\ 29$.　2. -15.　3. (1) $a+b+d$;　(2) 0.

5. (1) x^2y^2;　(2) $b^2(b^2-4a^2)$;　(3) $x^n+(-1)^{n+1}y^n$;　(4) $(-1)^n(n+1)a_1a_2\cdots a_n$.

习题 1-5

1. (1) $x=3,\ y=-1$;　(2) $x_1=3,\ x_2=2$.

2. (1) $x=1,\ y=2,\ z=3$;　(2) $x=-a,\ y=b,\ z=c$.

3. (1) $x_1=1,\ x_2=2,\ x_3=3,\ x_4=-1$;　(2) $x_1=0,\ x_2=2,\ x_3=0,\ x_4=0$.

4. 方程组仅有零解.　5. 当 $\mu=0$ 或 $\lambda=1$ 时，齐次线性方程组有非零解.

总习题一

1. (1) $n(n-1)/2$;　(2) $n(n-1)$.　2. $k=1,\ l=5$.　3. $-2\ 016!$.

4. (1) 6;　(2) -799;　(3) $n+1$;　(4) $\left(x+\sum_{i=1}^{n}a_i\right)\prod_{i=1}^{n}(x-a_i)$.　6. $2\ 000$.

7. (1) $(a+b+c+d)(a-b-c+d)(a+b-c-d)(a-b+c-d)$;
   (2) $(a_2a_3-b_2b_3)(a_1a_4-b_1b_4)$.

9. (1) $(-1)^{\frac{n(n-1)}{2}}\dfrac{n^n+n^{n-1}}{2}$;　(2) $5x(x-1)$.

11. 7.　　12. 0.　　13. $A_{41}+A_{42}=12$，$A_{43}+A_{44}=-9$.

14. (1) $x_1=1$，$x_2=-1$，$x_3=1$，$x_4=-1$，$x_5=1$;

(2) $x_1=1\,507/665$，$x_2=-1\,145/665$，$x_3=703/665$，$x_4=-395/665$，$x_5=212/665$.

第 2 章　答案

习题 2-1

1. $\begin{array}{cc} & \begin{array}{ccc} & B\text{策略}\rightarrow & \\ \text{石头} & \text{剪子} & \text{布} \end{array} \\ \begin{array}{c} A \\ \text{策} \\ \text{略} \\ \downarrow \end{array} \begin{array}{c} \text{石头} \\ \text{剪子} \\ \text{布} \end{array} & \begin{pmatrix} 0 & 1 & -1 \\ -1 & 0 & 1 \\ 1 & -1 & 0 \end{pmatrix} \end{array}$.

2. $\begin{array}{c} \\ 1 \\ 2 \\ 3 \\ 4 \\ 5 \\ 6 \end{array} \begin{array}{c} \begin{array}{cccccc} 1 & 2 & 3 & 4 & 5 & 6 \end{array} \\ \begin{pmatrix} & 1 & 0 & 1 & 1 & 1 \\ 0 & & 0 & 1 & 1 & 1 \\ 1 & 1 & & 1 & 0 & 0 \\ 0 & 0 & 0 & & 1 & 1 \\ 0 & 0 & 1 & 0 & & 1 \\ 0 & 0 & 1 & 0 & 0 & \end{pmatrix} \end{array}$，选手按胜多负少排序为1 2 3 4 5 6.

习题 2-2

1. (1) $\begin{pmatrix} -1 & 6 & 5 \\ -2 & -1 & 12 \end{pmatrix}$;　　(2) $\begin{pmatrix} -1 & 4 \\ 0 & -2 \end{pmatrix}$.

2. (1) $\begin{pmatrix} -1 & 3 & 1 & 5 \\ 8 & 2 & 8 & 2 \\ 3 & 7 & 9 & 13 \end{pmatrix}$;　　(2) $\begin{pmatrix} 14 & 13 & 8 & 7 \\ -2 & 5 & -2 & 5 \\ 2 & 1 & 6 & 5 \end{pmatrix}$;　　(3) $\begin{pmatrix} 3 & 1 & 1 & -1 \\ -4 & 0 & -4 & 0 \\ -1 & -3 & -3 & -5 \end{pmatrix}$.

3. (1) $\begin{pmatrix} 35 \\ 6 \\ 49 \end{pmatrix}$;　　(2) $\begin{pmatrix} 0 & 0 & 0 \\ 0 & 0 & 0 \\ 0 & 0 & 0 \end{pmatrix}$;　　(3) (10);　　(4) $\begin{pmatrix} 3 & 6 & 9 \\ 2 & 4 & 6 \\ 1 & 2 & 3 \end{pmatrix}$;　　(5) $\begin{pmatrix} 10 & 4 & -1 \\ 4 & -3 & -1 \end{pmatrix}$;

(6) $a_{11}x_1^2+a_{22}x_2^2+a_{33}x_3^2+2a_{12}x_1x_2+2a_{13}x_1x_3+2a_{23}x_2x_3$.

4. $3\boldsymbol{AB}-2\boldsymbol{A}=\begin{pmatrix} -2 & 13 & 22 \\ -2 & -17 & 20 \\ 4 & 29 & -2 \end{pmatrix}$；$\boldsymbol{A}^{\mathrm{T}}\boldsymbol{B}=\begin{pmatrix} 0 & 5 & 8 \\ 0 & -5 & 6 \\ 2 & 9 & 0 \end{pmatrix}$.

5. $\begin{pmatrix} 1 \\ 0 \end{pmatrix}$；$\begin{pmatrix} 1 \\ -1 \end{pmatrix}$.　　6. $\begin{cases} x_1=-6z_1+z_2+3z_3 \\ x_2=12z_1-4z_2+9z_3 \\ x_3=-10z_1-z_2+16z_3 \end{cases}$.　　7. 旋转变换.

8. (1) $\boldsymbol{X}=\begin{pmatrix} 2 & -23 \\ 0 & 8 \end{pmatrix}$;　　(2) $\boldsymbol{X}=\begin{pmatrix} 1 \\ 3 \\ 2 \end{pmatrix}$.　　9. $\begin{pmatrix} a & b \\ 0 & a \end{pmatrix}$, $a, b\in\mathbf{R}$.

10. (1) $\begin{pmatrix} 1 & 1 \\ 0 & 0 \end{pmatrix}$;　　(2) $\begin{pmatrix} 1 & 0 \\ 5\lambda & 1 \end{pmatrix}$;　　(3) $\begin{pmatrix} a^3 & 0 & 0 \\ 0 & b^3 & 0 \\ 0 & 0 & c^3 \end{pmatrix}$.

11. $3^{n-1}\begin{pmatrix}1 & 1/2 & 1/3\\ 2 & 1 & 2/3\\ 3 & 3/2 & 1\end{pmatrix}$.　　14. $-m^4$.

习题 2-3

1. (1) $\begin{pmatrix}5 & -2\\ -2 & 1\end{pmatrix}$;　(2) $\begin{pmatrix}-2 & 1 & 0\\ -13/2 & 3 & -1/2\\ -16 & 7 & -1\end{pmatrix}$;　(3) $\begin{pmatrix}1 & -2 & 1 & 0\\ 0 & 1 & -2 & 1\\ 0 & 0 & 1 & -2\\ 0 & 0 & 0 & 1\end{pmatrix}$.

2. (1) $\boldsymbol{X}=\begin{pmatrix}2 & -23\\ 0 & 8\end{pmatrix}$;　(2) $\boldsymbol{X}=\begin{pmatrix}1 & 1\\ 1/4 & 0\end{pmatrix}$;　(3) $\boldsymbol{X}=\begin{pmatrix}2 & -1 & 0\\ 1 & 3 & -4\\ 1 & 0 & -2\end{pmatrix}$.

3. $\begin{cases}y_1=-7x_1-4x_2+9x_3\\ y_2=\ \ 6x_1+3x_2-7x_3\\ y_3=\ \ 3x_1+2x_2-4x_3\end{cases}$.　4. (1) $\begin{cases}x_1=1\\ x_2=0\\ x_3=0\end{cases}$;　(2) $\begin{cases}x_1=5\\ x_2=0\\ x_3=3\end{cases}$.

5. $\begin{pmatrix}-4 & 0 & 0\\ 0 & -2 & -4\\ 0 & -6 & -10\end{pmatrix}$.　6. 4.　7. (1) $\begin{pmatrix}0 & 3 & 3\\ -1 & 2 & 3\\ 1 & 1 & 0\end{pmatrix}$; (2) $\begin{pmatrix}2 & 0 & 1\\ 0 & 3 & 0\\ 1 & 0 & 2\end{pmatrix}$.

习题 2-4

1. (1) $\begin{pmatrix}3 & 0 & -2\\ 5 & -1 & -2\\ 0 & 3 & 2\end{pmatrix}$;　(2) $\begin{pmatrix}a & 0 & ac & 0\\ 0 & a & 0 & ac\\ 1 & 0 & c+bd & 0\\ 0 & 1 & 0 & c+bd\end{pmatrix}$.

2. $\begin{pmatrix}1 & 2 & 5 & 1\\ 0 & 1 & 2 & -4\\ 0 & 0 & -4 & 3\\ 0 & 0 & 0 & -9\end{pmatrix}$.　3. $\begin{pmatrix}\boldsymbol{O} & \boldsymbol{B}^{-1}\\ \boldsymbol{A}^{-1} & \boldsymbol{O}\end{pmatrix}$.

4. (1) $\begin{pmatrix}0 & -2 & 1\\ 0 & 3/2 & -1/2\\ 1/2 & 0 & 0\end{pmatrix}$;　(2) $\begin{pmatrix}1 & -2 & 0 & 0\\ -2 & 5 & 0 & 0\\ 0 & 0 & 2 & -3\\ 0 & 0 & -5 & 8\end{pmatrix}$;　(3) $\begin{pmatrix}0 & 0 & \cdots & 0 & a_n^{-1}\\ a_1^{-1} & 0 & \cdots & 0 & 0\\ 0 & a_2^{-1} & \cdots & 0 & 0\\ \vdots & \vdots & & \vdots & \vdots\\ 0 & 0 & \cdots & a_{n-1}^{-1} & 0\end{pmatrix}$.

5. (1) -4;　(2) 6.　6. $\begin{pmatrix}\boldsymbol{\beta}_1^{\mathrm T}\boldsymbol{\beta}_1 & \boldsymbol{\beta}_1^{\mathrm T}\boldsymbol{\beta}_2 & \cdots & \boldsymbol{\beta}_1^{\mathrm T}\boldsymbol{\beta}_n\\ \boldsymbol{\beta}_2^{\mathrm T}\boldsymbol{\beta}_1 & \boldsymbol{\beta}_2^{\mathrm T}\boldsymbol{\beta}_2 & \cdots & \boldsymbol{\beta}_2^{\mathrm T}\boldsymbol{\beta}_n\\ \vdots & \vdots & & \vdots\\ \boldsymbol{\beta}_n^{\mathrm T}\boldsymbol{\beta}_1 & \boldsymbol{\beta}_n^{\mathrm T}\boldsymbol{\beta}_2 & \cdots & \boldsymbol{\beta}_n^{\mathrm T}\boldsymbol{\beta}_n\end{pmatrix}$.

习题 2-5

1. (1) C;　(2) C;　(3) A.　2. $\begin{pmatrix}4 & 5 & 2\\ 1 & 2 & 2\\ 7 & 8 & 2\end{pmatrix}$.

3. (1) $\begin{pmatrix}1&0&0\\0&1&0\\0&0&1\end{pmatrix}$;　(2) $\begin{pmatrix}1&0&0\\0&1&0\\0&0&0\end{pmatrix}$;　(3) $\begin{pmatrix}1&0&0&0\\0&1&0&0\\0&0&1&0\end{pmatrix}$;

(4) $\begin{pmatrix}1&0&0&0&0\\0&1&0&0&0\\0&0&0&0&0\\0&0&0&0&0\end{pmatrix}$;　(5) $\begin{pmatrix}1&0&0&0&0\\0&1&0&0&0\\0&0&1&0&0\\0&0&0&0&0\end{pmatrix}$.

4. (1) $\begin{pmatrix}1&0&0\\-1/2&1/2&0\\0&-1/3&1/3\end{pmatrix}$;　(2) $\begin{pmatrix}2/3&2/9&-1/9\\-1/3&-1/6&1/6\\-1/3&1/9&1/9\end{pmatrix}$;

(3) $\begin{pmatrix}7/6&2/3&-3/2\\-1&-1&2\\-1/2&0&1/2\end{pmatrix}$;　(4) $\begin{pmatrix}1&1&-2&-4\\0&1&0&-1\\-1&-1&3&6\\2&1&-6&-10\end{pmatrix}$.

5. (1) $\begin{pmatrix}10&2\\-15&-3\\12&4\end{pmatrix}$;　(2) $\begin{pmatrix}2&-1&-1\\-4&7&4\end{pmatrix}$;

(3) $\begin{pmatrix}0&1&-1\\-1&0&1\\1&-1&0\end{pmatrix}$;　(4) $\begin{pmatrix}2&0&-1\\-7&-4&3\\-4&-2&1\end{pmatrix}$.

6. $\begin{pmatrix}1&2&5\\0&1&2\\0&0&1\end{pmatrix}$.

习题 2-6

1. 2.　2. $r(\boldsymbol{A})\le r(\boldsymbol{A}\ \boldsymbol{b})\le r(\boldsymbol{A})+1$.　3. 可能有, 可能有.　4. $r(\boldsymbol{A})\ge r(\boldsymbol{B})$.

5. (1) 秩为2, 二阶子式 $\begin{vmatrix}3&1\\1&-1\end{vmatrix}=-4$;　(2) 秩为2, 二阶子式 $\begin{vmatrix}3&2\\2&-1\end{vmatrix}=-7$;

(3) 秩为3, 三阶子式 $\begin{vmatrix}1&1&0\\3&-1&1\\0&0&1\end{vmatrix}=-4$.

6. 当 $\lambda=3$ 时, $r(\boldsymbol{A})=2$; 当 $\lambda\ne 3$ 时, $r(\boldsymbol{A})=3$.

总习题二

1. 能.　2. $x=-5,\ y=-6,\ u=4,\ v=-2$.　6. 0.

8. $6\boldsymbol{A},\ 6^3\boldsymbol{A},\ 6^{99}\boldsymbol{A}$.　9. $(-4)^5\boldsymbol{A}$.　10. $\boldsymbol{O}$.　11. B.

13. $\begin{pmatrix}0&-10&6\\0&4&-2\\1&0&0\end{pmatrix}$.　14. $\dfrac{1}{3}\begin{pmatrix}0&1&1\\0&1&-2\\-3&2&-1\end{pmatrix}$.　15. $\begin{pmatrix}-1/2&-3/2&-5/2\\1/2&1/2&1/2\\0&1&1\end{pmatrix}$.

16. $\begin{pmatrix}2\,731&2\,732\\-683&-684\end{pmatrix}$.　17. $\mathrm{diag}(2,-4,2)$.　18. $-\dfrac{16}{27}$.

20. (1) $\begin{pmatrix}\boldsymbol{A}^{-1}&\boldsymbol{O}\\-\boldsymbol{B}^{-1}\boldsymbol{C}\boldsymbol{A}^{-1}&\boldsymbol{B}^{-1}\end{pmatrix}$;　(2) $\begin{pmatrix}\boldsymbol{A}^{-1}&-\boldsymbol{A}^{-1}\boldsymbol{C}\boldsymbol{B}^{-1}\\\boldsymbol{O}&\boldsymbol{B}^{-1}\end{pmatrix}$.

21. (1) $\begin{pmatrix} 1 & 0 & 0 & 0 \\ -1/2 & 1/2 & 0 & 0 \\ -1/2 & -1/6 & 1/3 & 0 \\ 1/8 & -5/24 & -1/12 & 1/4 \end{pmatrix}$; (2) $\begin{pmatrix} 3/4 & -1/4 & 0 & 0 & 0 \\ 1/4 & 1/4 & 0 & 0 & 0 \\ 0 & 0 & -1/2 & 0 & 0 \\ 0 & 0 & 0 & 1 & -2 \\ 0 & 0 & 0 & 0 & 1 \end{pmatrix}$.

22. $|\boldsymbol{A}^8| = 10^{16}$, $\boldsymbol{A}^4 = \begin{pmatrix} 5^4 & 0 & & \\ 0 & 5^4 & & \boldsymbol{O} \\ & \boldsymbol{O} & 2^4 & 0 \\ & & 2^6 & 2^4 \end{pmatrix}$.

24. $\begin{pmatrix} \boldsymbol{\alpha}_1\boldsymbol{\alpha}_1^{\mathrm{T}} & \boldsymbol{\alpha}_1\boldsymbol{\alpha}_2^{\mathrm{T}} & \cdots & \boldsymbol{\alpha}_1\boldsymbol{\alpha}_n^{\mathrm{T}} \\ \boldsymbol{\alpha}_2\boldsymbol{\alpha}_1^{\mathrm{T}} & \boldsymbol{\alpha}_2\boldsymbol{\alpha}_2^{\mathrm{T}} & \cdots & \boldsymbol{\alpha}_2\boldsymbol{\alpha}_n^{\mathrm{T}} \\ \vdots & \vdots & & \vdots \\ \boldsymbol{\alpha}_n\boldsymbol{\alpha}_1^{\mathrm{T}} & \boldsymbol{\alpha}_n\boldsymbol{\alpha}_2^{\mathrm{T}} & \cdots & \boldsymbol{\alpha}_n\boldsymbol{\alpha}_n^{\mathrm{T}} \end{pmatrix}$, $\boldsymbol{\alpha}_i\boldsymbol{\alpha}_j^{\mathrm{T}} = \begin{cases} 0, & i \neq j \\ 1, & i = j \end{cases}$, 其中 $i, j = 1, 2, \cdots, n$.

25. $\begin{pmatrix} 1 & 3 & 2 \\ 4 & 6 & 5 \\ 7 & 9 & 8 \end{pmatrix}$. 26. $\boldsymbol{E}(i\,j)$. 27. (1) $\boldsymbol{E} + \boldsymbol{A}$; (2) $\begin{pmatrix} 1/2 & 0 & 0 \\ 0 & 7/2 & -3/2 \\ 0 & 9 & -4 \end{pmatrix}$.

28. $\begin{pmatrix} 0 & 1 & 1 \\ -2 & 2 & 8 \\ 0 & 0 & 3 \end{pmatrix}$. 29. $\begin{pmatrix} 2 & 0 & 1 \\ 0 & 3 & 6 \\ 1 & 6 & 2 \end{pmatrix}$. 30. $\frac{1}{4}\begin{pmatrix} 1 & 1 & 0 \\ 0 & 1 & 1 \\ 1 & 0 & 1 \end{pmatrix}$.

31. 当 $x \neq 1$ 且 $x \neq -2$ 时，$\mathrm{r}(\boldsymbol{A}) = 3$；当 $x = 1$ 时，$\mathrm{r}(\boldsymbol{A}) = 1$；当 $x = -2$ 时，$\mathrm{r}(\boldsymbol{A}) = 2$.

32. $k = 1$.

第3章　答案

习题 3-1

1. (1) D; (2) D; (3) C.

2. (1) $\begin{cases} x_1 = -4 \\ x_2 = 4 \\ x_3 = 2 \end{cases}$，对应的矩阵形式为 $\begin{pmatrix} 1 & 0 & 0 & -4 \\ 0 & 1 & 0 & 4 \\ 0 & 0 & 1 & 2 \end{pmatrix}$;

(2) $\begin{cases} x_1 = 2 \\ x_2 = -1 \\ x_3 = 0 \\ x_4 = 1 \end{cases}$，对应的矩阵形式为 $\begin{pmatrix} 1 & 0 & 0 & 0 & 2 \\ 0 & 1 & 0 & 0 & -1 \\ 0 & 0 & 1 & 0 & 0 \\ 0 & 0 & 0 & 1 & 1 \end{pmatrix}$.

3. (1) $\begin{cases} x_1 = -2c \\ x_2 = c \\ x_3 = 0 \end{cases}$，其中 c 为任意实数； (2) 零解；

(3) $k\begin{pmatrix} 4/3 \\ -3 \\ 4/3 \\ 1 \end{pmatrix}$, $k \in \mathbf{R}$; (4) $k_1\begin{pmatrix} -2 \\ 1 \\ 0 \\ 0 \end{pmatrix} + k_2\begin{pmatrix} 1 \\ 0 \\ 0 \\ 1 \end{pmatrix}$, $k_1, k_2 \in \mathbf{R}$.

4. (1) 无解；　(2) $k\begin{pmatrix}-2\\1\\1\end{pmatrix}+\begin{pmatrix}-1\\2\\0\end{pmatrix}$, $k\in\mathbf{R}$；

(3) $k_1\begin{pmatrix}-1/2\\1\\0\\0\end{pmatrix}+k_2\begin{pmatrix}1/2\\0\\1\\0\end{pmatrix}+\begin{pmatrix}1/2\\0\\0\\0\end{pmatrix}$, $k_1,k_2\in\mathbf{R}$；

(4) $k_1\begin{pmatrix}1/7\\5/7\\1\\0\end{pmatrix}+k_2\begin{pmatrix}1/7\\-9/7\\0\\1\end{pmatrix}+\begin{pmatrix}6/7\\-5/7\\0\\0\end{pmatrix}$, $k_1,k_2\in\mathbf{R}$.

5. $\begin{cases}x_{11}+x_{12}=3\\x_{21}+x_{22}=2\\x_{31}+x_{32}=1\\x_{11}+x_{21}+x_{31}=4\\x_{12}+x_{22}+x_{32}=2\\x_{11}+x_{12}+x_{21}+x_{22}+x_{31}+x_{32}=6\end{cases}$；　$\begin{pmatrix}x_{11}\\x_{12}\\x_{21}\\x_{22}\\x_{31}\\x_{32}\end{pmatrix}=\begin{pmatrix}1\\2\\2\\0\\1\\0\end{pmatrix}+c_1\begin{pmatrix}1\\-1\\-1\\1\\0\\0\end{pmatrix}+c_2\begin{pmatrix}1\\-1\\0\\0\\-1\\1\end{pmatrix}$ $(c_1,c_2\in\mathbf{R})$.

6. (1) 当 $a=1$时，解为 $c_1\begin{pmatrix}-1\\1\\0\end{pmatrix}+c_2\begin{pmatrix}-1\\0\\1\end{pmatrix}$ $(c_1,c_2\in\mathbf{R})$；当 $a=-2$ 时，解为 $c\begin{pmatrix}1\\1\\1\end{pmatrix}$ $(c\in\mathbf{R})$.

(2) 当 $a=3$ 时，解为 $c\begin{pmatrix}-1\\1\\1\end{pmatrix}$ $(c\in\mathbf{R})$.

7. (1) 当 $\lambda\neq1,-2$ 时，有唯一解；当 $\lambda=-2$ 时，无解；

当 $\lambda=1$ 时，有无穷多解，解为 $k_1\begin{pmatrix}-1\\1\\0\end{pmatrix}+k_2\begin{pmatrix}-1\\0\\1\end{pmatrix}+\begin{pmatrix}1\\0\\0\end{pmatrix}$ $(k_1,k_2\in\mathbf{R})$.

(2) 当 $\lambda=1$ 时，解为 $k\begin{pmatrix}1\\1\\1\end{pmatrix}+\begin{pmatrix}1\\0\\0\end{pmatrix}$ $(k\in\mathbf{R})$；　当 $\lambda=-2$ 时，解为 $k\begin{pmatrix}1\\1\\1\end{pmatrix}+\begin{pmatrix}2\\2\\0\end{pmatrix}$ $(k\in\mathbf{R})$；

当 $\lambda\neq1$ 且 $\lambda\neq-2$ 时，方程组无解；方程组不存在有唯一解的情况.

8. (1) $T_1=10$，$T_2=15$，$T_3=15$，$T_4=20$；　(2) $T_1=30$，$T_2=45$，$T_3=45$，$T_4=60$.

习题 3-2

1. $\boldsymbol{v}_1-\boldsymbol{v}_2=(1,0,-1)^{\mathrm{T}}$，$3\boldsymbol{v}_1+2\boldsymbol{v}_2-\boldsymbol{v}_3=(0,1,2)^{\mathrm{T}}$.　2. $\boldsymbol{\beta}=-11\boldsymbol{\alpha}_1+14\boldsymbol{\alpha}_2+9\boldsymbol{\alpha}_3$.

3. $\boldsymbol{\alpha}_1=\frac{1}{2}(\boldsymbol{\beta}_1+\boldsymbol{\beta}_2)$，$\boldsymbol{\alpha}_2=\frac{1}{2}(\boldsymbol{\beta}_2+\boldsymbol{\beta}_3)$，$\boldsymbol{\alpha}_3=\frac{1}{2}(\boldsymbol{\beta}_1+\boldsymbol{\beta}_3)$.

4. $\begin{pmatrix}1&0&1&0&0\\1&-1&0&0&0\\0&0&0&1&0\\0&0&0&0&1\\0&0&0&0&0\end{pmatrix}$.

5. (1) 当 $\lambda \neq 0$ 且 $\lambda \neq -3$ 时，$\boldsymbol{\beta}$ 可由 $\boldsymbol{\alpha}_1, \boldsymbol{\alpha}_2, \boldsymbol{\alpha}_3$ 唯一地线性表示；

(2) 当 $\lambda = 0$ 时，$\boldsymbol{\beta}$ 可由 $\boldsymbol{\alpha}_1, \boldsymbol{\alpha}_2, \boldsymbol{\alpha}_3$ 线性表示，但表达式不唯一；

(3) 当 $\lambda = -3$ 时，$\boldsymbol{\beta}$ 不能由 $\boldsymbol{\alpha}_1, \boldsymbol{\alpha}_2, \boldsymbol{\alpha}_3$ 线性表示.

习题 3-3

1. (1) $\boldsymbol{\alpha}_1, \boldsymbol{\alpha}_2, \boldsymbol{\alpha}_3$ 线性相关；　(2) $\boldsymbol{\alpha}_1, \boldsymbol{\alpha}_2, \boldsymbol{\alpha}_3$ 线性无关；　(3) $\boldsymbol{\alpha}_1, \boldsymbol{\alpha}_2, \boldsymbol{\alpha}_3, \boldsymbol{\alpha}_4$ 线性无关.

2. 当 $a=2$ 或 $a=-1$ 时，$\boldsymbol{\alpha}_1, \boldsymbol{\alpha}_2, \boldsymbol{\alpha}_3$ 线性相关.

3. $\boldsymbol{\beta} = -\dfrac{k_1}{k_1+k_2}\boldsymbol{\alpha}_1 - \dfrac{k_2}{k_1+k_2}\boldsymbol{\alpha}_2$，$k_1, k_2 \in \mathbf{R}$，$k_1+k_2 \neq 0$.　　5. -17.

习题 3-4

1. (1) 不正确. 例如 $\boldsymbol{A} = \begin{pmatrix} 1 & 0 & \cdots & 0 \\ 0 & 0 & \cdots & 0 \\ \vdots & \vdots & & \vdots \\ 0 & 0 & \cdots & 0 \end{pmatrix}$，$\mathrm{r}(\boldsymbol{A}) = 1$，但 $\boldsymbol{A}$ 中后 $n-1$ 个向量中的每一个均线性相关，故结论不成立.

(2) 不正确. 还可能为 $s=t$，例如 $\boldsymbol{\alpha}_1 = \begin{pmatrix} 1 \\ 1 \end{pmatrix}$，$\boldsymbol{\alpha}_2 = \begin{pmatrix} 0 \\ 1 \end{pmatrix}$，$\boldsymbol{\beta}_1 = \begin{pmatrix} 1 \\ 0 \end{pmatrix}$，$\boldsymbol{\beta}_2 = \begin{pmatrix} 0 \\ 2 \end{pmatrix}$.

(3) 正确. 矩阵 $\boldsymbol{A}$ 的秩等于 $\boldsymbol{A}$ 的行向量组的秩，也等于 $\boldsymbol{A}$ 的列向量组的秩.

(4) 正确. 因为如果一个向量组有线性相关的部分组，则这个向量组线性相关.

2. (1) 秩为 2，一个极大线性无关组为 $\boldsymbol{\alpha}_1, \boldsymbol{\alpha}_2$；(2) 秩为 2，一个极大线性无关组为 $\boldsymbol{\alpha}_1^{\mathrm{T}}, \boldsymbol{\alpha}_2^{\mathrm{T}}$.

3. (1) $\boldsymbol{\alpha}_1, \boldsymbol{\alpha}_2, \boldsymbol{\alpha}_3$ 是向量组的一个极大无关组，且 $\boldsymbol{\alpha}_4 = -3\boldsymbol{\alpha}_1 + 5\boldsymbol{\alpha}_2 - \boldsymbol{\alpha}_3$；

(2) $\boldsymbol{\alpha}_1, \boldsymbol{\alpha}_2$ 是向量组的一个极大无关组，且 $\boldsymbol{\alpha}_3 = \dfrac{4}{3}\boldsymbol{\alpha}_1 - \dfrac{1}{3}\boldsymbol{\alpha}_2$，$\boldsymbol{\alpha}_4 = \dfrac{13}{3}\boldsymbol{\alpha}_1 + \dfrac{2}{3}\boldsymbol{\alpha}_2$.

4. (1) 第 1 列和第 3 列向量是矩阵的列向量组的一个极大无关组；

(2) 第 1、2、3 列构成一个极大无关组；　(3) 第 1、2、3 列构成一个极大无关组.

5. $a=2$，$b=5$.

习题 3-5

1. (1) $\boldsymbol{S}_1$ 是向量空间；　(2) $\boldsymbol{S}_2$ 是向量空间.

2. $\boldsymbol{V}_1$ 是 $\boldsymbol{R}^n$ 的子空间，$\boldsymbol{V}_2$ 不是 $\boldsymbol{R}^n$ 的子空间.　4. 所给向量的集合不构成向量空间.

5. $\boldsymbol{v}_1 = 2\boldsymbol{\alpha}_1 + 3\boldsymbol{\alpha}_2 - \boldsymbol{\alpha}_3$，$\boldsymbol{v}_2 = 3\boldsymbol{\alpha}_1 - 3\boldsymbol{\alpha}_2 - 2\boldsymbol{\alpha}_3$.　6. 依次为 1,2,3.

习题 3-6

1. (1) $\boldsymbol{\xi}_1 = \begin{pmatrix} -4 \\ 0 \\ 1 \\ -3 \end{pmatrix}$，$\boldsymbol{\xi}_2 = \begin{pmatrix} 0 \\ 1 \\ 0 \\ 4 \end{pmatrix}$；　(2) $\boldsymbol{\xi}_1 = \begin{pmatrix} 0 \\ 0 \\ 1 \\ 2 \end{pmatrix}$，$\boldsymbol{\xi}_2 = \begin{pmatrix} 1 \\ 7 \\ 0 \\ 19 \end{pmatrix}$；

(3) $(\boldsymbol{\xi}_1, \boldsymbol{\xi}_2, \cdots, \boldsymbol{\xi}_{n-1}) = \begin{pmatrix} 1 & 0 & \cdots & 0 \\ 0 & 1 & \cdots & 0 \\ \vdots & \vdots & & \vdots \\ 0 & 0 & \cdots & 1 \\ -n & -n+1 & \cdots & -2 \end{pmatrix}$.

3. $\boldsymbol{B} = \begin{pmatrix} 1 & 0 \\ 0 & 1 \\ 11/2 & 1/2 \\ -5/2 & 1/2 \end{pmatrix}$.

4. (1) $\boldsymbol{\eta} = \begin{pmatrix} -8 \\ 13 \\ 0 \\ 2 \end{pmatrix}, \boldsymbol{\xi} = \begin{pmatrix} -1 \\ 1 \\ 1 \\ 0 \end{pmatrix}$;　　(2) $\boldsymbol{\eta} = \begin{pmatrix} 1 \\ -2 \\ 0 \\ 0 \end{pmatrix}, \boldsymbol{\xi}_1 = \begin{pmatrix} -9 \\ 1 \\ 7 \\ 0 \end{pmatrix}, \boldsymbol{\xi}_2 = \begin{pmatrix} 1 \\ -1 \\ 0 \\ 2 \end{pmatrix}$.

5. $\boldsymbol{x} = \boldsymbol{\eta}_1 + c_1(\boldsymbol{\eta}_3 - \boldsymbol{\eta}_1) + c_2(\boldsymbol{\eta}_2 - \boldsymbol{\eta}_1)$.　　6. $c_1\begin{pmatrix} 1 \\ -1 \\ 1 \\ 0 \end{pmatrix} + c_2\begin{pmatrix} 0 \\ -1 \\ 0 \\ 1 \end{pmatrix}$ $(c_1, c_2 \in \mathbf{R})$.

习题 3-7

1. 20.　　2. 70.　　3. 城市人口为407 640，农村人口为592 360.

4. 星期三时机场约有310 辆车，东部办公区约有 48 辆车，西部办公区约有 92 辆车.

5. (1) $I_1 = 7.5$ 安培，$I_2 = 5$ 安培；　(2) $I_1 = 31.1$ 安培，$I_2 = -6.7$ 安培，$I_3 = 4.7$ 安培.

6. $3\,NaHCO_3 + H_3C_6H_5O_7 \longrightarrow Na_3C_6H_5O_7 + 3\,H_2O + 3\,CO_2$.

7. $16\,MnS + 13\,As_2Cr_{10}O_{35} + 374\,H_2SO_4 \longrightarrow 16\,HMnO_4 + 26\,AsH_3 + 130\,CrS_3O_{12} + 327\,H_2O$.

总习题三

1. 当 $\lambda \neq 0$ 且 $\lambda \neq 1$ 时，方程组有唯一解；当 $\lambda = 0$ 时，方程组无解；当 $\lambda = 1$ 时，方程组有无穷多解，其通解为 $\begin{pmatrix} x_1 \\ x_2 \\ x_3 \end{pmatrix} = c\begin{pmatrix} -1 \\ 2 \\ 1 \end{pmatrix} + \begin{pmatrix} 1 \\ -3 \\ 0 \end{pmatrix}$ $(c \in \mathbf{R})$.

2. 3.　　3. $\begin{cases} x_1 - 2x_3 + 2x_4 = 0 \\ x_2 + 3x_3 - 4x_4 = 0 \end{cases}$.

4. (1) 当 $b \neq 2$ 时，$\boldsymbol{\beta}$ 不能由 $\boldsymbol{\alpha}_1, \boldsymbol{\alpha}_2, \boldsymbol{\alpha}_3$ 线性表示.

(2) 当 $b = 2$，$a \neq 1$ 时，$\boldsymbol{\beta}$ 可由 $\boldsymbol{\alpha}_1, \boldsymbol{\alpha}_2, \boldsymbol{\alpha}_3$ 唯一地线性表示，表达式为 $\boldsymbol{\beta} = -\boldsymbol{\alpha}_1 + 2\boldsymbol{\alpha}_2$；当 $b = 2$，$a = 1$ 时，$\boldsymbol{\beta}$ 可由 $\boldsymbol{\alpha}_1, \boldsymbol{\alpha}_2, \boldsymbol{\alpha}_3$ 线性表示，但表达式不唯一，表达式为

$$\boldsymbol{\beta} = -(2k+1)\boldsymbol{\alpha}_1 + (k+2)\boldsymbol{\alpha}_2 + k\boldsymbol{\alpha}_3,$$ 其中 k 为任意常数.

5. $k = 2$.

7. 当 $k_1 \neq 1$ 且 $k_2 \neq 0$ 时，$\boldsymbol{\beta}_1, \boldsymbol{\beta}_2, \boldsymbol{\beta}_3$ 线性无关；当 $k_1 = 1$ 或 $k_2 = 0$ 时，$\boldsymbol{\beta}_1, \boldsymbol{\beta}_2, \boldsymbol{\beta}_3$ 线性相关.

9. 2.　　10. $\boldsymbol{\alpha}_1, \boldsymbol{\alpha}_2$ 是一个极大线性无关组.

14. 5.　　15. 依次为 $\frac{1}{2}, \frac{1}{6}, \frac{1}{12}, \frac{1}{4}$.　　16. 3.

17. $\begin{cases} x_1 - x_3 - x_4 = 0 \\ x_2 + x_3 - x_4 = 0 \end{cases}$.　　18. (1) $a \neq -1$ 或 3；(2) $a = -1$.

19. (1) $k(1,1,\cdots,1)^{\mathrm{T}}$，其中 k 为任意实数；　(2) 0.

20. 通解为 $(1/2,0,0,0)^{\mathrm{T}} + k(0,2,3,4)^{\mathrm{T}}$，其中 k 为任意实数.

21. 当 $\lambda = \mu = \dfrac{1}{2}$ 时，全部解为 $\begin{pmatrix} x_1 \\ x_2 \\ x_3 \\ x_4 \end{pmatrix} = \begin{pmatrix} -1/2 \\ 1 \\ 0 \\ 0 \end{pmatrix} + c_1 \begin{pmatrix} 1 \\ -3 \\ 1 \\ 0 \end{pmatrix} + c_2 \begin{pmatrix} -1 \\ -2 \\ 0 \\ 2 \end{pmatrix} (c_1, c_2 \in \mathbf{R})$；

当 $\lambda = \mu \neq \dfrac{1}{2}$ 时，全部解为 $\begin{pmatrix} x_1 \\ x_2 \\ x_3 \\ x_4 \end{pmatrix} = \begin{pmatrix} 0 \\ -1/2 \\ 1/2 \\ 0 \end{pmatrix} + c \begin{pmatrix} -2 \\ 1 \\ -1 \\ 2 \end{pmatrix} (c \in \mathbf{R})$.

22. $9x_1 + 5x_2 - 3x_3 = -5$.

第 4 章　答案

习题 4-1

1. $V = \{(-k_1 - k_2, k_1, k_2) \mid k_1, k_2 \in \mathbf{R}\}$，它表示过原点与向量 $\boldsymbol{\alpha}$ 垂直的一个平面.

2. 9.　　3. $\pm \dfrac{1}{\sqrt{2}} \begin{pmatrix} 1 \\ 0 \\ 0 \\ -1 \end{pmatrix}$.

4. (1) $\boldsymbol{e}_1 = \dfrac{1}{\sqrt{3}} \begin{pmatrix} 1 \\ 1 \\ 1 \end{pmatrix}$，$\boldsymbol{e}_2 = \dfrac{1}{\sqrt{6}} \begin{pmatrix} -2 \\ 1 \\ 1 \end{pmatrix}$，$\boldsymbol{e}_3 = \dfrac{1}{\sqrt{2}} \begin{pmatrix} 0 \\ -1 \\ 1 \end{pmatrix}$；

(2) $\boldsymbol{e}_1 = \dfrac{1}{\sqrt{2}} \begin{pmatrix} 1 \\ 1 \\ 0 \\ 0 \end{pmatrix}$，$\boldsymbol{e}_2 = \dfrac{1}{\sqrt{6}} \begin{pmatrix} -1 \\ 1 \\ 2 \\ 0 \end{pmatrix}$，$\boldsymbol{e}_3 = \dfrac{1}{\sqrt{21}} \begin{pmatrix} 2 \\ -2 \\ 2 \\ 3 \end{pmatrix}$.

5. (1) 不是正交矩阵；(2) 是正交矩阵.

习题 4-2

1. $\boldsymbol{\alpha}$ 是矩阵 $\boldsymbol{A}$ 对应于特征值 λ 的特征向量，但 $\boldsymbol{\beta}$ 不是矩阵 $\boldsymbol{A}$ 对应于特征值 λ 的特征向量.

4. $k_1 \cdot k_2 = 0$ 且 $k_1 + k_2 \neq 0$.

5. (1) $\lambda_1 = 0$，$\lambda_2 = -1$，$\lambda_3 = 9$，

对应于 $\lambda_1 = 0$ 的全部特征向量：$k_1 \boldsymbol{p}_1 = k_1 \begin{pmatrix} -1 \\ -1 \\ 1 \end{pmatrix} (k_1 \neq 0)$，

对应于 $\lambda_2 = -1$ 的全部特征向量：$k_2 \boldsymbol{p}_2 = k_2 \begin{pmatrix} -1 \\ 1 \\ 0 \end{pmatrix} (k_2 \neq 0)$，

对应于 $\lambda_3=9$ 的全部特征向量：$k_3\boldsymbol{p}_3=k_3\begin{pmatrix}1/2\\1/2\\1\end{pmatrix}\ (k_3\neq 0)$.

(2) $\lambda_1=\lambda_2=\lambda_3=2$ 对应的特征向量为

$$c_1\begin{pmatrix}1\\1\\0\\0\end{pmatrix}+c_2\begin{pmatrix}1\\0\\1\\0\end{pmatrix}+c_3\begin{pmatrix}1\\0\\0\\1\end{pmatrix}\ (c_1,\ c_2,\ c_3\ \text{不全为零}),$$

$\lambda_4=-2$ 对应的特征向量为$c\begin{pmatrix}-1\\1\\1\\1\end{pmatrix}\ (c\neq 0)$.

6. (1) $2,-4,6$；　　(2) $1,-\frac{1}{2},\frac{1}{3}$.

7. $\boldsymbol{A}$ 的特征值为 $\lambda_1=\lambda_2=2,\ \lambda_3=0$,

$\lambda_{1,2}=2$ 对应的特征向量为$k_1\begin{pmatrix}0\\1\\0\end{pmatrix}+k_2\begin{pmatrix}1\\0\\1\end{pmatrix}\ (k_1,k_2\ \text{不全为}\ 0)$,

$\lambda_3=0$ 对应的特征向量为$k_3\begin{pmatrix}1\\0\\-1\end{pmatrix},\ k_3\in\mathbf{R},\ k_3\neq 0$.

9. 0.　　10. 18.

习题 4-3

3. 3.　　4. (1) $a=-3,\ b=0,\ \lambda=-1$；　(2) $\boldsymbol{A}$ 不能相似对角化.

5. $\begin{pmatrix}-2&3&-3\\-4&5&-3\\-4&4&-2\end{pmatrix}$.　　6. $\begin{pmatrix}-1&1&0\\-2&2&0\\4&-2&1\end{pmatrix}$.

7. $\lambda_1=1,\ \lambda_2=0,\ \lambda_3=-1$,

$\lambda_1=1$ 对应的特征向量为$\boldsymbol{\beta}_1=\begin{pmatrix}3\\1\\5\end{pmatrix}$, $\lambda_2=0$ 对应的特征向量为$\boldsymbol{\beta}_2=\begin{pmatrix}4\\-2\\1\end{pmatrix}$,

$\lambda_3=-1$ 对应的特征向量为 $\boldsymbol{\beta}_3=\begin{pmatrix}1\\-1\\4\end{pmatrix}$.

习题 4-4

1. 充分条件.　　2. (1) $\begin{pmatrix}1&2&2\\2&-2&1\\2&1&-2\end{pmatrix}$；　(2) $\begin{pmatrix}1/3&2/3&2/3\\2/3&-2/3&1/3\\2/3&1/3&-2/3\end{pmatrix}$.

3. (1) $\frac{1}{3}\begin{pmatrix}1&2&2\\2&1&-2\\2&-2&1\end{pmatrix}$；　(2) $\begin{pmatrix}-2/\sqrt{5}&2\sqrt{5}/15&-1/3\\1/\sqrt{5}&4\sqrt{5}/15&-2/3\\0&\sqrt{5}/3&2/3\end{pmatrix}$.

4. (1) -2;　　(2) $\begin{pmatrix} 1/\sqrt{2} & 1/\sqrt{6} & 1/\sqrt{3} \\ 0 & -2/\sqrt{6} & 1/\sqrt{3} \\ -1/\sqrt{2} & 1/\sqrt{6} & 1/\sqrt{3} \end{pmatrix}$.

5. $x=4,\ y=5$.　　6. $\begin{pmatrix} 4 & 1 & 1 \\ 1 & 4 & 1 \\ 1 & 1 & 4 \end{pmatrix}$.

习题 4-5

1. (1) $\begin{pmatrix} 1-p & q \\ p & 1-q \end{pmatrix}$;　　(2) $\dfrac{1}{2(p+q)}\begin{pmatrix} 2q-(q-p)\omega^n \\ 2p+(q-p)\omega^n \end{pmatrix}$ $(\omega=1-p-q)$.

2. (1) $\begin{pmatrix} 0.7 & 0.6 \\ 0.3 & 0.4 \end{pmatrix}\begin{matrix}\text{新闻台}\\ \text{音乐台}\end{matrix}$;　　(2) $\boldsymbol{x}_0=\begin{pmatrix} 1 \\ 0 \end{pmatrix}$;　　(3) 34%.

3. (1) $\boldsymbol{M}=\begin{pmatrix} 0.95 & 0.45 \\ 0.05 & 0.55 \end{pmatrix}\begin{matrix}\text{健康的学生}\\ \text{生病的学生}\end{matrix}$;　　(2) 15%, 10.2%.

4. 2%; 10:13.　　5. 每 4 只猫头鹰对应着约 5 000 只鼠.

总习题四

1. $k_1\boldsymbol{\eta}_1+k_2\boldsymbol{\eta}_2$, 其中 $\boldsymbol{\eta}_1=(1,-3,1,0)^{\mathrm{T}}$, $\boldsymbol{\eta}_2=(-2,-1,0,1)^{\mathrm{T}}$, k_1, k_2 是任意常数.

5. 4.　　6. $a=-5,\ b=4$.　　7. $x=0$.

8. (1) $a=5,\ b=6$;　　(2) $\begin{pmatrix} 1 & 1 & 1 \\ -1 & 0 & -2 \\ 0 & 1 & 3 \end{pmatrix}$.　　9. $a=2,\ b=-3$.

10. 1/2, $-1/4$, 1/6.　　11. $k(1,0,1)^{\mathrm{T}},\ k\neq 0$.

12. $\boldsymbol{A}$ 的特征值为 $\lambda_1=2,\ \lambda_2=3$.　　13. $-4, 2, -2; -4$.

14. $\dfrac{1}{6}\begin{pmatrix} 1 & -4 & 1 \\ -4 & -2 & -4 \\ 1 & -4 & 1 \end{pmatrix}$.　　15. $\boldsymbol{A}$ 不能化为对角形.　　16. 1.　　17. $\boldsymbol{A}$ 与 $\boldsymbol{B}$ 不相似.

18. $a^2(a-2^n)$.　　19. $\begin{pmatrix} -1 & 1 & 0 \\ -2 & 2 & 0 \\ 4 & -2 & 1 \end{pmatrix}$.

第 5 章　答案

习题 5-1

1. D.

2. (1) $f=(x,y,z)\begin{pmatrix} 1 & 2 & 1 \\ 2 & 4 & 2 \\ 1 & 2 & 1 \end{pmatrix}\begin{pmatrix} x \\ y \\ z \end{pmatrix}$;　　(2) $f=(x,y,z)\begin{pmatrix} 1 & -1 & -2 \\ -1 & 1 & -2 \\ -2 & -2 & -7 \end{pmatrix}\begin{pmatrix} x \\ y \\ z \end{pmatrix}$;

(3) $f=(x_1, x_2, x_3, x_4)\begin{pmatrix} 1 & -1 & 2 & -1 \\ -1 & 1 & 3 & -2 \\ 2 & 3 & 1 & 0 \\ -1 & -2 & 0 & 1 \end{pmatrix}\begin{pmatrix} x_1 \\ x_2 \\ x_3 \\ x_4 \end{pmatrix}$.

3. $x_1^2-2x_1x_2-6x_1x_3+2x_1x_4-4x_2x_3+x_2x_4+\frac{1}{3}x_3^2-3x_3x_4$.

4. $\begin{pmatrix} 1 & 3 & 5 \\ 3 & 5 & 7 \\ 5 & 7 & 9 \end{pmatrix}$.　　5. $\begin{pmatrix} 0 & 1 & 0 \\ 1 & 0 & 0 \\ 0 & 0 & 1 \end{pmatrix}$.　　6. 1.

7. (1) $f=2y_1^2-y_2^2+4y_3^2$;　(2) $f=y_1^2-y_2^2+y_3^2$.

习题 5-2

1. (1) $f=2y_1^2+5y_2^2+y_3^2$;　(2) $f=-y_1^2+3y_2^2+y_3^2+y_4^2$.　　2. $c=3$, $f=4y_1^2+9y_2^2$.

3. (1) $f=y_1^2+y_2^2-y_3^2$, $\boldsymbol{x}=\boldsymbol{C}\boldsymbol{y}$，其中 $\boldsymbol{C}=\begin{pmatrix} 1 & 1 & -1 \\ 0 & 0 & 1 \\ 0 & -1 & 1 \end{pmatrix}$;

(2) $f=-4y_1^2+4y_2^2+y_3^2$, $\boldsymbol{x}=\boldsymbol{C}\boldsymbol{y}$，其中 $\boldsymbol{C}=\begin{pmatrix} 1 & 1 & 1/2 \\ 1 & -1 & 1/2 \\ 0 & 0 & 1 \end{pmatrix}$.

4. $f=y_1^2-y_2^2$.

5. (1) 二次型的规范形为 $y_1^2+y_2^2-y_3^2$. 于是正惯性指数为2, 秩为3.

(2) 二次型的规范形为 $y_1^2-y_2^2$. 于是正惯性指数为1, 秩为2.

(3) 二次型的规范形为 $y_1^2+y_2^2-y_3^2$. 于是正惯性指数为2, 秩为3.

习题 5-3

1. (1) 负定;　(2) 正定.　　2. (1) $-0.8<a<0$;　(2) $a>2$.

3. $p=r=n$.　　4. $-3<a<1$.

总习题五

1. $a=-3$.　　2. (1) 2;　(2) $\begin{pmatrix} 1 & 0 & 0 & 0 \\ 0 & 1 & 0 & 0 \\ 0 & 0 & 1 & -4/5 \\ 0 & 0 & 0 & 1 \end{pmatrix}$.　　3. $a=b=0$.

4. $a=3, b=1$; $\boldsymbol{P}=\begin{pmatrix} 1/\sqrt{2} & 1/\sqrt{3} & 1/\sqrt{6} \\ 0 & -1/\sqrt{3} & 2/\sqrt{6} \\ -1/\sqrt{2} & 1/\sqrt{3} & 1/\sqrt{6} \end{pmatrix}$.　　5. $2y_1^2+2y_2^2+2y_3^2$.

7. f 不是正定二次型.

8. 正、负惯性指数分别为2、0, $f=1$ 表示椭圆柱面.

9. 当 $-1<k<0$ 时, f 为正定二次型.

图书在版编目（CIP）数据

线性代数：理工类：简明版/吴赣昌主编. —5版. —北京：中国人民大学出版社，2017.7
21世纪数学教育信息化精品教材 大学数学立体化教材
ISBN 978-7-300-24585-0

Ⅰ.①线… Ⅱ.①吴… Ⅲ.①线性代数-高等学校-教材 Ⅳ.①O151.2

中国版本图书馆CIP数据核字（2017）第144649号

21世纪数学教育信息化精品教材
大学数学立体化教材
线性代数（理工类·简明版·第五版）
吴赣昌 主编
Xianxing Daishu

出版发行	中国人民大学出版社		
社　　址	北京中关村大街31号	**邮政编码**	100080
电　　话	010－62511242（总编室）		010－62511770（质管部）
	010－82501766（邮购部）		010－62514148（门市部）
	010－62515195（发行公司）		010－62515275（盗版举报）
网　　址	http://www.crup.com.cn		
经　　销	新华书店		
印　　刷	北京昌联印刷有限公司	**版　　次**	2006年10月第1版
规　　格	170 mm×228 mm　16开本		2017年7月第5版
印　　张	12 插页1	**印　　次**	2024年5月第16次印刷
字　　数	244 000	**定　　价**	28.50元